Linux源码趣读

闪客 著

電子工業出版社.
Publishing House of Electronics Industry
北京•BEIJING

内 容 简 介

用读一本小说的心态来阅读本书，你会对整个操作系统的体系结构和逻辑细节有非常清晰的认识，从此爱上并阅读更多的操作系统源码。

- 第1部分：进入内核前的苦力活。覆盖从开机到运行到Linux中的main函数的关键流程解析，帮你清晰认识Intel CPU的体系结构。
- 第2部分："大战"前期的初始化工作。讲述main中的各种初始化函数，这些函数是操作系统各个模块的交互桥梁，为理解后续操作系统各个模块的运作原理打好基础。
- 第3部分：一个新进程的诞生。讲述从内核态切换至用户态，并建立起第一个用户进程的全部过程。学完这部分，你将会理解一个多进程的操作系统是如何建立和运作的。
- 第4部分：shell程序的到来。主要讨论如何将磁盘中存储的shell程序加载到内存中来，并最终交给CPU去执行。通过这个过程你会看清一个程序从存储到硬盘到最终被执行的全部过程。
- 第5部分：一条shell命令的执行。让我们跟着一条shell命令"走南闯北"，从用户输入给计算机一个字符串开始，一直到该程序的最终执行，这一过程能帮你把前面所学的知识融会贯通，整个操作系统的启动流程与运作原理，将会生动形象地浮现在你的脑海中。

图书在版编目（CIP）数据

Linux源码趣读/闪客著. —北京：电子工业出版社，2023.9
ISBN 978-7-121-46287-0

Ⅰ.①L… Ⅱ.①闪… Ⅲ.①Linux操作系统—程序设计 Ⅳ.①TP316.85

中国国家版本馆CIP数据核字（2023）第170604号

责任编辑：张月萍
印　　刷：固安县铭成印刷有限公司
装　　订：固安县铭成印刷有限公司
出版发行：电子工业出版社
　　　　　北京市海淀区万寿路173信箱　　　　　　邮编：100036
开　　本：720×1000　1/16　　印张：26.5　　　字数：553千字
版　　次：2023年9月第1版
印　　次：2024年12月第4次印刷
定　　价：158.00元

前　言

每个程序员都有一个操作系统梦，而操作系统也是每个程序员的心结。

一知半解地了解一点儿操作系统的知识，已经无法满足当下程序员的需求。但要深入剖析操作系统，又是大部分程序员都很惶恐的一件事。如果要让程序员读一遍操作系统源码，那简直跟要了命一样。其实，操作系统的源码并没有那么可怕。

有很多优秀的操作系统图书都是以 Linux-0.11 这个经典版本为研究对象进行讲解的，可为什么即便是 Linux-0.11 这种代码量最少的版本，仍然令很多人望而却步呢？

先不直接回答这个问题，我们看一下《天龙八部》的开头：

青光闪动，一柄青钢剑倏地刺出，指向中年汉子左肩，使剑少年不等剑招用老，腕抖剑斜，剑锋已削向那汉子右颈。那中年汉子……

记住这个感觉没？我们再看某本Linux图书的开头：

对于操作系统而言，稳定且可靠地运行是最重要的。现行技术方案是将用户进程与用户进程之间、用户进程与操作系统之间进行分离，操作系统可以管理用户进程，但是用户进程之间不能相互干预……

好了，不用读下去了，这句话高瞻远瞩地从宏观上帮我们梳理了操作系统的体系结构，但对于尚不了解操作系统的人来说，可能完全不知道这句话在说什么。

虽然说思想很重要，但在没有任何细节做积累时强行进行思想的拔高，是拔不上去的，还不如一直保持一张白纸的状态。

反观《天龙八部》的开头，连人物的名字都没有，更别说梳理整个体系结构了，上来直接一个精彩镜头，让你迅速进入故事情节。可是读完整部小说的读者，无一不对里面的人物如数家珍，对大理的风光仿佛亲眼看见了一般，对宋辽矛盾的激烈感同身受。

　　为什么会这样呢？因为一切的爱恨情仇，都是读者通过一个个人物和事件的刻画感悟出来的。只有自己感悟出来的知识和靠自己总结出来的结论，才真正属于自己。而那些一上来就试图把整个脉络梳理清楚的尝试，对于新手来说可能徒劳无功，即便是死记硬背记住了，也终究不是属于自己的知识，无法感同身受。

　　我在学习操作系统的过程中，就有这样的感觉。

　　我曾一次次试图从较高的视角来看操作系统的知识体系，从宏观层面跟着大部头图书梳理操作系统的整体逻辑，但无一例外地以失败告终。而当我放下包袱，用读一本小说的心态去阅读 Linux 源码时，我发现，我从来没有去想着梳理出什么体系，但不知道从哪一行代码开始，整个操作系统的体系结构已经较为清晰地出现在我面前了，竟是那么不知不觉。而且我也清晰地知道，这样的体系是怎么一步步从第一行代码开始，逐步建立起来的。

　　所以，我想把这个过程毫无保留地分享给大家，于是在 2021 年 11 月 8 日，我在我的微信公众号"无聊的闪客"上开始连载 Linux-0.11 源码趣读这个系列，于 2022 年 9 月 6 日发布最后一篇文章完结，共 50 回。

　　在这个过程中，我收获了一大批对该系列感兴趣的读者，不断有读者对这个系列提出自己的想法、改进建议、内容勘误，甚至有不少读者将自己的读书笔记发给我。这些事让我非常感动，也是我能坚持下来不断更新并优化的动力。

　　后来，越来越多的读者建议我把这个系列整理成书，沉淀下来，我也越来越觉得这件事情非常有意义，同时也十分愿意去做，于是便有了这本书。

本书特色

　　我将用读一本小说的心态带你一起阅读 Linux-0.11 的源码，用通俗的语言帮你克服对操作系统源码的恐惧。

　　当然，只是用读小说的心态，并不是将各种技术都采用拟人化的方式讲解。你将按照 Linux-0.11 源码的执行顺序，像按照时间线读一本小说一样，本着探索与发现的心态来阅读源码。你会发现，原来阅读源码这么有趣，可以像读小说一样有种"上头"的感觉。

　　同时，本书在讲解晦涩难懂的技术原理和细节时，配有大量生动形象且准确的图解，会给你带来十足的画面感。

读者对象

如果你是一名程序员，但是计算机底层知识相对薄弱，又一直没有一个深入学习的突破口，那本书很适合你。

如果你是一名学生，不想仅停留在课堂中对操作系统概念上的学习，想要深入源码细节来加深自己的理解，那本书很适合你。

如果你是非技术领域的朋友，但是对操作系统非常感兴趣，或者想找到一个契机来较为深入地了解计算机原理，那本书也很适合你。

勘误与支持

由于作者水平有限，书中难免会出现一些错误或不准确的地方，恳请广大读者批评指正。

大家可以在我的微信公众号"无聊的闪客"后台留言，我会认真回复每一个人提出的问题。

致谢

感谢微信公众号"无聊的闪客"的读者们，你们对该系列的支持是我坚持下去的动力。

感谢微信公众号"码农翻身"的作者刘欣，他是我公众号成长道路上的引路人。

感谢成都道然科技有限责任公司的姚新军（@长颈鹿27）老师，他在本书的创作过程中提供了非常多的建议和帮助，是我人生中第一本书的引路人。

谨以此书献给一路关注我、支持我的读者们，希望所有喜欢计算机的朋友都能在书中收获知识和快乐！

闪客

目　　录

第 2 部分　"大战"前期的初始化工作

第 3 部分　一个新进程的诞生

第 4 部分　shell 程序的到来

第 1 部分
进入内核前的苦力活

第1回
最开始的两行代码

从这里开始，你就将跟着我一起进入操作系统的梦幻之旅！

别担心，每一回的内容都非常少，而且你也不要背负着很大的负担去学习，只需像读小说一样，跟着我一回一回地读下去就好。

话不多说，直奔主题。当你按下开机键的那一刻，在主板上提前写死的固件程序BIOS会将硬盘启动区中的512（B）的数据，原封不动地复制到内存中的0x7c00这个位置，并跳转到那个位置（参见图1-1）。

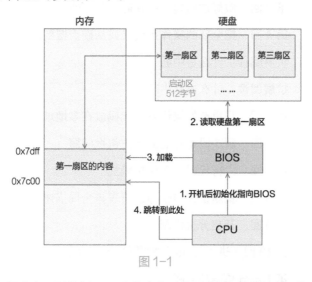

图 1-1

如果你能理解我上面说的话，那么恭喜你，接下来的过程只需跟着代码一点点往后推导和品味，整个操作系统的大厦就会在你的脑海中慢慢建立起来。

但如果对上述过程你感到很困惑，那可能会在这里卡一阵子。不过没关系，很多人都会卡在这个原本很简单的问题上，然后就从"入坑"到放弃了，我曾经也在这里卡了很久。

接下来我帮你疏通一下。

开机后初始化指向 BIOS

首先，CPU [1]中有一个 PC 寄存器[2]，里面存储着将要执行的指令在内存中的地址。当按下开机键后，CPU 就会有一个初始化 PC 寄存器的过程，然后 CPU 就按照 PC 寄存器中的数值，去内存中对应的地址处寻找这条指令，然后执行之。

初始化的值是多少呢？Intel 手册规定，开机后 PC 寄存器要初始化为 0xFFFF0，也就是从这个内存地址开始，执行 CPU 的第一条指令。

好了，初始化的这个值，其实就是 Intel 强行规定的而已，硬件厂商照着做就行了，这部分疏通了吧？

接下来你会有一个疑问，不是说根据这个地址值，去内存中找指令吗，怎么现在找到 BIOS 里了？

其实，有个地方我说得并不严谨，并不是去内存（RAM）中去找，而是把 0xFFFF0 作为 CPU 的地址线信号输出出去，去这个地址线对应的位置找。

哦？难道 CPU 的地址线连接的还不仅仅是内存？没错，CPU 地址线连接的有 RAM（也就是常说的内存）、有 ROM（也就是图1-1中的 BIOS），还有一些外设的 IO 端口，叫作 Memory-Mapped IO，我们暂时不会涉及，参见图1-2。

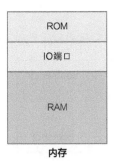

图1-2

所以，刚刚的 0xFFFF0，就是指向了 BIOS 程序所在的 ROM 区域。当然，如果你不管它到底指向了哪里也没问题，反正就是一行代码，从这里开始往后执行就好了。

1　本书中提到的CPU，如没有特殊说明，均指Intel CPU。

2　汇编语言是大小写不敏感的。例如，对于寄存器名称PC，也可以书写成pc。

读取硬盘启动区（第一扇区）

为了了解 BIOS 程序所做的事情，我们得先了解一下启动区。

启动区一定在第一扇区，但第一扇区并不一定是启动区。

那什么是启动区呢？启动区的定义非常简单，只要硬盘中的0盘0道1扇区，也就是第一扇区的512字节的最后两字节分别是0x55和0xaa，那么 BIOS就会认为它是一个启动区。

对于理解操作系统而言，此时的BIOS仅仅是一个代码搬运工，把 512 字节的二进制数据从硬盘搬运到内存中而已。作为操作系统的开发人员，仅仅需要把操作系统最开始的那段代码，编译并存储在硬盘的0盘0道1扇区即可。之后BIOS会帮我们把它放到内存里，并且跳过去执行。

而Linux-0.11的最开始的代码，就是这个用汇编语言写的bootsect.s，位于boot文件夹下（见图1-3）。

图 1-3

通过编译，bootsect.s会被编译成二进制文件，存放在启动区的第一扇区（见图1-4）。

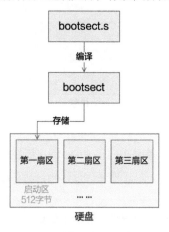

图 1-4

加载到内存 0x7c00 位置，并跳转到这里

当我们把操作系统代码编译好并存放在硬盘的启动区后，开机后就会如刚刚所说，由 BIOS 程序将其搬运到内存的 0x7c00 这个位置，而 CPU 也会从这个位置开始，不断往后一条一条语句"无脑"地执行下去。

那你猜为什么要搬运到 0x7c00 呢？不为啥，一开始就是这么规定的，而后面的不论是谁开发的操作系统，只要是用 BIOS 这种启动方式，都要假定自己将会被搬运到内存的 0x7c00 这个位置，否则就会出错。

那 BIOS 程序是咋写的，使得可以完成将代码从硬盘加载到内存这个目标呢？这个你别管，BIOS 程序除了做这项工作之外，还要运行很多计算机自检程序，那些代码可不见得比操作系统代码简单，但这不是我们研究的重点。

况且，把硬盘中的数据加载到内存也不是啥难事。之后我们将对操作系统代码，尤其是刚开始的时候，进行非常多这样的操作，因为 BIOS 只帮我们把启动区中的这 512 字节加载到内存了，其他仍在硬盘其他扇区中的操作系统代码，就需要我们自己来处理了，所以你很快就会看到这个过程。

好啦，这回应该梳理清楚了吧？注意，这块的东西别想太细，不是了解一个操作系统所该关心的重点。

那我们的梦幻之旅，就从用汇编语言写成的 bootsect.s 这个文件的前两行代码开始吧！它会被编译并存储在启动区，然后搬运到内存的 0x7c00 位置，之后会成为 CPU 执行的第一个指令。

```
mov ax,0x07c0
mov ds,ax
```

这段代码是用汇编语言写的，含义是把 0x07c0 这个值复制到 ax 寄存器里，再将 ax 寄存器里的值复制到 ds 寄存器里。这一番折腾的结果就是，让 ds 这个寄存器里的值变成 0x07c0（见图1-5）。

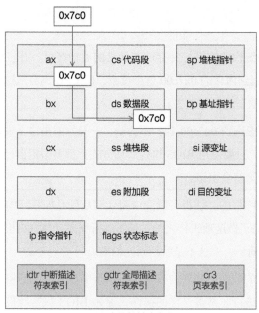

图 1-5

ds 是一个 16 位的段寄存器，具体表示数据段寄存器，在内存寻址时充当段基址的作用。啥意思呢？就是当我们之后用汇编语言写一个内存地址时，实际上仅仅是写了偏移地址，比如：

```
mov ax, [0x0001]
```

实际上相当于：

```
mov ax, [ds:0x0001]
```

ds 是默认被加上的，表示在 ds 这个段基址处，再往后偏移 0x0001 单位，将这个位置的内存数据，复制到 ax 寄存器中。

形象地比喻一下就是，你和朋友商量去哪里玩比较好，你说天安门、南锣鼓巷、颐和园等，实际上都是偏移地址，省略了北京市这个段基址。

当然你完全可以说北京天安门、北京南锣鼓巷，每次都加上"北京"这个前缀。不过如果你事先和朋友说好，以下我说的地方都是北京市里的，之后就不用每次都带着北京市这个词了，是不是很方便？

ds 这个数据段寄存器的作用就是如此，方便了在描述一个内存地址时，可以省略段基址，没什么神奇之处。

```
ds : 0x0001
北京市 : 南锣鼓巷
```

再看，这个 ds 被赋值为了 0x07c0，由于 x86 为了让自己在 16 位这个实模式下能访问到 20 位的地址线这个历史因素（不了解这个的就先别纠结为啥了），所以段基址要先左移四位。0x07c0 左移四位就是 0x7c00，这就刚好和这段代码被 BIOS 加载到的内存地址 0x7c00 一样了。

也就是说，之后再写的代码，里面访问的数据的内存地址，都先默认加上 0x7c00，再去内存中寻址。

为啥统一加上 0x7c00 这个数呢？这很好解释，BIOS 规定死了把操作系统代码加载到内存的 0x7c00 处，那么里面的各种数据自然就全都被偏移了这么多，所以把数据段寄存器 ds 设置为这个值，方便了以后通过这种基址的方式访问内存里的数据（见图1-6）。

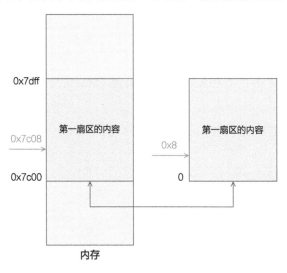

图 1-6

好啦，赶紧消化掉前面的知识，那本回就到此为止，只讲了两行代码，知识量很少，我没骗你吧？

希望你能做到，对 BIOS 将操作系统代码加载到内存的 0x7c00 位置，以及通过 mov 指令将默认的数据段寄存器 ds 的值改为 0x07c0 方便以后的基址寻址方式，这两件事在心里认可，并且没有疑惑，这才方便后面继续学习。

后面的世界越来越精彩，欲知后事如何，且听下回分解。

第 2 回
从 0x7c00 到 0x90000

书接上回，上回书咱们说到，CPU 执行操作系统的最开始的两行代码。

```
mov ax,0x07c0
mov ds,ax
```

将数据段寄存器 ds 的值变成了 0x07c0，方便了之后访问内存时利用这个**段基址**进行寻址。

接下来我们带着这两行代码，继续往下看 6 行：

```
mov ax,0x07c0
mov ds,ax
mov ax,0x9000
mov es,ax
mov cx,#256
sub si,si
sub di,di
rep movw
```

此时，ds 寄存器的值已经是 0x07c0 了，然后通过同样的方式将 es 寄存器的值变成 0x9000，接着又把 cx 寄存器的值变成 256（代码里确实是用十进制表示的，与其他地方有些不一致，不过无所谓）。

好的，此时 ds、es、cx 寄存器的值，都被赋上确定的值了，别慌，先接着往下看。

再往下看，有两个 sub 指令：

```
sub si,si
sub di,di
```

这个 sub 指令很简单，比如：

```
sub a,b
```

就表示

```
a = a - b
```

那么代码中的

```
sub si,si
```

就表示

```
si = si - si
```

所以，如果 sub 后面的两个寄存器一模一样，就相当于把这个寄存器里的值**清零**，这是一个基本玩法。

那就非常简单了，经过这些指令后，以下几个寄存器分别被赋上了指定的值。

ds = 0x07c0

es = 0x9000

cx = 256

si = 0

di = 0

还记得上一回画的 CPU 寄存器的总图吗（参见图1-5）？此时就变成图2-1所示的样子了。

为什么要给这些毫不相干的寄存器赋上值呢？其实就是为下一条指令服务的：

```
rep movw
```

其中 rep 表示重复执行后面的指令。

而后面的指令 movw 表示复制一个**字**（word，16位），那其实就是**不断重复地复制一个字**。

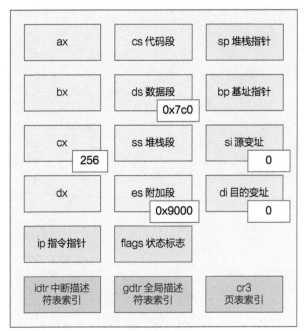

CPU中的关键寄存器

图 2-1

那自然就有了以下三个问题:

重复执行多少次呢?

答案是 cx 寄存器中的值,也就是 256 次。

从哪里复制到哪里呢?

答案是从 ds:si 处复制到 es:di 处,也就是从 0x7c00 复制到 0x90000。

一次复制多少呢?

刚刚说过了,复制一个字,16 位,也就是2字节。

一共复制 256 次的2字节,其实就是复制 512 字节,没问题吧?

好了,总结一下就是,**将内存地址 0x7c00 处开始往后的 512 字节的数据,原封不动地复制到 0x90000 处开始的后面 512 字节的地方**,如图2-2的第二步所示。

没错,就是这么折腾了一下。现在,操作系统最开头的代码,已经被挪到了 0x90000 这个位置了。

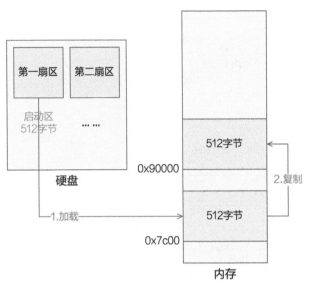

图 2-2

再往后是一个**跳转**指令：

```
jmpi go,0x9000
go:
  mov ax,cs
  mov ds,ax
```

仔细想想，或许你能猜到它是干什么的。

jmpi 是一个**段间跳转指令**，表示跳转到 0x9000:go 处执行。

还记得上一回说的**段基址：偏移地址**这种格式的内存地址要如何计算吧？段基址仍然要先左移四位再加上偏移地址，段基址 0x9000 左移四位就是 0x90000，因此结论就是，跳转到 0x90000 + go 这个内存地址处执行。忘记的赶紧回去看看，这才过了一回哦，要稳扎稳打。

再说说 go 是个啥东西，go 就是一个**标签**，最终编译成机器码的时候会被翻译成一个值，这个值就是 go 这个标签在文件内的偏移地址。当然更准确的说法是，将bootsect.s 编译成二进制文件 bootsect 后，go 这个标签被编译成的内存地址偏移量。

这个偏移地址再加上 0x90000，刚好就是 go 标签处的那段代码 mov ax,cs 此时所在的内存地址，如图2-3所示。

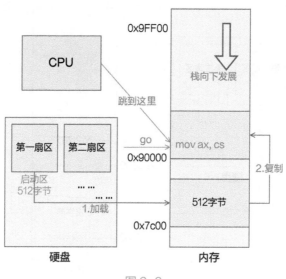

图 2-3

那假如 mov ax,cs 这行代码位于最终编译好后的二进制文件的 0x08 处，那 go 就等于 0x08，而最终 CPU 跳转到的地址就是 0x90008 处。

所以到此为止，前两回的内容，其实就是一段 512 字节的代码和数据，从硬盘的启动区先是被移动到了内存的 0x7c00 处，然后又立刻被移动到 0x90000 处，并且跳转到此处往后再稍稍偏移 go 这个标签所代表的偏移地址处，也就是 mov ax,cs 这行指令的位置。

仍然保持每回的简洁，本回就讲到这里，希望大家还跟得上。在下一回中，我们把目光定位到 go 标签处的代码，看看它又要折腾些什么吧。

后面的世界越来越精彩，欲知后事如何，且听下回分解。

第 3 回
做好访问内存的
基础准备工作

书接上回，上回书咱们说到，操作系统代码最开头的 512 字节的数据，从硬盘的启动区先是被移动到了内存的 0x7c00 处，然后又立刻被移动到 0x90000 处，并且跳转到此处往后再稍稍偏移 go 这个标签所代表的偏移地址处，示意图见图2-3。

接下来，我们就把目光放在 go 这个标签的位置，跟着 CPU 的步伐往后看：

```
go: mov ax,cs
    mov ds,ax
    mov es,ax
    mov ss,ax
    mov sp,#0xFF00
```

一眼望去，全都是 mov 操作，那就很好办了。

这段代码的直接意思很容易理解，就是把 cs 寄存器的值分别赋值给 ds、es 和 ss 寄存器，然后再把 0xFF00 给了 sp 寄存器。

回顾一下 CPU 寄存器图，如图3-1所示。

由此也可以看出，其实操作系统最开始的这几行代码的难点并不在翻译，而是在于它要完成什么事情，而要理解它们要完成的事情，需要计算机体系结构的知识，在这里说白了就是指 Intel CPU 的使用说明。

如果你能把 Intel CPU 手册阅读一遍并且有个大概的认识，那理解这几行代码就不在话下了。

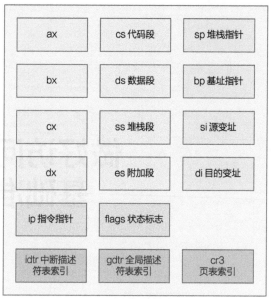

CPU中的关键寄存器

图 3-1

但 Intel CPU 手册对于大部分软件工程师来说还是过于底层了，所以建议你有时间的时候真正去系统地了解一下。现在你先听我讲就好了，我会把核心的知识点告诉你。

这些寄存器是干什么的

cs 寄存器表示**代码段寄存器**，CPU 即将要执行的代码在内存中的位置，就是由 cs:ip 这组寄存器配合指向的，其中 cs 是基址，ip 是偏移地址。

由于之前执行过一个段间跳转指令，还记得不：

```
jmpi go,0x9000
```

这个指令用另一种伪代码表示就是：

```
cs = 0x9000
ip = go
```

所以，现在 cs 寄存器里的值就是 0x9000，ip 寄存器里的值是 go 这个标签的偏移地址。

所以，刚刚说的三个 mov 指令就分别给 ds、es 和 ss 寄存器赋值为了 0x9000，也就是 cs 寄存器里的值。

ds 为**数据段寄存器**，作为访问内存数据时的基地址。之前我们说过，当时它被赋值为 0x07c0，是因为之前的代码在 0x7c00 处，现在代码已经被挪到了 0x90000 处，所以现在自然又被赋值为 0x9000 了。

es 是**扩展段寄存器**，先不用理它。

ss 为**栈段寄存器**，后面要配合栈指针寄存器sp来表示此时的栈顶地址。而此时sp寄存器被赋值为0xFF00了，所以目前的栈顶地址就是ss:sp所指向的地址 0x9FF00，见图2-3。

嗯，图2-3中的栈顶地址之前没有进行解释，现在知道它的来源了吧？

至于栈是什么，栈顶又是什么，如果你完全没有概念，那就先别放在心上，知道它有用就好了。

CPU 访问内存的三种途径

刚刚说的一堆寄存器的作用，总结一下就是，CPU 访问内存有三种途径：

访问代码的 cs:ip，访问数据的 ds:×××，以及访问栈的 ss:sp。

其中 cs 作为访问指令的代码段寄存器，被赋值为了 0x9000。

ds 作为访问数据的数据段寄存器，也被赋值为了 0x9000。

ss 和 sp 作为栈段寄存器和栈指针寄存器，分别被赋值为了 0x9000 和 0xFF00，由此计算出栈顶地址 ss:sp 为 0x9FF00，之后的压栈和出栈操作就以这个栈顶地址为基准。

总结拔高一下，这一部分其实就是把**代码段寄存器 cs**、**数据段寄存器 ds**、**栈段寄存器 ss** 和**栈指针寄存器 sp** 分别设置好了值，方便后续使用。

再拔高一下，其实操作系统在做的事情，就是给如何访问代码、如何访问数据、如何访问栈进行了**内存的初步规划**，如图3-2所示。

所以，千万别多想，就这么点事儿。

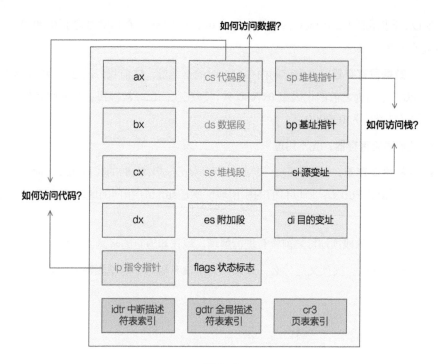

图 3-2

再次回顾一下前三回的内容

好了，到这里，操作系统的一些最基础的准备工作就做好了。我们再从头回顾一下前三回的内容。

第一，代码从硬盘移到内存，又在内存中挪了个地方，放在了 **0x90000** 处。

第二，**数据段寄存器 ds** 和**代码段寄存器 cs** 此时都被设置为了 0x9000，也就为跳转代码和访问内存数据设置了一个内存的基址，以方便代码的编写。

第三，栈顶地址被设置为了 0x9FF00，具体表现为**栈段寄存器 ss** 为 0x9000，**栈指针寄存器 sp** 为 0xFF00。

好了，接下来我们应该干什么呢？回忆一下，我们目前仅仅把硬盘中的 512 字节加载到内存中了，但操作系统还有很多代码仍然在硬盘里，不能抛下它们不管呀。

所以下一步自然是把仍然在硬盘里的操作系统代码请到内存中来。

后面的世界越来越精彩，欲知后事如何，且听下回分解。

第 4 回
把全部的操作系统代码
从硬盘搬到内存

书接上回，上回书咱们说到，操作系统的一些最基础的访问内存的准备工作已经准备好了。

如图2-3所示，此时操作系统短短的几行代码，就将**数据段寄存器ds**和**代码段寄存器cs**设置为了0x9000，方便了之后访问代码及访问数据。并且，将**栈顶地址ss:sp**设置在了离代码的位置0x90000足够遥远的**0x9FF00**处，保证栈向下发展不会轻易撞见代码的位置。

简单地说，就是设置了如何访问数据的**数据段**，如何访问代码的**代码段**，以及如何访问栈的**栈顶指针**，也即初步做了一次**内存规划**。从 CPU 的角度看，访问内存，就这么三块地方而已，示意图如图3-2所示。

做好这些基础工作后，接下来就又该新的一番折腾了。在上一回结尾我们说了，目前仅仅把硬盘中最开始的 512 字节加载到内存中了，但操作系统还有很多代码仍然在硬盘的其他扇区里，不能抛下它们不管。

把剩下的操作系统代码从硬盘请到内存

所以下一步自然是把仍然在硬盘里的操作系统代码请到内存中来。我们接着往下看：

```
load_setup:
    mov dx,#0x0000      ; drive 0, head 0
```

```
        mov cx,#0x0002        ; sector 2, track 0
        mov bx,#0x0200        ; address = 512, in 0x9000
        mov ax,#0x0200+4      ; service 2, nr of sectors
        int 0x13              ; read it
        jnc ok_load_setup     ; ok - continue
        mov dx,#0x0000
        mov ax,#0x0000        ; reset the diskette
        int 0x13
        jmp load_setup

ok_load_setup:
        ...
```

这里有两个 int 指令我们还没见过。

注意这个 int 是汇编指令，可不是高级语言的整型变量哟。int 0x13 表示**发起 0x13 号中断**，这条指令上面的各种 mov 指令给 dx、cx、bx、ax 赋值，都作为这个中断程序的参数。

中断是啥如果你不理解，先不要管，总之这个中断发起后，CPU 会通过**中断号 0x13**，去寻找对应的**中断处理程序的入口地址**，并**跳转**过去执行，逻辑上就相当于**执行了一个函数**。具体细节和原理可以看本回后面的"扩展阅读：什么是中断"。

而 0x13 号中断的处理程序是 BIOS 提前给我们写好的，是**读取磁盘**的相关功能的函数。

之后真正进入操作系统内核后，中断处理程序是需要我们自己去重新写的，在本书后面的内容中，你会不断看到各个模块注册自己相关的中断处理程序，所以不要着急。此时为了方便就先用 BIOS 提前给我们写好的中断处理程序就行了。

可见即便是操作系统的源码，有时也需要去调用现成的函数来方便自己的操作，并不是造轮子的人就非得完全从头开始造。

回到正题，Linux 在此处用 0x13 号中断干了什么呢：

```
load_setup:
        mov dx,#0x0000        ; drive 0, head 0
        mov cx,#0x0002        ; sector 2, track 0
        mov bx,#0x0200        ; address = 512, in 0x9000
        mov ax,#0x0200+4      ; service 2, nr of sectors
        int 0x13              ; read it
        ...
```

本段代码的注释已经写得很明确了，直接说最终的作用吧，**就是从硬盘的第2个扇区**

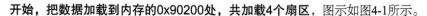

开始，把数据加载到内存的0x90200处，共加载4个扇区，图示如图4-1所示。

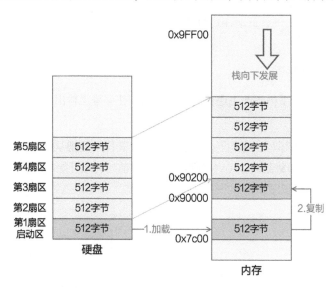

图 4-1

为了让图片清晰地表达意思，比例就不那么严谨了，大家不必纠结。

再往后的 jnc 和 jmp，表示成功和失败分别跳转到哪个标签处，相当于高级语言中的 if else：

```
load_setup:
    ...
    jnc ok_load_setup      ; ok - continue
    ...
    jmp load_setup

ok_load_setup:
    ...
```

为了保证主流程的顺畅，我将不展开介绍具体汇编指令的含义，大家自行查看相关手册即可。

可以看到，如果复制成功，就跳转到 ok_load_setup 这个标签，如果失败，则会不断重复执行这段代码，也就是重试。

那我们就别管重试逻辑了，直接看成功后跳转的 ok_load_setup 这个标签后的代码：

```
ok_load_setup:
```

```
...
mov ax,#0x1000
mov es,ax      ; segment of 0x10000
call read_it
...
jmpi 0,0x9020
```

这段代码我省略了很多非主逻辑的代码，比如在屏幕上输出 Loading system ... 这个字符串。

剩下的核心代码都写在这里了，就这么几行，其作用是**把从硬盘第 6 个扇区开始往后的 240 个扇区，加载到内存 0x10000 处**，和之前的将最开始的512字节从硬盘复制到内存是一个道理，示意图如图4-2所示。

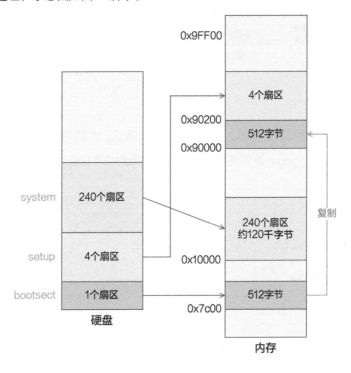

图 4-2

至此，整个操作系统的**全部代码**，就已经从硬盘加载到内存中了。

然后又通过一个熟悉的段间跳转指令 jmpi 0,0x9020，跳转到 0x90200 处，这就是硬盘第二个扇区开始处的内容。

那这里的内容是什么呢？就是我们要阅读的第二个操作系统源码文件setup.s。

聊聊操作系统的编译过程

不过先不急，我们借这个机会把整个操作系统的编译过程简单说一下。整个编译过程是通过 Makefile 和 build.c 配合完成的，最终达到这样一个效果：

1. 把 bootsect.s 编译成 bootsect 放在硬盘的 1 扇区。

2. 把 setup.s 编译成 setup 放在硬盘的 2~5 扇区。

3. 把剩下的全部代码（head.s 作为开头，与各种 .c 和其他 .s 等文件一起）编译并链接成 system 放在硬盘随后的 240 个扇区中。

整个路径如图4-3所示。

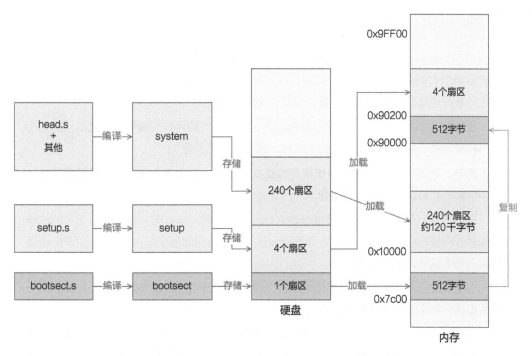

图 4-3

熟悉 gcc 编译过程的朋友应该知道，这里的 bootsect.s、setup.s、head.s 及各种 .c 和其他 .s 文件都是源码文件，其中写着人类看得懂的 C 语言和汇编语言的代码。

而 bootsect、setup 及 system 是最终编译成的二进制文件，里面是只有机器能看得懂的机器码。

这里对细节就不再展开了，不了解这部分知识的读者可以去看 gcc 的编译过程。

所以，我们即将跳转到的内存中 0x90200 处的代码，就是从硬盘第二个扇区开始处加载到内存的。第二个扇区最开始处的代码，也就是 setup 二进制文件的内容，是由 setup.s 源码文件编译形成的，文件夹结构见图4-4。

接下来，我们跟随着 CPU 的脚步，从 setup.s 文件的第一行代码开始往后阅读，这个内容我们下回再说。

图 4-4

挪来挪去的，真讨厌

好了，到目前为止，操作系统从硬盘到内存挪来挪去的，你是不是觉得很乱？而且前面编译后的文件放在硬盘中的位置，和将硬盘数据加载到内存的位置，以及后面代码写死的跳转地址，竟然如此强耦合？那万一弄错了咋办？

比如加载到内存 a 处，然后却跳转到了 b 处。或者编译到硬盘第二扇区的代码，手一抖将硬盘第三扇区的数据加载到了内存，这不全乱套了吗？

是啊，就是这样。**在操作系统刚开始建立的时候，完全自己安排前前后后的关系，一字节都不能偏，就是这么强耦合。**

操作系统代码的编写者，需要处处小心，大脑时刻保持清醒，规划好自己写的代码被编译并存储在硬盘的哪个位置，随后又会被加载到内存的哪个位置，并且让 CPU 随后跳转到那个位置，不能错乱。

但这样也是很有好处的，那就是在这个阶段，你明明白白地知道每一步跳转、每一步数据访问都是怎么设计和规划的。

不像我们在编写高级语言程序的时候，完全不知道底层帮我们做了多少工作。虽然这避免了程序员关心底层细节的烦恼，但在程序员遇到问题或者想知道原理的时候，就显得很无助。所以珍惜这个阶段吧！

好了，本回的内容就结束了。这也标志着我们走完了**第一个操作系统源码**文件 **bootsect.s**，开始向下一个文件 setup.s 进发了！

后面的世界越来越精彩，欲知后事如何，且听下回分解。

扩展阅读：什么是中断

如果用一句话概括操作系统的原理，那就是，**整个操作系统就是一个中断驱动的死循环**，用最简单的代码解释，下面这样再合适不过了：

```
while(true) {
    doNothing();
}
```

其他所有事情都是由操作系统提前注册的中断机制和其对应的中断处理函数完成的。我们点击一下鼠标，敲击一下键盘，执行一个程序，都是用中断的方式来通知操作系统帮我们处理这些事件，当没有任何需要操作系统处理的事件时，它就乖乖地停在死循环里不出来。

所以，中断，非常重要，它是让我们理解整个操作系统的根基，掌握它，不亏！

那我们开始吧。

五花八门的中断分类

关于中断的分类，教科书中和网上有很多答案，如果你用搜索引擎去寻找答案，可能会找出很多不一样的分类结果。

我打算直接在 Intel CPU手册中找一个官方的标准答案。

在Intel CPU手册Volume 1的6.4节中给出了图1所示的说明。

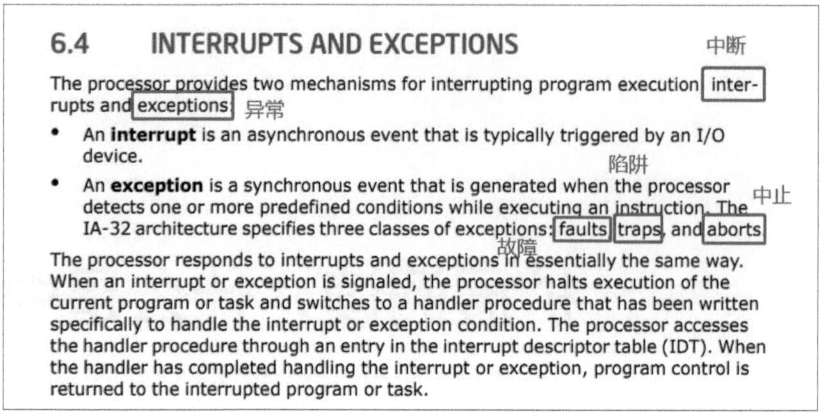

6.4 INTERRUPTS AND EXCEPTIONS

The processor provides two mechanisms for interrupting program execution, interrupts and exceptions:

- An **interrupt** is an asynchronous event that is typically triggered by an I/O device.
- An **exception** is a synchronous event that is generated when the processor detects one or more predefined conditions while executing an instruction. The IA-32 architecture specifies three classes of exceptions: faults, traps, and aborts.

The processor responds to interrupts and exceptions in essentially the same way. When an interrupt or exception is signaled, the processor halts execution of the current program or task and switches to a handler procedure that has been written specifically to handle the interrupt or exception condition. The processor accesses the handler procedure through an entry in the interrupt descriptor table (IDT). When the handler has completed handling the interrupt or exception, program control is returned to the interrupted program or task.

图 1

这段话概括起来的意思就是，**中断可以分为中断和异常，异常又可以分为故障、陷阱和中止**。

第一句话有点儿奇怪，啥叫中断可以分为中断和异常呢？其他很多文章也是这么写的，不知道你有没有注意并疑惑过。

原文的意思准确地说就是，**CPU 提供了两种中断程序执行的机制，中断和异常**。第一个中断是一个动词，第二个中断是真正的机制种类。

好吧，我感觉原文也挺奇怪的，但人家就这么说，没辙。

接下来我对这段英文简单地翻译一下，再加入一些自己的解读。

An interrupt is an asynchronous event that is typically triggered by an I/O device.

先说第一个机制——中断（interrupt），**中断是一个异步事件，通常由 IO 设备触发**。比如点击一下鼠标、敲击一下键盘等。

An exception is a synchronous event that is generated when the processor detects one or more predefined conditions while executing an instruction.

再说第二个机制——异常（exception），**异常是一个同步事件，是 CPU 在执行指令时检测到的反常条件**。比如除法异常、错误指令异常、缺页异常等。

这两个机制，殊途同归，**都是让 CPU 收到一个中断号**，至于 CPU 收到这个中断号之后干什么，我们暂且不管，示意图如图2所示。

我们先看看收到中断号之前，中断和异常到底是怎么做到给 CPU 一个中断号的。

先说中断，别眨眼。

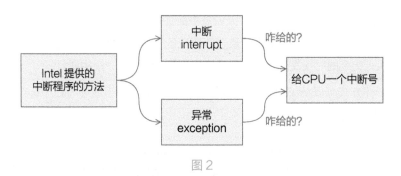

图 2

有一个设备叫作**可编程中断控制器**，它有很多 IRQ 引脚线，接入了一堆能发出中断请求的硬件设备。当这些硬件设备给 IRQ 引脚线发送一个信号时，由于可编程中断控制器提前被设置好了 IRQ 与中断号的对应关系，所以就转化成了对应的中断号。把这个中断号存储在自己的一个端口上，然后给 CPU 的 INTR 引脚发送一个信号，CPU 收到 INTR 引脚信号后，去刚刚的那个端口可读取到这个中断号的值。

估计你被绕晕了，来看一下图3。

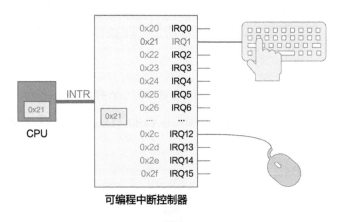

图 3

你看，最终的目标，就是让 CPU 知道，有中断了，并且也知道中断号是多少。

比如按下了图3中的键盘，最终到 CPU 那里的反应就是，得到了一个中断号 0x21。

那异常的机制就更简单了，是 CPU 自己执行指令时检测到的一些反常情况，然后自己给自己一个中断号，无须外界提供。

比如，CPU 执行到了一个无效的指令，则自己给自己一个中断号 0x06，这个中断号是 CPU 提前就规定好写死了的硬布线逻辑。

好了，到目前为止，我们知道了无论是**中断**还是**异常**，最终都是通过各种方式，让CPU得到一个中断号。只不过中断是通过外部设备给CPU的INTR引脚发送信号，异常是CPU自己执行指令的时候发现特殊情况触发的，自己给自己一个中断号。

还有一种方式可以给 CPU 一个中断号，在 Intel CPU手册中写在了6.4.4节（见图4），这就是大名鼎鼎的 **INT 指令**。

6.4.4   INT *n*, INTO, INT 3, and BOUND Instructions

The INT *n*, INTO, INT 3, and BOUND instructions allow a program or task to explicitly call an interrupt or exception handler. The INT *n* instruction uses an interrupt vector as an argument, which allows a program to call any interrupt handler.

The INTO instruction explicitly calls the overflow exception (#OF) handler if the overflow flag (OF) in the EFLAGS register is set. The OF flag indicates overflow on arithmetic instructions, but it does not automatically raise an overflow exception. An overflow exception can only be raised explicitly in either of the following ways:

- Execute the INTO instruction.
- Test the OF flag and execute the INT *n* instruction with an argument of 4 (the vector number of the overflow exception) if the flag is set.

Both the methods of dealing with overflow conditions allow a program to test for overflow at specific places in the instruction stream.

The INT 3 instruction explicitly calls the breakpoint exception (#BP) handler.

The BOUND instruction explicitly calls the BOUND-range exceeded exception (#BR) handler if an operand is found to be not within predefined boundaries in memory. This instruction is provided for checking references to arrays and other data structures. Like the overflow exception, the BOUND-range exceeded exception can only be raised explicitly with the BOUND instruction or the INT *n* instruction with an argument of 5 (the vector number of the bounds-check exception). The processor does not implicitly perform bounds checks and raise the BOUND-range exceeded exception.

图 4

INT指令后面跟一个数字，这就相当于直接用指令的形式，告诉CPU一个中断号。

比如 **INT 0x80**，就是告诉 CPU 中断号是 0x80。Linux 内核提供的**系统调用**，就是用了 INT 0x80 这种指令。

那图2又丰富了起来，如图5所示。

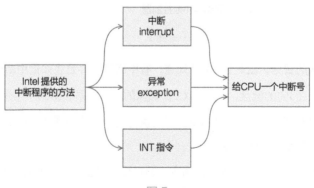

图 5

有的地方喜欢把它们做一些区分，把 INT n 这种方式叫作**软件中断**，因为它是由软件程序主动触发的。相应地，把上面的中断和异常叫作**硬件中断**，因为它们是由硬件自动触发的。

但我觉得大可不必，一共就这么几种分类，为什么还要增加一层理解的成本呢，记三种方式不好吗？

好了，总结一下，给 CPU 一个中断号有三种方式，而这也是中断分类的依据。

1. **通过中断控制器给 CPU 的 INTR 引脚发送信号**，并且允许 CPU 从中断控制器的一个端口上读取中断号，比如按下键盘上的一个按键，最终会给 CPU 一个 0x21 中断号。

2. **CPU 执行某条指令发现了异常**，会自己触发并给自己一个中断号，比如执行到了无效指令，CPU 会给自己一个 0x06 中断号。

3. **执行 INT n 指令**，会直接给 CPU 一个中断号 n，比如触发了 Linux 的系统调用，实际上就是执行了 INT 0x80 指令，那么 CPU 收到的就是一个 0x80 中断号。

CPU 以不同的方式收到这些 0x21、0x06、0x80 之后，**会一视同仁**，做同样的后续处理流程。所以从现在开始，前面的事情就不用再管了，只需回答下一个问题，CPU 收到中断号之后要干吗？

CPU 收到中断号之后要干吗

CPU 收到中断号后，如何处理呢？

先用一句不太准确的话总结，**CPU 收到一个中断号 n 后，会去中断描述符表中寻找第 n 个中断描述符，从中断描述符中找到中断处理程序的地址，然后跳过去执行。**

为什么说不准确呢？因为从中断描述符中找到的，并不直接是程序的地址，而是**段选择子**和**段内偏移地址**。然后，段选择子又会去**全局描述符表（GDT）**中寻找**段描述符**，从中取出**段基址**。之后段基址 + 段内偏移地址，才是最终处理程序的入口地址，示意图如图6所示。

当然，这个入口地址还不是最终的物理地址，如果开启了分页，还要经历分页机制的转换，就像图7展示的这样。

扩展阅读

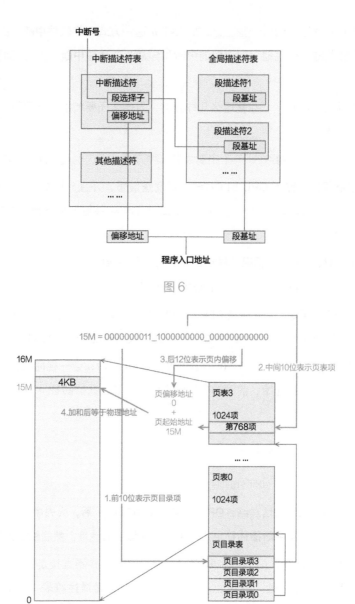

图 6

图 7

不过不要担心，这不是中断的主流程，**因为分段机制和分页机制是所有地址转换过程的必经之路，并不是中断这个流程所特有的。**

所以我们简单地把中断描述符表中存储的地址，直接当作 CPU 可以跳过去执行的中断处理程序的入口地址就好了（见图8），不影响对它们的理解。

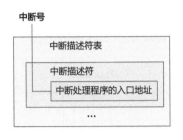

图8

你看，这是不是简单了很多?

那接下来的问题就很简单了，这里出现了两个新名词，分别对它们进行发问。

1. 中断描述符表是啥?

2. 中断描述符是啥?

3. 去哪里找它们?

再分别回答这些问题即可。

中断描述符表是啥

中断描述符表（IDT）本质上就是一个在内存中的数组，在操作系统初始化的过程中，有很多结构都被称为×××表，其实就是一个数组。

以 Linux-2.6.0 的源码为例，就能很直观地看出来：

```
struct desc_struct idt_table[256] = { {0, 0}, };
```

你看，它是一个大小为 256 的数组。idt_table 这个名字就是 Interrupt Descriptor Table，逐字翻译过来就是**中断描述符表**。

中断描述符是啥

中断描述符是中断描述符表这个数组里存储的数据结构，通过刚刚的源码也可以看出来，是一个叫 desc_struct 的结构。

```
struct desc_struct {
    unsigned long a,b;
};
```

好家伙，在Linux 源码里就是这么简单直接地表示的，一个中断描述符的大小为 64 位，也就是 8 字节，里面具体存的是啥通过这个源码看不出来。

翻一下Intel CPU手册，在Volume 3的5.11节中找到了一张图，如图9所示。

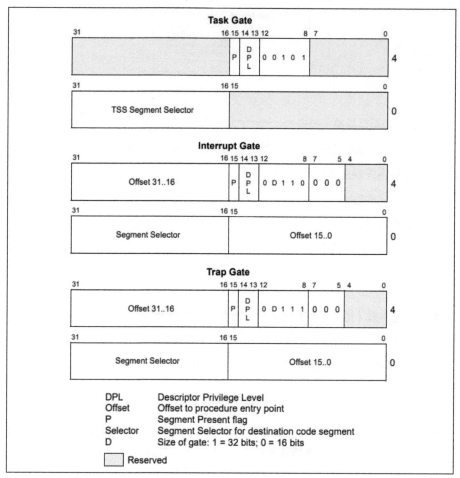

Figure 5-2. IDT Gate Descriptors

图9

可以看到，中断描述符具体还分成几类，如下所示。

Task Gate：任务门描述符。

Interrupt Gate：中断门描述符。

Trap Gate：陷阱门描述符。

不要慌，其中任务门描述符在 Linux 中几乎没有被用到过。

中断门描述符和陷阱门描述符的区别仅仅是**是否允许中断嵌套**，实现方式非常简单直接，就是 CPU 收到的中断号如果对应的是一个中断门描述符，就修改 IF 标志位（寄存器中一个1位的值），修改了这个值后就屏蔽了中断，也就防止了中断的嵌套。而陷阱门没有这个标志位，也就是允许中断的嵌套。

所以如果简单理解的话，你把它们当作同一个描述符就好了，先别管这些细节，它们的结构几乎完全一样，只是差了一个类型标识罢了。

那这个中断描述符的结构长什么样呢？我们可以清晰地看到，里面有**段选择子**和**段内偏移地址**，如图10所示。

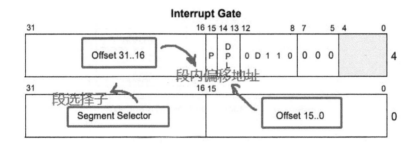

图 10

回顾一下刚刚说的中断处理流程，如图6所示。

没骗你吧？

但以上这些如果你都搞不明白，还是那句话，记图8所示的那个最简单的流程就好了，不影响理解。

好了，现在我们直观地看到了中断描述符表这个 256 大小的数组，以及它里面存的中断描述符长什么样子，**最终的目的，还是帮助 CPU 找到一个程序的入口地址，然后跳转过去**。

OK，下一个问题，CPU 怎么寻找到这个中断描述符表的位置呢？它是在内存中的一个固定的位置吗？

CPU 怎么找到中断描述符表

中断描述符表在哪里，全凭各个操作系统的喜好，想放在哪里就放在哪里，但需要通过某种方式告诉 CPU。

怎么告诉CPU呢？CPU 提前预留了一个寄存器，叫作 **IDTR 寄存器**，这里面存放的就是中断描述符表的起始地址，以及中断描述符表的大小。

在Intel CPU手册Volume 3的5.10节中告诉了我们IDTR寄存器的结构，如图11所示。

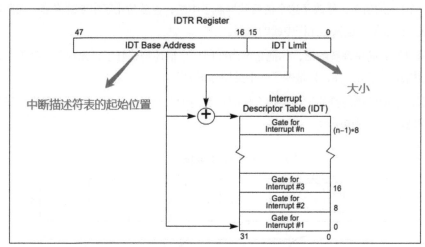

Figure 5-1. Relationship of the IDTR and IDT

图 11

操作系统的代码可以通过**LIDT指令**将中断描述符表的地址放在这个寄存器里。

还记得刚刚看的源码吗？中断描述符表就体现为下面这样：

```
struct desc_struct idt_table[256] = { {0, 0}, };
```

然后操作系统使用 **LIDT** 指令将 idt_table 这个符号的内存地址放在 **IDTR 寄存器**中就行了。IDTR 寄存器里的值一共 48 位，前 16 位是中断描述符表大小（字节数），后 32 位是中断描述符表的起始内存地址，就是这个 idt_table 的位置。

Linux-2.6.0 源码中是这样构造这个结构的：

```
idt_descr:
    .word 256 * 8 - 1
    .long idt_table
```

紧接着，一个 **LIDT** 指令把这个结构放到 IDTR 寄存器中：

```
lidt idt_descr
```

整个过程一气呵成，连贯得我连代码格式都懒得调了，是不是十分清晰明了？

这样，CPU 收到一个中断号后，**中断描述符表的起始位置从 IDTR 寄存器中可以知道，而且里面的每个中断描述符都是 64 位大小，也就是 8 字节，那自然就可以找到这个中断号对应的中断描述符。**

接下来的问题就是，这个中断描述符表是谁提前写好的？又是怎么写的？

是谁把中断描述符表这个结构写在内存中的

答案很简单，是操作系统呗！

在 Linux-2.6.0 内核源码的 traps.c 文件中，有这样一段代码：

```
void __init trap_init(void) {
    set_trap_gate(0, &divide_error);
    ...
    set_trap_gate(6, &invalid_op);
    ...
    set_intr_gate(14, &page_fault);
    ...
    set_system_gate(0x80, &system_call);
}
```

你看，我们刚刚提到的**除法异常、非法指令异常、缺页异常**，以及之后可能通过 INT 0x80 触发**系统调用**的中断处理函数 system_call，就是这样被写到了中断描述符表里。

经过这样一番操作，我们的中断描述符表里的值就丰富了起来。

好了，现在只剩下最后一个问题了，CPU在找到一个中断描述符后，如何跳过去执行？

找到中断描述符后干什么

现在这个问题可以再问得大一些了，就是 **CPU 在收到一个中断号并且找到了中断描述符之后，究竟做了哪些事**？

当然，最简单的办法就是，**直接把中断描述符里的中断程序地址取出来，放在自己的 CS:IP 寄存器中**，因为这里存的值就是下一跳指令的地址，只要放进去了，到下一个 CPU 指令周期时，就会去那里继续执行了。

但 CPU 并没有这样简单粗暴，而是帮助程序员做了许多额外的事情，这增加了我们的学习和理解成本，但方便了写操作系统的程序员得到一些中断的信息及方便了中断程序结束后的返回工作。

扩展阅读

但其实，就是做了一些**压栈操作**。

1. 如果发生了特权级转移，将之前的栈段寄存器 SS 及栈顶指针 ESP 压入栈中，并将栈切换为 TSS 中的栈。

2. 压入标志寄存器 EFLAGS。

3. 压入之前的代码段寄存器 CS 和指令寄存器 EIP，相当于压入返回地址。

4. 如果此中断有错误码，则压入错误码 ERROR_CODE。

5. 结束（之后就跳转到中断程序了）。

压栈操作结束后，栈就变成了图12所示的样子。

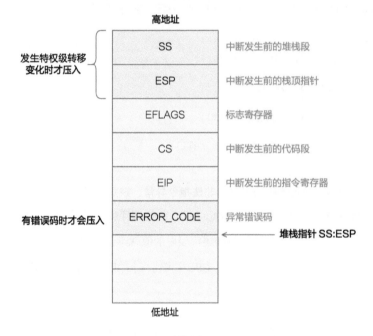

图 12

特权级的转移需要切换栈，所以提前将之前的**栈指针**压入。**错误码**可以方便中断处理程序做一些工作，如果需要，从栈顶拿就好了。

抛开这两者不说，剩下的就只有**标志寄存器**和**中断发生前的代码段**，它们被压入了栈，这很好理解，就是方便中断程序结束后返回原来的代码。

具体的压栈工作，以及如何利用这些栈的信息达到结束中断并返回原始程序的效果，Intel CPU手册Volume 3A的5.12节中也写得很清楚，如图13所示。

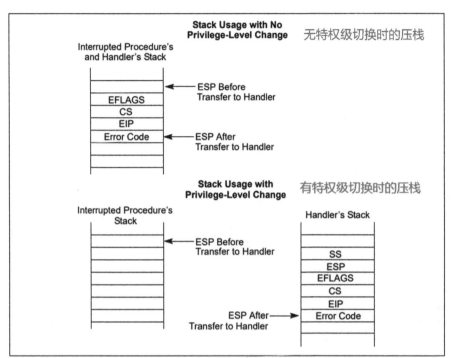

Figure 5-4. Stack Usage on Transfers to Interrupt and Exception-Handling Routines

To return from an exception- or interrupt-handler procedure, the handler must use the IRET (or IRETD) instruction. The IRET instruction is similar to the RET instruction except that it restores the saved flags into the EFLAGS register. The IOPL field of the EFLAGS register is restored only if the CPL is 0. The IF flag is changed only if the CPL is less than or equal to the IOPL. See Chapter 3, "Instruction Set Reference, A-M," of the *IA-32 Intel® Architecture Software Developer's Manual, Volume 2A,* for a description of the complete operation performed by the IRET instruction.

图 13

图13中下面的一段文字说，通过配合IRET或IRETD指令返回。

由于后续版本的 Linux 自己的玩法比较多，已经不用 Intel 提供的现成指令了，所以这回我们从 Linux-0.11 版的源码中寻找答案。

比如，除法异常的中断处理函数在 asm.s 中：

```
_divide_error:
 push dword ptr _do_divide_error ;
no_error_code: ;
 xchg [esp],eax ;
```

```
push ebx
push ecx
push edx
push edi
push esi
push ebp
push ds ;
push es
push fs
push 0 ;
lea edx,[esp+44] ;
push edx
mov edx,10h ;
mov ds,dx
mov es,dx
mov fs,dx
call eax ;
add esp,8 ;
pop fs
pop es
pop ds
pop ebp
pop esi
pop edi
pop edx
pop ecx
pop ebx
pop eax ;// 弹出原来 eax 中的内容
iretd
```

只看最后一行，确实用了iretd指令。

这个指令会依次弹出栈顶的三个元素，把它们分别赋值给EIP、CS和 EFLAGS，而栈顶的三个元素，又恰好是EIP、CS和EFLAGS这样的顺序，你说巧不巧？

当然不巧，CPU 在执行中断函数前做了压栈操作，然后又提供了 iret 指令做弹栈操作，当然是给你配套使用的！

你看，**中断是如何切到中断处理程序的？就是靠中断描述符表中记录的地址。那中断又是如何回到原来的代码继续执行的呢？是通过 CPU 把中断发生前的地址压入了栈中**，然后我们的程序自己利用这些指令地址去返回，当然也可以不返回。

这就是 CPU 和操作系统配合的结果，它们把中断这件事给解决了。

总结

所以总结起来就是，理解中断，只要回答了这几个问题就好。

如何给 CPU 一个中断号？

外部设备通过 INTR 引脚传送信息，或者 CPU 在执行指令的过程中自己触发，或者由软件通过 INT *n* 指令强行触发。

中断也是这样进行分类的。

CPU 收到中断号后如何寻找到中断程序的入口地址？

通过 IDTR 寄存器找到中断描述符表，通过中断描述符表和中断号定位到中断描述符，取出中断描述符中存储的程序入口地址。

中断描述符表是谁写的？

由操作系统代码写到内存中去的。

找到程序入口地址之后，CPU 做了什么？

简单来说，CPU实际上做的事情就是压栈，并跳转到入口地址处执行代码。而压栈的目的就是保护现场（原来的程序地址、原来的程序堆栈、原来的标志位）和传递信息（错误码）。

好了，中断讲完了，如果再扩充一点点概念，以上说的中断，都是**硬中断**。注意，不叫硬件中断哦。

为什么叫硬中断呢？因为这是 Intel CPU 这个硬件实现的中断机制，注意这里是实现机制，并不是触发机制，因为触发可以通过外部硬件，也可以通过软件的 INT 指令进行。

那与硬中断对应的还有**软中断**，这个概念在网上讲得很混乱，把软中断和 INT 指令这种软件中断混淆了，**所以我觉得最好将软件中断称为由软件触发的中断，而软中断则应被称为软件实现的中断。**

软中断是纯粹由软件实现的一种类似中断的机制，实际上它就是模仿硬件，在内存中的一个地方存储软中断的标志位，然后由内核的一个线程不断轮询这些标志位。如果哪个标志位有效，就去另一个地方寻找这个软中断对应的中断处理程序，后面会讲到去哪里寻找中断处理程序。

不过，软中断在本书所讲的 Linux-0.11 中并没有实现。如果你想了解软中断的原理和细节，可以看下一篇扩展阅读，不过这不是必需的。

扩展阅读：什么是软中断

本篇扩展阅读讲述软中断的原理，由于 Linux-0.11 并没有实现软中断，所以本扩展阅读并不影响你理解 Linux-0.11，可以酌情考虑是否需要详细阅读。

好了，我们开始本篇的内容。

上一篇扩展阅读，其实讲的都是**硬中断**，注意是硬中断不是硬件中断，硬中断的概念的范围更大。

硬中断包括中断、异常及 INT 指令这种软件中断，整个中断机制是纯硬件实现的逻辑，别管是谁触发的，都叫硬中断。

当然这里也要有软件的配合，比如软件需要提前把中断向量表写在内存里，并通过 IDTR 寄存器告诉 CPU 它的起始位置在哪里。

这就是上一篇文章中关于硬中断的回顾，如果上面这几句总结你看着很困惑，那强烈建议你先把上一篇文章再看一遍。

软中断与硬中断很像

软中断是纯由软件实现的，宏观效果看上去是和硬中断差不多的一种方式。

什么叫宏观效果呢？中断从宏观层面来看，**就是打断当前正在运行的程序，转而去执行中断处理程序，执行完之后再返回原始程序**。

从这个层面来看，硬中断可以达到这个效果，软中断也可以达到这个效果，所以说宏观效果一样。

那微观层面呢？就是我们需要了解的原理啦。

硬中断的微观层面，就是 CPU 在每一个指令周期的最后，都会留一个 CPU 周期去查看是否有中断，如果有，就把中断号取出来，去中断向量表中寻找中断处理程序，然后跳过去。

这个在上一篇文章里讲得很清楚。

软中断的微观层面，简单说就是有一个**单独的守护进程**，不断轮询一组**标志位**，如果哪个标志位有值了，就去这个标志位对应的**软中断向量表数组**的相应位置，找到软中断处理函数，然后跳过去。

你看，在微观层面，其实也和硬中断差不多。

接下来我们具体来看看，以 Linux-2.6.0 内核为例，扒开软中断的外套。

开启内核软中断处理的守护进程

找到 main.c 里的入口函数：

```
asmlinkage void __init start_kernel(void) {
    ...
    trap_init();
    sched_init();
    time_init();
    ...
    rest_init();
}
```

这里省略了很多部分，但可以看出，在这个函数里进行的就是**各种初始化**。

接着看 rest_init() 这个函数：

```
static void rest_init(void) {
    kernel_thread(init, NULL, CLONE_KERNEL);
}

static int init(void * unused) {
    do_pre_smp_initcalls();
}

static void do_pre_smp_initcalls(void) {
    spawn_ksoftirqd();
}
```

看到一个 spawn_ksoftirqd()，翻译过来就是 spawn kernel soft irq daemon，**开启内核软中断守护进程**，这个名字太直观了，都不用我讲了！

再往里深入。很长，但有用的信息很少：

```
__init int spawn_ksoftirqd(void) {
    cpu_callback(&cpu_nfb, CPU_ONLINE, (void *)(long)smp_processor_id());
    register_cpu_notifier(&cpu_nfb);
    return 0;
}

static int __devinit cpu_callback(...) {
    kernel_thread(ksoftirqd, hcpu, CLONE_KERNEL);
}

static int ksoftirqd(void * __bind_cpu) {
    for (;;) {
        while (local_softirq_pending()) {
            do_softirq();
            cond_resched();
        }
    }
}

asmlinkage void do_softirq(void) {
    h = softirq_vec;
    pending = local_softirq_pending();
    do {
        if (pending & 1) {
            h->action(h);
        h++;
        pending >>= 1;
    } while (pending);
}
```

前面的不用管，直接看最后一个函数，do_softirq()，这个函数展示了软中断处理守护进程所做的事情的精髓，我翻译一下：

```
// 这就是软中断处理函数表（软中断向量表）
// 和硬中断的中断向量表一样
static struct softirq_action softirq_vec[32];

asmlinkage void do_softirq(void) {
    // h = 软中断向量表起始地址指针
    h = softirq_vec;
```

```
// 这些是软中断标志位，一次性拿到所有的软中断标志位
pending = local_softirq_pending();
do {
    // 此时的软中断标志位有值（说明有软中断）
    if (pending &  ) {
        // 去对应的软中断向量表执行对应的处理函数
        h->action(h);
    // 软中断向量表指针向后移动
    h++;
    // 同时软中断处理标志位也向后移动
    pending >>=  ;
} while (pending);
}
```

如果这些翻译你还没看明白，那我放几张图你就懂了。

首先 h 代表**软中断向量表** softirq_vec，和硬中断的中断向量表的存在是一个目的，它就是一个**数组**，里面的元素存储着**软中断处理程序的地址指针**，在 action 中，如图1所示。

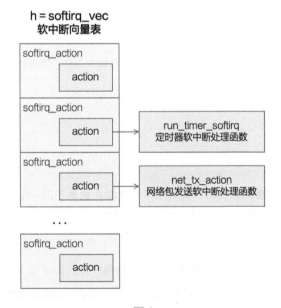

图1

然后 pending 代表多个**软中断标志位**。

这里完全是由于 Linux 里用了好多 C 语言的宏定义，因而搞得很绕，我先将它们放出来，你别担心：

```
typedef struct {
    unsigned int __softirq_pending;
    unsigned long idle_timestamp;
    unsigned int __nmi_count;    /* arch dependent */
    unsigned int apic_timer_irqs;    /* arch dependent */
} irq_cpustat_t;

extern irq_cpustat_t irq_stat[];    /* defined in asm/hardirq.h */
#define __IRQ_STAT(cpu, member) (irq_stat[cpu].member)
#define __IRQ_STAT(cpu, member) ((void)(cpu), irq_stat[0].member)
#define softirq_pending(cpu)  __IRQ_STAT((cpu), __softirq_pending)
#define local_softirq_pending() softirq_pending(smp_processor_id())


pending = local_softirq_pending();
```

把这些宏定义都翻译过来，再去掉多处理器的逻辑，就当只有一个核心，就变得很简单了：

```
pending = irq_stat[0].__softirq_pending;
```

它就是一个 int 值而已，是32位的。

回过头看之前的代码，pending（**软中断标志位**）与h（**软中断向量表**）向后移动的步长：

```
// 软中断向量表指针向后移动
h++;
// 同时软中断处理标志位也向后移动
pending >>= 1;
```

可以看出，**软中断标志位的一位**对应着**软中断向量表中的一个元素**，这就不难理解为什么中断向量表这个数组的大小是 32 了，如图2所示。

好了，内核软中断处理这个守护进程所做的事，就完全搞懂了吧?

就是**不断遍历 pending 这个软中断标志位的每一位**，如果是 0 就忽略，如果是 1，那从上面的 h 软中断向量表中找到对应的元素，然后执行 action，action 对应着不同的软中断处理函数。

而且还能看到，内核软中断处理守护进程，在 Linux 启动后会自动跑起来，那也就代表软中断机制生效了。

如果让你使用这个内核功能做软中断的事情，那不难想象，很简单。

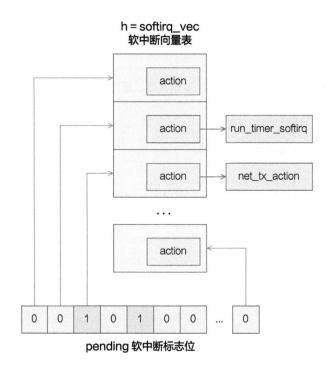

图 2

第一步，注册软中断向量表，其实就是为软中断向量表中的每个 action 变量赋值，相当于硬中断中注册中断向量表的过程。

第二步，触发一个软中断，其实就是修改 pending 的某个标志位，触发一次软中断，相当于硬中断中由外部硬件、异常或者 INT 指令来触发硬中断。

而实际上，Linux 就是这样做的，和我们猜的一样，我们一步步看。

注册软中断向量表

注册软中断向量表就是给 softirq_vec 这个软中断向量表（也是一个数组）里面的每一个元素的 action 赋上值，赋的值就是软中断处理函数的地址。

这段代码很容易就可以想到，太好写了，就这样呗：

```
softirq_vec[ ].action = NULL;
softirq_vec[ ].action = run_timer_softirq;
softirq_vec[ ].action = net_tx_action;
...
softirq_vec[ ].action = xxx;
```

没错，就是这样，不要以为 Linux 有啥神奇的操作，也就是这样老老实实给变量赋值。

比如，**网络子系统的初始化**，有一步就需要**注册网络的软中断处理函数**：

```
subsys_initcall(net_dev_init);

static int __init net_dev_init(void) {
    ...
    // 网络发包的处理函数
    open_softirq(NET_TX_SOFTIRQ, net_tx_action, NULL);
    // 网络收包的处理函数
    open_softirq(NET_RX_SOFTIRQ, net_rx_action, NULL);
    ...
}

void open_softirq(int nr, void (*action)(struct softirq_action*),
void *data)
{
    softirq_vec[nr].data = data;
    // 简直完全一样
    softirq_vec[nr].action = action;
}
```

这和我们写的代码不能说是相似，简直完全一样，只是多包装了一层叫 open_softirq 的函数，为了方便调用罢了。

NET_TX_SOFTIRQ 这些是枚举值，具体看这些枚举也会发现，它们在 Linux-2.6.0 中出现得也不多：

```
enum {
    HI_SOFTIRQ=0,
    TIMER_SOFTIRQ,
    NET_TX_SOFTIRQ,
    NET_RX_SOFTIRQ,
    SCSI_SOFTIRQ,
    TASKLET_SOFTIRQ
};
```

我好奇地翻了一下 Linux-5.11，发现出现得也不多。

```
enum {
    HI_SOFTIRQ=0,
    TIMER_SOFTIRQ,
```

```
        NET_TX_SOFTIRQ,
        NET_RX_SOFTIRQ,
        BLOCK_SOFTIRQ,
        IRQ_POLL_SOFTIRQ,
        TASKLET_SOFTIRQ,
        SCHED_SOFTIRQ,
        HRTIMER_SOFTIRQ,
        RCU_SOFTIRQ,
        NR_SOFTIRQS
};
```

触发一次软中断

同上，这些代码也很容易就可以想到。

你看，表示软中断标志位的 pending 不是这样取值的吗：

```
pending = local_softirq_pending();
```

取出来的是一个 32 位的 int 值。

只需**把 local_softirq_pending() 对应的标志位改成 1** 就触发了软中断，比如我们想触发一个 2 号软中断，就像图3这样。

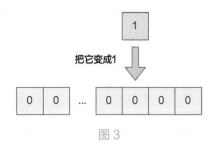

图3

代码这么写就行了：

```
local_softirq_pending() |= 1UL << 2;
```

而 Linux 居然也是这么做的，我们看网络数据包到来之后，有一段代码：

```
#define __raise_softirq_irqoff(nr) \
do { local_softirq_pending() |= 1UL << (nr); } while (0)

static inline void __netif_rx_schedule(struct net_device *dev) {
    list_add_tail(&dev->poll_list, &__get_cpu_var(softnet_data).
```

```
poll_list);
    // 发出软中断
    __raise_softirq_irqoff(NET_RX_SOFTIRQ);
}
```

如果把 do while(0) 这种 C 语言宏定义的玩法去掉，其实就和我们写的完全一样了，这回可真的是完全一样：

```
static inline void __netif_rx_schedule(struct net_device *dev) {
    list_add_tail(&dev->poll_list, &__get_cpu_var(softnet_data).
poll_list);
    // 发出软中断
    local_softirq_pending() |= 1UL << (NET_RX_SOFTIRQ)
}
```

所以我之前总说，当你真的去接触一个东西的时候，将一个个细节逐步拨开后，会发现一点儿也不难，而且都是顺理成章的，和我们猜测的一样。

总结

软中断没什么神奇的操作，**就是一组一位一位的软中断标志位，对应着软中断向量表中一个一个的中断处理函数，然后有一个内核守护进程不断去循环判断调用。**

然后，由各个子系统调用 open_softirq，负责为软中断向量表赋值。

再由各个需要触发软中断的地方调用 _raise_softirq_irqoff，修改中断标志位的值。

后面的工作就交给内核中的软中断守护进程去触发这个软中断了，其实就是一个遍历并查找对应函数的简单过程，流程如图4所示。

记住图4就可以了。

好了，上一篇文章介绍的硬中断和本篇介绍的软中断，它们最基本的原理和异同点，你弄明白了吗?

软中断是 Linux 处理一个中断的下半部分的主要方式。比如，Linux 的某网卡接收了一个数据包，此时会触发一个硬中断，由于处理数据包的过程比较耗时，而硬中断资源又非常宝贵，如果占着硬中断函数不返回，会影响其他硬中断的响应速度，比如，点击鼠标、按下键盘等。所以一般 Linux 会把中断分成**上下两部分**执行，上半部分处理简单的逻辑，将下半部分直接丢给一个软中断异步处理。

比如，网卡收到了一个数据包，这个网卡的型号是 e1000，那对应的硬中断处理函数是e1000_intr，我们看看它做了什么事情：

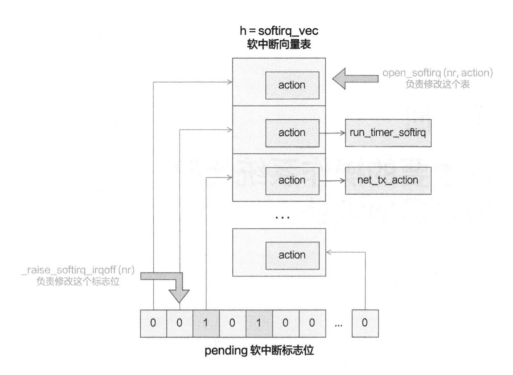

图 4

```
static irqreturn_t e1000_intr(int irq, void *data, struct pt_regs *regs) {
    __netif_rx_schedule(netdev);
}

static inline void __netif_rx_schedule(struct net_device *dev) {
    list_add_tail(&dev->poll_list, &__get_cpu_var(softnet_data).poll_list);
    __raise_softirq_irqoff(NET_RX_SOFTIRQ);
}
```

看到没，后面使用 **__raise_softirq_irqoff** 直接将操作丢给软中断就不管了。

所有复杂的技术，都是由诸多简单技术拼接起来的，所以，把所有这些简单的问题一个个扒开并了解清楚，你就是"大牛"了！

第 5 回
将重要的操作系统代码
放在零地址处

5

书接上回，上回书咱们说到，操作系统已经完成了各种从硬盘到内存的加载，以及内存到内存的复制，如图5-1所示。

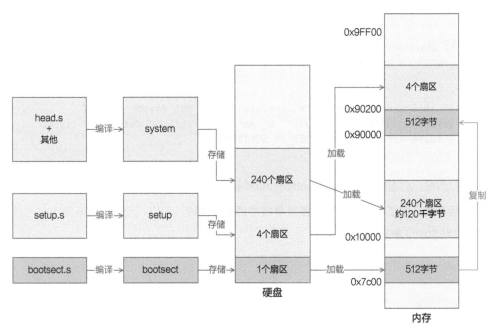

图 5-1

至此，整个 bootsect.s 的使命就完成了，这也是我们品读完的第一个操作系统源码文件。之后便跳转到了 0x90200 这个位置开始执行，这个位置处的代码位于 setup.s 的开头，我们接着来看：

```
start:
    mov ax,#0x9000  ; this is done in bootsect already, but...
    mov ds,ax
    mov ah,#0x03    ; read cursor pos
    xor bh,bh
    int 0x10        ; save it in known place, con_init fetches
    mov [0],dx      ; it from 0x90000.
```

又有一个 int 指令。

如果你好好看过前面的内容，一下就能猜出它要干吗。还记不记得之前有个 int 0x13，表示触发 BIOS 提供的**读磁盘**中断程序？这个 int 0x10 也是一样的，它也是触发 BIOS 提供的中断服务的，具体来说是调用**显示服务**相关的中断处理程序，而 ah 寄存器被赋值为 0x03，表示显示服务里具体的**读取光标位置功能**这一子服务。

BIOS具体提供了哪些中断服务，如何去调用和获取返回值，请大家自行寻找学习资料。

这个 int 0x10 中断程序执行完毕并返回时，将会在dx 寄存器里存储好**光标的位置**，具体说来其高8位 dh 存储了**行号**，低8位 dl 存储了**列号**，如图5-2所示。

这里说明一下：计算机在加电自检后会自动初始化到文字模式，在这种模式下，一屏可以显示 25 行，每行 80 个字符，也就是 80 列。

下一步的 mov [0],dx，就是把这个光标位置存储在 [0] 这个内存地址处。注意，前面我们说过，这个内存地址仅仅是偏移地址，还需要加上 ds 这个寄存器里存储的段基址，最终的内存地址是在 0x90000 处，这里存放着光标的位置，以便之后在初始化控制台的时候用到。

所以从这里也可以看出，这和我们平时调用一个函数没什么区别，只不过这里的**寄存器**相当于**入参和返回值**，这里的 **0x10 中断号**相当于**函数名**。

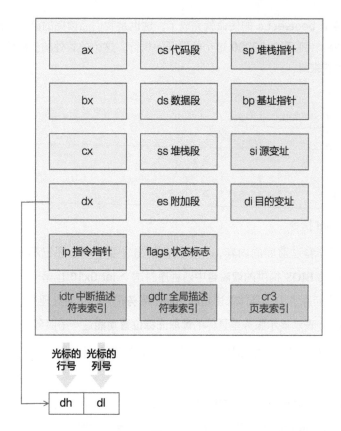

图 5-2

这和之前所表达的意思一样，操作系统内核的最开始也处处都是 BIOS 的"调包侠"，有现成的就用呗。

接下来的几行代码，和刚刚解释的代码是一样的逻辑，调用一个 BIOS 中断获取一些信息，然后存储在内存中的某个位置，我们迅速浏览一下就可以了。

比如获取内存信息：

```
; Get memory size (extended mem, kB)
    mov ah,#0x88
    int 0x15
    mov [2],ax
```

获取显卡显示模式：

```
; Get video-card data:
```

```
    mov ah,#0x0f
    int 0x10
    mov [ ],bx        ; bh = display page
    mov [ ],ax        ; al = video mode, ah = window width
```

检查显示方式并取参数：

```
; check for EGA/VGA and some config parameters
    mov ah,#0x12
    mov bl,#0x10
    int 0x10
    mov [ ],ax
    mov [10],bx
    mov [12],cx
```

获取第一块硬盘的信息：

```
; Get hd0 data
    mov ax,#0x0000
    mov ds,ax
    lds si,[ *0x41]
    mov ax,#INITSEG
    mov es,ax
    mov di,#0x0080
    mov cx,#0x10
    rep
    movsb
```

获取第二块硬盘的信息：

```
; Get hd1 data
    mov ax,#0x0000
    mov ds,ax
    lds si,[ *0x46]
    mov ax,#INITSEG
    mov es,ax
    mov di,#0x0090
    mov cx,#0x10
    rep
    movsb
```

原理都是一样的。

我们就没必要细琢磨了，这对操作系统的理解作用不大，只需要知道最终存储在内存中的信息是什么及在什么位置就行了（见图5-3），之后会用到它们。

内存地址	长度（字节）	名称
0x90000	2	光标位置
0x90002	2	扩展内存数
0x90004	2	显示页面
0x90006	1	显示模式
0x90007	1	字符列数
0x90008	2	未知
0x9000A	1	显示内存
0x9000B	1	显示状态
0x9000C	2	显卡特性参数
0x9000E	1	屏幕行数
0x9000F	1	屏幕列数
0x90080	16	硬盘 1 参数表
0x90090	16	硬盘 2 参数表
0x901FC	2	根设备号

图 5-3

之后很快就会用 C 语言进行编程，虽然汇编语言和 C 语言也可以用变量的形式传递数据，但这需要编译器在链接时做一些额外的工作，所以对于这么多数据，更方便的还是**双方共同约定一个内存地址**，我往这里存，你从这里取，就完事了。这恐怕是最原始和直观的变量传递方式了。

把这些信息存储好之后，操作系统又要做什么呢？我们继续往下看：

```
cli            ; no interrupts allowed ;
```

cli这一行表示**关闭中断**。

因为后面我们要把原本是 BIOS 写好的中断向量表覆盖掉，也就是把它破坏掉，写上我们自己的中断向量表，所以这个时候是不允许中断进来的。

继续看：

```
; first we move the system to it's rightful place
    mov ax,#0x0000
    cld        ; 'direction' =0, movs moves forward
do_move:
    mov es,ax        ; destination segment
    add ax,#0x1000
    cmp ax,#0x9000
```

```
    jz   end_move
    mov ds,ax        ; source segment
    sub di,di
    sub si,si
    mov cx,#0x8000
    rep movsw
    jmp do_move
; then we load the segment descriptors
end_move:
    ...
```

看到后面那个 rep movsw，熟不熟悉? 一开始我们把操作系统代码从 0x7c00 移动到 0x90000 的时候用的就是这个指令，来看图5-4回忆一下。

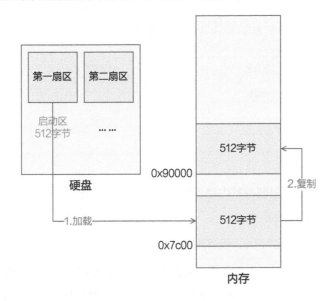

图 5-4

同前面讲述的原理一样，这也是做了一个内存复制操作。最终的结果是，把内存地址 0x10000 处开始往后一直到 0x90000 的内容，通通复制到内存最开始的 0 位置，大概就是图5-5所示的这么一个效果。

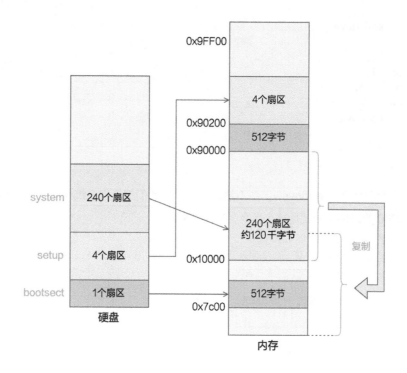

图 5-5

之前的各种加载和复制导致内存看起来很乱，是时候进行一些取舍和整理了，我们重新梳理一下此时的内存布局。

栈顶地址仍然是 0x9FF00，没有改变。

0x90000 开始往上的位置，原来是 bootsect 和 setup 程序的代码，现在 bootsect 的代码已经被操作系统为了记录内存、硬盘、显卡等一些**临时存放的**数据覆盖了一部分。

内存最开始的 0 到 0x80000 这 512 千字节被 system 模块占用了，之前讲过，这个 system 模块就是除 bootsect 和 setup 的全部程序（head.s 作为开头，main.c 和其他文件紧随其后）链接在一起的结果，可以理解为**操作系统的全部代码**。

现在的内存布局如图5-6所示。

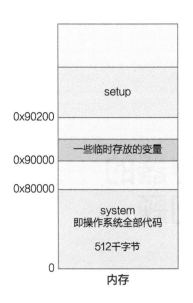

图 5-6

system 被放在了内存地址0位置处，之前的 bootsect 和现在的 setup 散落在内存很随便的位置上，并且逐步被其他数据所覆盖。

由此也可以看出，system 才是真正重要的操作系统代码，其他的都作为前期的铺垫，用完就被无情地抛弃了。而 system 真正的大头儿要在第2部分才会展开讲解，所以为什么我把第1部分称为进入内核前的苦力活，这下知道了吧?

好了，记住图5-6就好了！之前的什么 0x7c00，已经是过去式了，**赶紧忘掉它**，向前看!

接下来，就要进行有点儿技术含量的工作了，那就是**模式的转换**。需要从现在的 16 位的**实模式**转换为 32 位的**保护模式**，这是一项大工程！也是我认为的在这趟操作系统源码旅程中，第一个颇为精彩的地方，大家做好准备!

后面的世界越来越精彩，欲知后事如何，且听下回分解。

第 6 回
解决段寄存器的
历史包袱问题

6

书接上回，上回书咱们说到，操作系统又折腾了一下内存。之后的很长一段时间内存布局都不会变了，终于稳定下来了，目前它长成图5-6所示的样子。

0地址开始处存放着操作系统的全部代码，也就是 system 模块，0x90000 位置处之后的几十字节存放着一些设备的信息，方便以后使用。

再回过头看看图5-3，是不是十分清晰？不过别高兴得太早，清爽的内存布局，是方便后续操作系统大显身手的!

接下来就要进行真正的第一项大工程了，那就是**模式的转换**，需要从现在的 16 位的**实模式**转换为 32 位的**保护模式**。

虽说是一项非常难啃的大工程，但从代码量来看，却少得可怜，所以不必太过担心。

每次讲这里都十分麻烦，因为这是 **x86 的历史包袱**问题，现在的 CPU 几乎都支持32 位模式甚至 64 位模式了，很少有还停留在 16 位实模式下的 CPU。我们要为了这个历史包袱，**写一段模式转换的代码**。如果 Intel CPU 被重新设计而不用考虑兼容性，那么这里的代码将会减少很多甚至不复存在。

所以不用担心，能听懂最好，听不懂也不要紧，放宽心。

我不打算直接说实模式和保护模式的区别，我们还是跟着代码慢慢品味。

保护模式下的物理地址计算方式

接着上一回内容，这里仍然是 setup.s 文件中的代码：

```
lidt  idt_48    ; load idt with 0,0
lgdt  gdt_48    ; load gdt with whatever appropriate

idt_48:
    .word  0      ; idt limit=0
    .word  0,0    ; idt base=0L
```

上来就是两行看不懂的指令，别急。

要理解这两条指令，就涉及实模式和保护模式的第一个区别了。我们现在还处于实模式下，在这个模式下，还记得 CPU 计算物理地址的方式吗？不记得的话，看一下第一回中最开始介绍的两行代码。

就是段基址左移四位，再加上偏移地址，如图6-1所示。

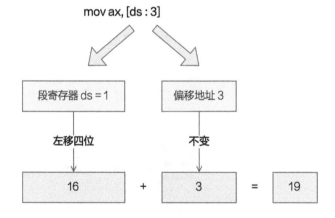

图 6-1

是不是觉得很别扭？更别扭的地方就要来了。当 CPU 切换到**保护模式**后，同样的代码，内存地址的计算方式还不一样，你说气不气人？

变成啥样了呢？刚刚那个 ds 寄存器里存储的值，在实模式下叫作**段基址**，在保护模式下叫**段选择子**。段选择子里存储着**段描述符**的索引，如图6-2所示。

图 6-2

通过段描述符索引，可以从**全局描述符表**中找到一个段描述符，段描述符里存储着
段基址，如图6-3所示。

段描述符结构

基地址 31~24	G	B/D	0	AVL	段限长 19~16	P	DPL	S	TYPE	基地址 23~16
31 30 29 28 27 26 25 24	23	22	21	20	19 18 17 16	15	14 13	12	11 10 9 8	7 6 5 4 3 2 1 0

基地址 15~0	段限长 15~0
31 30 29 28 27 26 25 24 23 22 21 20 19 18 17 16	15 14 13 12 11 10 9 8 7 6 5 4 3 2 1 0

图 6-3

将段基址取出来，再和偏移地址相加，就得到了物理地址，整个过程如图6-4所示。

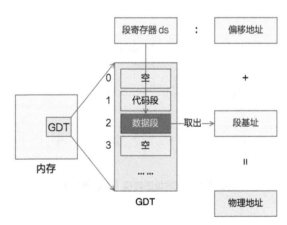

保护模式下物理地址的转换（仅段机制）

图 6-4

你就说烦不烦吧？同样一段代码，在实模式下和保护模式下的结果还不同，但没办
法，x86 的历史包袱我们不得不考虑，谁让我们没其他 CPU 可选呢！

　　总结一下，**段寄存器（比如 ds、ss、cs）里存储的是段选择子，段选择子去全局描述符表中寻找段描述符，从中取出段基址**。再加上偏移地址，就得到了最终的物理地址。

　　好了，那问题自然就出来了，**全局描述符表**长什么样？它在哪儿？怎么让 CPU 知道它在哪儿？

全局描述符表

　　全局描述符表（GDT）长什么样先别管，一定又是一个令人头疼的数据结构，先说说它在哪儿，肯定在内存中啊。

　　那么怎么告诉 CPU 全局描述符表在内存中的什么位置呢？答案是，由操作系统把这个位置信息存储在一个叫 **gdtr** 的寄存器中，如图6-5所示。

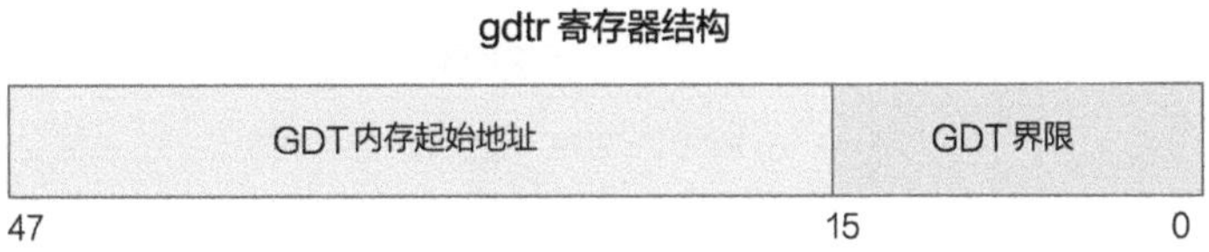

gdtr 寄存器结构

GDT内存起始地址	GDT界限
47　　　　　　　　　　　　　　　　　15	0

图 6-5

　　怎么存呢？就是刚刚那条指令：

```
lgdt    gdt_48
```

　　其中，lgdt 表示把**后面的值（gdt_48）**放在 **gdtr** 寄存器中。关于gdt_48 标签，我们看看它长什么样：

```
gdt_48:
    .word   0x800       ; gdt limit=2048, 256 GDT entries
    .word   512+gdt,0x9 ; gdt base = 0X9xxxx
```

　　可以看到，这个标签位置处的值是一个 48 位的数据，其中高 32 位存储的正是全局描述符表的内存地址：

0x90200 + gdt

　　gdt 是一个标签，表示在本文件（**setup.s**）内的偏移量。准确地说是，setup.s 被编译成 setup 二进制文件后，全局描述符表所在的内存偏移量。

　　之前分析过，setup.s 被编译后是放在 0x90200 这个内存地址的，而 gdt 表示 setup.s 内的偏移量，所以要加上 0x90200 这个值，才能表示 **gdt** 这个标签在整个内存中的准确地址，参见图6-6。

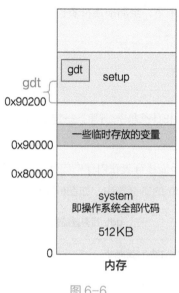

图 6-6

那 **gdt** 这个标签处的数据，就是全局描述符表在内存中的真面目了：

```
gdt:
    .word   0,0,0,0      ; dummy

    .word   0x07FF       ; 8Mb - limit=2047 (2048*4096=8Mb)
    .word   0x0000       ; base address=0
    .word   0x9A00       ; code read/exec
    .word   0x00C0       ; granularity=4096, 386

    .word   0x07FF       ; 8Mb - limit=2047 (2048*4096=8Mb)
    .word   0x0000       ; base address=0
    .word   0x9200       ; data read/write
    .word   0x00C0       ; granularity=4096, 386
```

具体细节不用关心，跟着我来看重点。根据图6-3所示的段描述符格式，可以看出目前全局描述符表有三个段描述符，第一个为**空**，第二个是**代码段描述符**（type=code），第三个是**数据段描述符**（type=data），第二个和第三个段描述符的段基址都是 0，也就是之后在将逻辑地址转换为物理地址的时候，通过段选择子查找到无论是代码段还是数据段时，取出的段基址都是 0，那么物理地址将直接等于程序员给出的逻辑地址（也就是逻辑地址中的偏移地址），如图6-7所示。先记住这点就好。

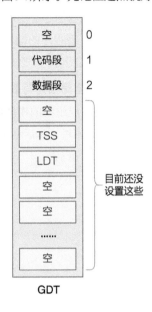

图 6-7

段描述符的具体细节还有很多，就不展开讲述了，感兴趣的读者可以阅读Intel CPU手册Volume 3的3.4.5节。接下来我们看看目前的内存布局，如图6-8所示，还是不用管比例。

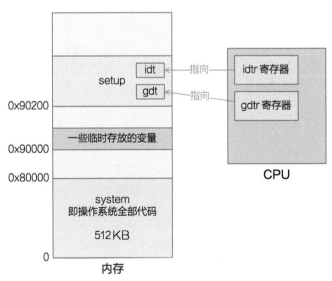

图 6-8

这里我把 idtr 寄存器也画出来了，这个是**中断描述符表**，其原理和全局描述符表一样。全局描述符表是让段选择子去里面寻找段描述符用的，而中断描述符表则是在发生中断时，CPU 拿着中断号去其中寻找中断处理程序的地址的，找到后就跳到相应的中断程序去执行，具体可以阅读第4回后的"扩展阅读：什么是中断"。

好了，本回讲了操作系统设置了一个**全局描述符表**，后面切换到**保护模式**时，段选择子能去那里寻找到段描述符，然后拼凑成最终的物理地址。当然，还有很多段描述符，作用不仅仅是转换成最终的物理地址，不过这是后话了。

这仅仅是进入保护模式前所需准备工作中的一项，后面的路还长着呢。欲知后事如何，且听下回分解。

第 7 回
六行代码进入保护模式

7

书接上回，上回书咱们说到，操作系统设置了一个全局描述符表，如图6-7所示。

后面切换到保护模式后，段选择子会去那里寻找段描述符，然后拼凑成最终的物理地址，参见图6-4。

而此时我们的内存布局变成了图6-8所示的样子。

这仅仅是进入保护模式前所需准备工作中的一项，我们接着往下看。代码仍然是setup.s中的：

```
mov al,#0xD1          ; command write
out #0x64,al
mov al,#0xDF          ; A20 on
out #0x60,al
```

这段代码的意思是，**打开 A20 地址线**。

到底什么是 A20 地址线呢？

简单理解，这一步就是为了突破地址信号线 20 位的宽度，变成 32 位可用。这是由于 8086 CPU 只有 20 位的地址线，所以如果程序给出 21 位的内存地址数据，那多出的一位就被忽略了，比如如果经过计算得出一个内存地址为：

1 0000 00000000 00000000

那实际上内存地址相当于 0，因为高位的那个 1 被忽略了，地方不够。

当 CPU 到了 32 位时代之后，由于要考虑**兼容性**，还必须保持一个只能用 20 位地址线的模式，所以如果不手动开启的话，即使地址线已经有 32 位了，仍然会受到限制，只能使用其中的 20 位。

简单吧？我们继续。

接下来的一段代码，你完全不用看，但怕你一直记挂在心上，我给你截出来看看，这样以后当我说完全不用看的代码时，你就真的可以放宽心不看了。

就是这一大段，还有 Linus 自己的注释。

```
; well, that went ok, I hope. Now we have to reprogram the interrupts :-(
; we put them right after the intel-reserved hardware interrupts, at
; int 0x20-0x2F. There they won't mess up anything. Sadly IBM really
; messed this up with the original PC, and they haven't been able to
; rectify it afterwards. Thus the bios puts interrupts at 0x08-0x0f,
; which is used for the internal hardware interrupts as well. We just
; have to reprogram the 8259's, and it isn't fun.

    mov al,#0x11           ; initialization sequence
    out #0x20,al           ; send it to 8259A-1
    .word   0x00eb,0x00eb       ; jmp $+2, jmp $+2
    out #0xA0,al           ; and to 8259A-2
    .word   0x00eb,0x00eb
    mov al,#0x20           ; start of hardware int's (0x20)
    out #0x21,al
    .word   0x00eb,0x00eb
    mov al,#0x28           ; start of hardware int's 2 (0x28)
    out #0xA1,al
    .word   0x00eb,0x00eb
    mov al,#0x04           ; 8259-1 is master
    out #0x21,al
    .word   0x00eb,0x00eb
    mov al,#0x02           ; 8259-2 is slave
    out #0xA1,al
    .word   0x00eb,0x00eb
    mov al,#0x01           ; 8086 mode for both
    out #0x21,al
    .word   0x00eb,0x00eb
    out #0xA1,al
    .word   0x00eb,0x00eb
    mov al,#0xFF           ; mask off all interrupts for now
    out #0x21,al
    .word   0x00eb,0x00eb
    out #0xA1,al
```

这里是对**可编程中断控制器 8259 芯片**进行的编程。

因为中断号是不能冲突的，所以Intel把0到0x19号中断都作为**保留中断**。比如，0号中断就规定为**除零异常**，软件自定义的中断都应该放在这之后。但是IBM在原始计算机中搞砸了，跟保留中断号发生了冲突，以后也没有纠正过来，所以我们得重新对其进行编程，不得不做，却又一点儿意思也没有。这是Linus写在注释中的原话。

所以我们也不必在意，只要知道重新编程之后，8259A这个芯片的引脚与中断号的对应关系变成了如下的样子就好了。

PIC 请求号	中断号	用途
IRQ0	0x20	时钟中断
IRQ1	0x21	键盘中断
IRQ2	0x22	连接从芯片
IRQ3	0x23	串口 2
IRQ4	0x24	串口 1
IRQ5	0x25	并口 2
IRQ6	0x26	软盘驱动器
IRQ7	0x27	并口 1
IRQ8	0x28	实时钟中断
IRQ9	0x29	保留
IRQ10	0x2a	保留
IRQ11	0x2b	保留
IRQ12	0x2c	鼠标中断
IRQ13	0x2d	数学协处理器
IRQ14	0x2e	硬盘中断
IRQ15	0x2f	保留

也就是说，假如我们按下键盘，将会从 8259A 芯片的 IRQ1 引脚处发起电信号，而又因为我们对其进行了编程，IRQ1 引脚处的电信号将会转化为给 CPU 发起的一个 0x21 号中断。所以，结论就是按下键盘会触发一个 0x21 号中断，这就是这一大段代码的作用。

好了，接下来的一步，就开始真正切换模式了，从代码上看就两行：

```
mov ax,#0x0001  ; protected mode (PE) bit
lmsw ax         ; This is it;
jmpi 0,8        ; jmp offset 0 of segment 8 (cs)
```

前两行，将 cr0 这个寄存器的位 0 置 1，模式就从实模式切换到保护模式了，如图7-1所示。

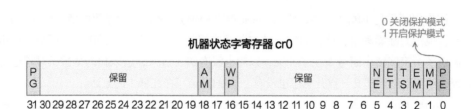

图 7-1

所以真正的模式切换十分简单，只是更改一个寄存器的一位而已。不过一旦更改了这一位，CPU 的很多逻辑将会变得完全不同，就比如上一回所说的物理地址的转化过程。

再往后，又是一个段间跳转指令 jmpi，后面的 8 表示 cs 寄存器的值，0 表示 ip 寄存器的值，换一种伪代码表示就是：

```
cs = 8
ip = 0
```

请注意，此时已经是保护模式了，之前也说过，保护模式下的内存寻址方式变了，段寄存器里的值被当作段选择子。

回顾一下段选择子的模样，如图7-2所示。

图 7-2

8 用二进制表示就是：

00000,0000,0000,1000

对照图7-2所示的段选择子的结构可以知道，**描述符索引值是 1**，也就是要去**全局描述符表**中找索引 1 的描述符。

还记得上一回中介绍的全局描述符的具体内容吗：

```
gdt:
    .word   0,0,0,0      ; dummy

    .word   0x07FF       ; 8Mb - limit=2047 (2048*4096=8Mb)
```

```
.word   0x0000        ; base address=0
.word   0x9A00        ; code read/exec
.word   0x00C0        ; granularity=4096, 386

.word   0x07FF        ; 8Mb - limit=2047 (2048*4096=8Mb)
.word   0x0000        ; base address=0
.word   0x9200        ; data read/write
.word   0x00C0        ; granularity=4096, 386
```

我们说了，第 0 项是空值，第一项是**代码段描述符**，是一个可读可执行的段，第二项为**数据段描述符**，是一个可读可写的段，不过它们的段基址都是 0。

所以，这里取的就是这个代码段描述符，**段基址是 0**，偏移也是 0，加在一起还是 0，所以最终这个跳转指令，就是跳转到内存地址的零地址处，并开始执行。

零地址处是什么呢？还是回顾一下之前的内存布局图，见图6-8。

就是操作系统全部代码的 system 这个大模块，system 模块是怎么生成的呢？由 Makefile 文件可知，是由 head.s 和 main.c 及其余各模块的操作系统代码合并来的，可以理解为操作系统的全部核心代码编译后的结果：

```
tools/system: boot/head.o init/main.o \
  $(ARCHIVES) $(DRIVERS) $(MATH) $(LIBS)
  $(LD) $(LDFLAGS) boot/head.o init/main.o \
  $(ARCHIVES) \
  $(DRIVERS) \
  $(MATH) \
  $(LIBS) \
  -o tools/system > System.map
```

哇，有没有感觉到，之前的内容全都串起来了？

所以，接下来，我们就要重点阅读 head.s 了，因为它是 system 模块最开头的代码，即零地址处的代码，就是 head.s 里的第一行代码，如图7-3所示。

这也是 boot 文件夹下的最后一个由汇编语言写就的源码文件。哎呀，不知不觉就把两个操作系统源码文件（**bootsect.s** 和 **setup.s**）都讲完了，而且是用汇编语言写的令人头疼的代码，太棒了！

head.s 这个文件仅仅是为了顺利进入后面的由 C 语言写就的 main.c 做的准备，所以咬咬牙看完这个，我们就可以进入 C 语言的世界了，也终于可以看到我们熟悉的 main 函数了！

图 7-3

在那里，操作系统才真正开始"秀"操作！欲知后事如何，且听下回分解。

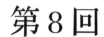

第 8 回
重新设置中断描述符表
与全局描述符表

书接上回，上回书咱们说到，CPU 进入了 32 位保护模式，我们快速回顾一下关键的代码。

首先配置了全局描述符表和中断描述符表：

```
lidt   idt_48
lgdt   gdt_4
```

随后打开了 A20 地址线：

```
mov al,#0xD1        ; command write
out #0x64,al
mov al,#0xDF        ; A20 on
out #0x60,al
```

然后更改 cr0 寄存器，开启保护模式：

```
mov ax,#0x0001
lmsw ax
```

最后，一个干脆利落的跳转指令，跳到了内存地址 0 处开始执行代码：

```
jmpi 0,8
```

0 位置处存储着操作系统的全部核心代码，这就是由 head.s 和 main.c 及后面的无数源码文件编译并链接在一起而成的 system 模块，内存布局见图6-8。

接下来我们就看看，正式进入C语言编写的main.c之前的**head.s**中究竟写了点啥?

head.s 文件很短，我们一点点来读:

```
_pg_dir:
_startup_32:
    mov eax,0x10
    mov ds,ax
    mov es,ax
    mov fs,ax
    mov gs,ax
    lss esp,_stack_start
```

注意，开头有个标号 **_pg_dir**。先留个心眼儿，这个表示**页目录**，之后在设置分页机制时，页目录会存放在这里，也会覆盖这里的代码。

再往下连续5个mov操作，分别将ds、es、fs、gs这几个段寄存器赋值为 0x10。根据段描述符结构解析，表示这几个段寄存器的值为指向全局描述符表中的第二个段描述符，也就是数据段描述符。

最后的lss指令相当于让ss:esp这个栈顶指针指向了**_stack_start**这个标号的位置。还记得原来的栈顶指针在哪里吧? 往前翻一下，见图2-3，在0x9FF00处，现在要变了。

这个stack_start标号定义在了很久之后才会讲到的sched.c里，我们这里拿出来分析一下:

```
long user_stack[4096 >> 2];

struct {
  long *a;
  short b;
}
stack_start = {&user_stack[4096 >> 2], 0x10};
```

这都是啥意思呢?

首先，stack_start 结构中的高 16 位是 0x10，将会赋值给 ss 栈段寄存器，低 32 位是 user_stack 这个数组的最后一个元素后的一个元素的地址值，将其赋值给 esp 寄存器，见图8-1。

赋值给 ss 的 0x10 仍然按照保护模式下的**段选择子**去解读，其指向的是全局描述符表中的第二个段描述符（数据段描述符），段基址是 0。

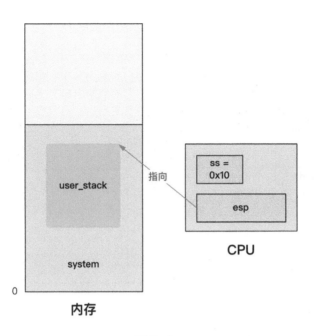

图 8-1

　　赋值给 esp 寄存器的就是 user_stack 数组的最后一个元素后的一个元素的内存地址值。最终的**栈顶地址**也指向了这里，后面的压栈操作，就是往这个新的栈顶地址处压。

　　继续往下看：

```
call setup_idt ;设置中断描述符表
call setup_gdt ;设置全局描述符表
mov eax,10h
mov ds,ax
mov es,ax
mov fs,ax
mov gs,ax
lss esp,_stack_start
```

　　先设置了中断描述符表和全局描述符表，然后又重新执行了一遍刚刚执行过的代码。

　　为什么要重新设置这些段寄存器呢？因为上面修改了全局描述符表，所以要重新设置一遍刷新后才能生效。我们接下来就把目光放到设置中断描述符表和全局描述符表上。

　　中断描述符表我们之前没设置过，所以在这里为其设置具体的值是理所应当的：

```
setup_idt:
    lea edx,ignore_int
```

```
    mov eax,00080000h
    mov ax,dx
    mov dx,8E00h
    lea edi,_idt
    mov ecx,256
rp_sidt:
    mov [edi],eax
    mov [edi+4],edx
    add edi,8
    dec ecx
    jne rp_sidt
    lidt fword ptr idt_descr
    ret

idt_descr:
    dw 256*8-1
    dd _idt

_idt:
    DQ 256 dup(0)
```

不用细看，我给你说最终效果。

中断描述符表里存储着一个个中断描述符，每一个中断号对应着一个中断描述符，而中断描述符里主要存储着中断程序的地址。这样在一个中断号过来后，CPU 就会自动寻找相应的中断程序，然后去执行它。

那这段程序的作用就是，**设置了 256 个中断描述符**，并且让每一个中断描述符中的中断程序例程都指向一个 ignore_int 的函数地址，这是一个**默认的中断处理程序**，之后会逐渐被各个具体的中断程序所覆盖。比如之后键盘模块会将自己的键盘中断处理程序覆盖过去。

那现在，产生任何中断都会指向这个默认的函数 ignore_int，也就是说，现在这个阶段**你按键盘还不好使**。

设置中断描述符表 setup_idt 说完了，**setup_gdt** 同理。我们直接看设置好的新的全局描述符表长什么样吧：

```
_gdt:
    DQ 0000000000000000h      ;/* NULL descriptor */
    DQ 00c09a0000000fffh      ;/* 16Mb */
    DQ 00c0920000000fffh      ;/* 16Mb */
    DQ 0000000000000000h      ;/* TEMPORARY - don't use */
    DQ 252 dup(0)
```

和我们原先设置好的全局描述符表一模一样。

也是有**代码段描述符**和**数据段描述符**，然后第四项系统段描述符并没有用到，不用管。最后还留了 252 项的空间，如图8-2所示。这些空间在后面会用来放置**任务状态段描述符 TSS** 和**局部描述符表（LDT）**，这些都是为多任务准备的，后面再说。

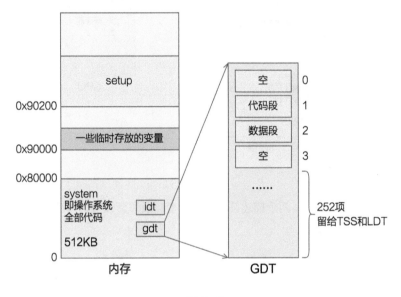

图 8-2

为什么原来已经设置过，这里又要重新设置？你可千万别觉得有什么复杂的原因，就是因为原来设置的全局描述符表是在 setup 程序中的，之后这个地方要被缓冲区覆盖掉，所以这里重新将其设置在 head 程序中，这块内存区域之后就不会被其他程序用到并且覆盖了，就是这个原因。

说得口干舌燥，还是来张图吧，参见图8-3。

如果你完全不能理解本回的内容，记住图8-3就好了，本回中讲解的代码就是完成了图8-3中所示的指向转换，并且给所有中断设置了一个默认的中断处理程序 ignore_int，全局描述符表中仍然只有代码段描述符和数据段描述符。

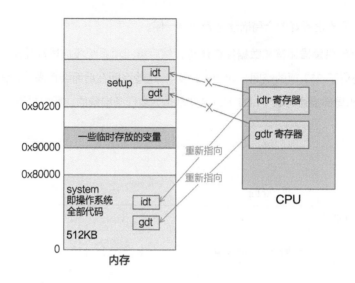

图 8-3

好了，本回介绍的就是两个描述符表位置的变化及重新设置，再后面一行代码就是
又一个令人兴奋的功能了：

```
jmp after_page_tables
...
after_page_tables:
    push 0
    push 0
    push 0
    push L6
    push _main
    jmp setup_paging
L6:
    jmp L6
```

那就是开启分页机制，并且跳转到 main 函数。

这可太令人兴奋了！开启分页后，配合着之前讲的分段，就构成了内存管理的底层
机制。而跳转到 main 函数，标志着我们正式进入 C 语言写的操作系统核心代码！

欲知后事如何，且听下回分解。

第 9 回
开启分页机制

书接上回，上回书咱们说到，head.s 重新设置了全局描述符表与中断描述符表后，来到了这样一段代码：

```
jmp after_page_tables
...
after_page_tables:
    push 0
    push 0
    push 0
    push L6
    push _main
    jmp setup_paging
L6:
    jmp L6
```

这就是开启分页机制，并且跳转到 main 函数的代码。

如何跳转到之后用C语言写的 main.c 文件里的 main 函数，是一件有趣的事，也包含在这段代码里。不过我们先瞧瞧**分页机制**是如何开启的，也就是 **setup_paging** 这个标签处的代码：

```
setup_paging:
    mov ecx,1024*5
    xor eax,eax
    xor edi,edi
    pushf
```

```
      cld
      rep stosd
      mov eax,_pg_dir
      mov [eax],pg0
      mov [eax+4],pg1
      mov [eax+8],pg2
      mov [eax+12],pg3
      mov edi,pg3+4092
      mov eax,00fff007h
      std
L3:   stosd
      sub eax,00001000h
      jge L3
      popf
      xor eax,eax
      mov cr3,eax
      mov eax,cr0
      or  eax,80000000h
      mov cr0,eax
      ret
```

别怕，我们一点点来分析。

首先要了解的是，啥是分页机制？

还记不记得之前我们在代码中给出一个内存地址，在保护模式下要先经过分段机制的转换，才能最终变成物理地址，如图6-4所示。

在没有开启分页机制的时候，只需要经过这一步转换即可得到最终的物理地址。但是在开启了分页机制后，又会**多一步转换**，如图9-1所示。

也就是说，在没有开启分页机制时，由程序员给出的**逻辑地址**，需要先通过分段机制转换成物理地址。但在开启分页机制后，逻辑地址仍然要先通过分段机制进行转换，只不过转换后不再是最终的物理地址，而是**线性地址**，然后再通过一次分页机制转换，得到最终的物理地址。

我们已经清楚分段机制如何对地址进行变换了，那分页机制又是如何变换的呢？我们直接以一个例子来进行学习。

比如，我们的线性地址（已经经过了分段机制的转换）是：

15M

二进制表示就是：

0000000011_0100000000_000000000000

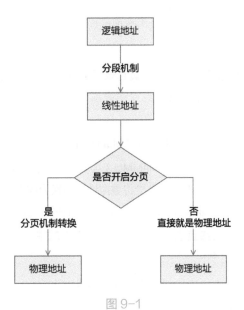

图 9-1

看一下它的转换过程，如图9-2所示。

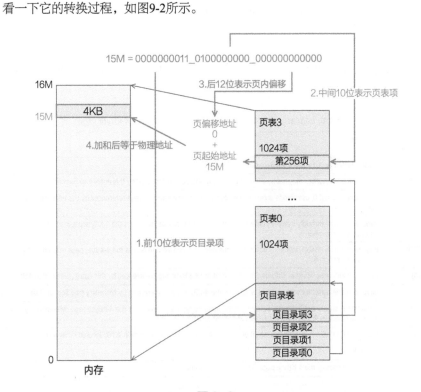

图 9-2

也就是说，CPU 在看到我们给出的内存地址后，首先把线性地址拆分成：

高 10 位：中间 10 位：后 12 位

高 10 位负责在**页目录表**中找到一个**页目录项**，这个页目录项的值加上中间 10 位拼接后的地址去**页表**中寻找一个**页表项**，这个页表项的值，再加上后 12 位偏移地址，就是最终的物理地址。

感兴趣的读者可以阅读 Intel CPU 手册 Volume 3 的4.3节。

而这一切操作，都由计算机的一个叫**MMU**（中文名字叫**内存管理单元**，有时也被称为 **PMMU，分页内存管理单元**）的部件来负责将虚拟地址转换为物理地址。

所以整个过程我们都不用操心，操作系统作为软件层，只需提供好页目录表和页表即可，这种页表方案叫作**二级页表**，第一级叫**页目录表PDE**，第二级叫**页表PTE**。它们的结构如图9-3所示。

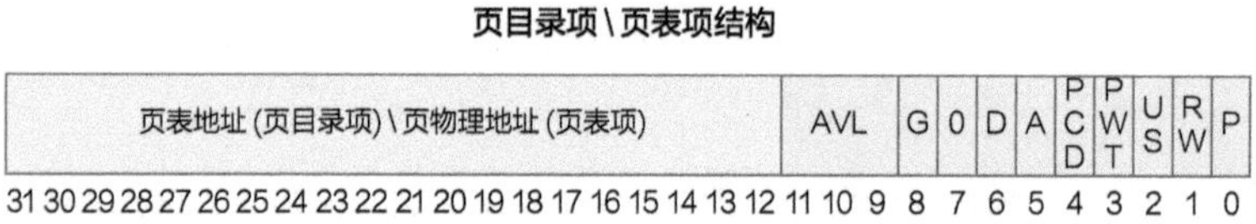

页目录项 \ 页表项结构

页表地址 (页目录项) \ 页物理地址 (页表项)	AVL	G	0	D	A	PCD	PWT	U/S	R/W	P
31 30 29 28 27 26 25 24 23 22 21 20 19 18 17 16 15 14 13 12	11 10 9	8	7	6	5	4	3	2	1	0

图 9-3

同样，如果想了解里面字段的细节，可以阅读Intel CPU手册Volume 3的4.3节，见图9-4。

Table 4-6. Format of a 32-Bit Page-Table Entry that Maps a 4-KByte Page

Bit Position(s)	Contents
0 (P)	Present; must be 1 to map a 4-KByte page
1 (R/W)	Read/write; if 0, writes may not be allowed to the 4-KByte page referenced by this entry (see Section 4.6)
2 (U/S)	User/supervisor; if 0, user-mode accesses are not allowed to the 4-KByte page referenced by this entry (see Section 4.6)
3 (PWT)	Page-level write-through; indirectly determines the memory type used to access the 4-KByte page referenced by this entry (see Section 4.9)
4 (PCD)	Page-level cache disable; indirectly determines the memory type used to access the 4-KByte page referenced by this entry (see Section 4.9)
5 (A)	Accessed; indicates whether software has accessed the 4-KByte page referenced by this entry (see Section 4.8)
6 (D)	Dirty; indicates whether software has written to the 4-KByte page referenced by this entry (see Section 4.8)
7 (PAT)	If the PAT is supported, indirectly determines the memory type used to access the 4-KByte page referenced by this entry (see Section 4.9.2); otherwise, reserved (must be 0)[1]
8 (G)	Global; if CR4.PGE = 1, determines whether the translation is global (see Section 4.10); ignored otherwise
11:9	Ignored
31:12	Physical address of the 4-KByte page referenced by this entry

图 9-4

之后再开启分页机制的开关。其实就是更改 **cr0** 寄存器中的一位（31位），还记得我们是如何开启保护模式的吗，也是更改这个寄存器中的一位的值，如图9-5所示。

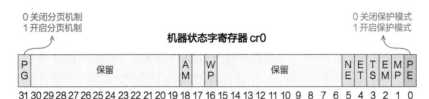

图 9-5

然后，**MMU** 就可以帮我们进行分页转换了。此后，指令中的内存地址（就是程序员提供的逻辑地址），就统统要先经过分段机制的转换，再通过分页机制的转换，才能最终变成物理地址。

所以这段代码帮我们把页表和页目录表在内存中写好了，之后再开启 cr0 寄存器的分页开关，仅此而已，我们再把代码贴上来：

```
setup_paging:
    mov ecx,1024*5
    xor eax,eax
    xor edi,edi
    pushf
    cld
    rep stosd
    mov eax,_pg_dir
    mov [eax],pg0+7
    mov [eax+4],pg1+7
    mov [eax+8],pg2+7
    mov [eax+12],pg3+7
    mov edi,pg3+4092
    mov eax,00fff007h
    std
L3: stosd
    sub eax,00001000h
    jge L3
    popf
    xor eax,eax
    mov cr3,eax
    mov eax,cr0
    or  eax,80000000h
    mov cr0,eax
    ret
```

先说说这段代码最终产生的效果吧。

当时 Linux-0.11 约定，总共可以使用的内存不会超过 **16MB**，即最大地址空间为 **0xFFFFFF**。

而按照当前的页目录表和页表这种机制，1 个页目录表最多包含 1024 个页目录项（也就是 1024 个页表），1 个页表最多包含 1024 个页表项（也就是 1024 个页），1 页为 4KB（因为有 12 位偏移地址），因此，16MB 的地址空间可以用 1 个页目录表 + 4 个页表搞定：

4（页表数）× 1024（页表项数）× 4KB（一页大小）= 16MB

所以，上面这段代码就是，**将页目录表放在内存地址的开头**，还记得上一回开头让你留意的 **_pg_dir** 标签吗？

```
_pg_dir:
_startup_32:
    mov eax,0x10
    mov ds,ax
    ...
```

之后紧挨着这个页目录表，放置 4 个页表，代码里也有这4个页表的标签项：

```
.org 0x1000 pg0:
.org 0x2000 pg1:
.org 0x3000 pg2:
.org 0x4000 pg3:
.org 0x5000
```

最终将页目录表和页表填写好数值，覆盖整个 16MB 的内存。随后，开启分页机制。此时内存中的页表相关的布局如图9-6所示。

图 9-6

这些页目录表和页表被放到了整个内存布局中开头的位置，就是覆盖了开头的 system代码，不过被覆盖的 system 代码已经执行过了，所以无所谓。

同时，如中断描述符表和全局描述符表一样，我们还需要通过一个寄存器告诉 CPU 我们把这些页表放在了哪里，就是下面这段代码：

```
xor eax,eax
mov cr3,eax
```

你看，相当于告诉 cr3 寄存器，**0 地址处就是页目录表，通过页目录表可以找到所有的页表**，也就相当于 CPU 知道了分页机制的全貌。

至此，整个内存布局如图9-7所示。

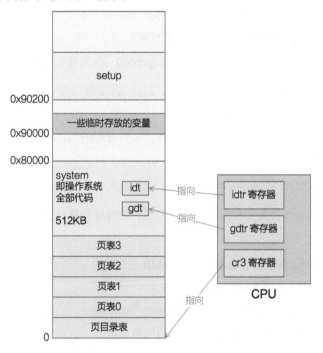

图 9-7

具体页表设置好后，映射的内存是怎样的情况呢？那就要看页表的具体数据了，就是下面这一段代码：

```
setup_paging:
    ...
    mov eax,_pg_dir
```

```
       mov [eax],pg0+7
       mov [eax+4],pg1+7
       mov [eax+8],pg2+7
       mov [eax+12],pg3+7
       mov edi,pg3+4092
       mov eax,00fff007h
       std
L3:    stosd
       sub eax, 1000h
       jpe L3
       ...
```

很简单，对照刚刚的页目录表与页表结构看（见图9-3）。

前5行表示，页目录表的前 4 个页目录项，分别指向 4 个页表。比如页目录项中的第一项 **[eax]** 被赋值为 **pg0+7**，也就是 0x00001007。

根据页目录项的格式，表示页表地址为 0x1000，页属性为 0x07。

其中页属性的 0x07 用二进制表示为 111，表示该页存在（P=1）、用户可读写（RW=1）、特权为用户态（US=1）。

后面几行表示，填充 4 个页表的每一项，一共 4×1024=4096 项，依次映射到内存的前 16MB 空间。

画出图就是图9-2所示的样子。

看，最终的效果就是，经过这套分页机制，**线性地址将恰好和最终转换的物理地址一样**。

现在只有4个页目录项，也就是将前 16MB 的线性地址空间，与 16MB 的物理地址空间一一对应起来了，如图9-8所示。

好了，我知道你目前可能有点儿晕头转向，关于地址，已经出现好多名词了，包括**逻辑地址**、**线性地址**、**物理地址**，以及本回中没出现的，但你可能在很多地方看到过的**虚拟地址**。

而这些地址后面加上空间两个字，又成了一个新词，比如**线性地址空间**、**物理地址空间**、**虚拟地址空间**等。

看来是时候展开一轮讨论，将这块的内容梳理一番了，且听我说。

Intel 体系结构的**内存管理**可以分成两大部分，也就是标题中的两板斧，**分段和分页**。

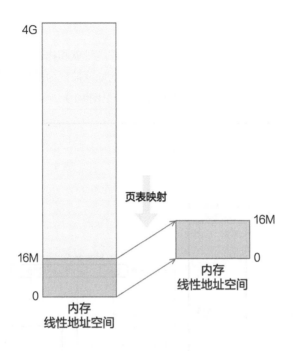

图 9-8

分段机制在之前几回已经讨论过多次了，其目的是为每个程序或任务提供单独的代码段（cs）、数据段（ds）、栈段（ss），使其不会相互干扰。

分页机制是本回讲的内容，开机后分页机制默认处于关闭状态，需要我们手动开启，并且设置好页目录表（PDE）和页表（PTE）。其目的在于可以按需使用物理内存，同时也可以在多任务时起到隔离的作用，这个在后面讲多任务时你将会有所体会。

在 Intel 的保护模式下，分段机制是没有开启和关闭一说的，它必须存在，而分页机制是可以选择开启或关闭的。所以如果有人和你说，他实现了一个没有分段机制的操作系统，那他一定是一个外行。

再说说那些地址。

逻辑地址：程序员写代码时给出的地址叫逻辑地址，其中包含段选择子和偏移地址两部分。

线性地址：通过分段机制，将逻辑地址转换后的地址，叫作线性地址。而这个线性地址是有范围的，这个范围就叫作线性地址空间，在 32 位模式下，线性地址空间就是 4GB。

物理地址：就是真正在内存中的地址，它也是有范围的，叫作物理地址空间。这个范围的大小取决于内存大小。

　　虚拟地址：如果没有开启分页机制，那么线性地址就和物理地址是一一对应的，可以理解为相等。如果开启了分页机制，那么线性地址将被视为虚拟地址，这个虚拟地址将会通过分页机制的转换，最终转换成物理地址（见图9-1）。

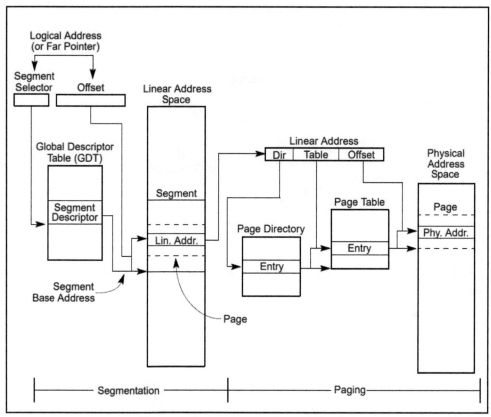

Figure 3-1. Segmentation and Paging

图 9-9

　　有关逻辑地址到线性地址再到物理地址的转换，详细的过程可以阅读 Intel CPU 手册 Volume 3 的第3章，参见图9-9。

　　我本人是不喜欢虚拟地址这个叫法的，因为它在 Intel CPU 手册中出现的次数很少，我觉得知道逻辑地址、线性地址、物理地址这三个概念就够了。逻辑地址是程序员给出的，经过分段机制转换后变成线性地址，再经过分页机制转换后变成物理地址，就这么简单。

好了，我们终于把这些杂七杂八的——中断描述符表、全局描述符表、页表都设置好了，并且也开启了保护模式，之后我们就要做好进入 main.c 的准备了，那里是个新世界！

不过进入 main.c 之前还差最后一步，就是了解 head.s 最后的代码，也就是本回开头出现的那段代码：

```
jmp after_page_tables
...
after_page_tables:
    push 0
    push 0
    push 0
    push L6
    push _main
    jmp setup_paging
L6:
    jmp L6
```

看到没，这里有个 push _main，把 main 函数的地址压栈了，最终跳转到这个 main.c 里的 main 函数，这一定和这个压栈有关。

压栈为什么和跳转到这里还能联系上呢？留作本回的思考题，下一回我将揭秘这个过程，你会发现仍然简单得要死。

欲知后事如何，且听下回分解。

第 10 回
进入 main 函数前的
最后一跃

书接上回，上回书咱们说到，终于把这些杂七杂八的——中断描述符表、全局描述符表、页表都设置好了，并且也开启了保护模式，相当于所有苦力活都做完了，之后我们就要进入 main.c 了！那里是一个新世界！

注意不是进入，而是准备进入哦，还差最后一步。

上一回的知识量非常大，这一回会简单一些，作为进入 main 函数前的衔接，大家放宽心。

仍然要回到上一回我们跳转到设置分页代码的那个地方（head.s 里），这里有一个非常规操作将帮助我们跳转到 main.c：

```
after_page_tables:
    push 0
    push 0
    push 0
    push L6
    push _main
    jmp setup_paging
...
setup_paging:
    ...
    ret
```

直接解释起来非常简单。

push 指令就是**压栈**，5个 push 指令过后，栈会变成图10-1所示的样子。

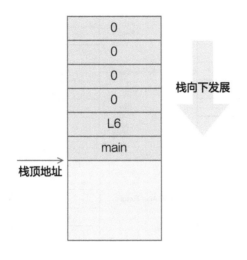

图 10-1

注意，setup_paging 的最后一个指令是 ret，也就是我们上一回讲的设置分页代码的最后一个指令，形象地说，它叫**返回指令**。但 CPU 可没有那么聪明，它并不知道该返回到哪里执行，只是很机械地**把栈顶的元素值当作返回地址**，跳转到那里执行。

再具体地说，就是把 esp 寄存器（栈顶地址）所指向的内存处的值赋给 eip 寄存器，而 cs:eip 就是 CPU 要执行的下一条指令的地址。而此时栈顶刚好是 main.c 里写的 main 函数的内存地址，是我们刚刚特意压入栈的，所以 CPU 就理所应当地跳过来了。

当然，Intel CPU 设计了 call 和 ret 这一配对的指令，意为调用函数和返回。具体可以阅读 Intel CPU 手册 Volume 1 的 6.4 节，以了解压栈和出栈的具体过程。手册中介绍得十分清楚，还友好地配了一张图，如图10-2所示。

本回用的是 Near Call，也就是图10-2中左半边所示的。

回到正题，继续看我们的压栈内容。

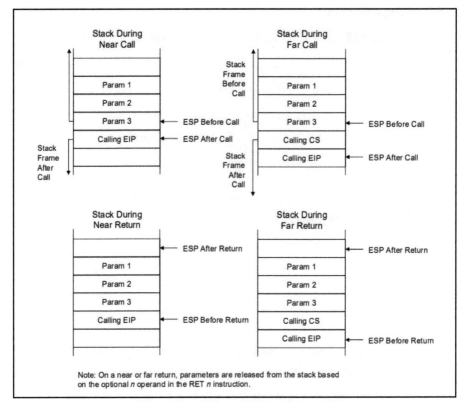

Figure 6-2. Stack on Near and Far Calls

图 10-2

除了 main 函数的地址压栈，压入栈的 L6 用作 main 函数返回时的跳转地址。但由于在操作系统层面的设计上，main 是绝对不会返回的，所以也就没用了。而其他的三个压栈的 0，本意是作为 main 函数的参数，但实际上似乎也没有用到，所以我们也不必关心。

总之，经过这个小小的操作，程序终于跳转到 main.c 这个由 C 语言写就的主函数 main 里了！我们一睹为快：

```
void main(void) {
    ROOT_DEV = ORIG_ROOT_DEV;
    drive_info = DRIVE_INFO;
    memory_end = (1<<20) + (EXT_MEM_K<<10);
    memory_end &= 0xfffff000;
```

```
    if (memory_end > 16*1024*1024)
        memory_end = 16*1024*1024;
    if (memory_end > 12*1024*1024)
        buffer_memory_end = 4*1024*1024;
    else if (memory_end > 6*1024*1024)
        buffer_memory_end = 2*1024*1024;
    else
        buffer_memory_end = 1*1024*1024;
    main_memory_start = buffer_memory_end;
    mem_init(main_memory_start,memory_end);
    trap_init();
    blk_dev_init();
    chr_dev_init();
    tty_init();
    time_init();
    sched_init();
    buffer_init(buffer_memory_end);
    hd_init();
    floppy_init();
    sti();
    move_to_user_mode();
    if (!fork()) {
        init();
    }
    for(;;) pause();
}
```

没错，这就是 main 函数的全部代码了。

从代码行数来说，行数最多的是各种 init 函数的代码，即各个模块的初始化函数，这是第2部分重点要讲解的内容。

之后的 fork 会创建一个新的进程，这个过程是操作系统的一大难点，我们将会用一整个第3部分来讲解这一行代码。

再往后的 init 操作，最终会启动一个 shell 程序与用户进行交互，也即标志着操作系统建立完毕，达到了一个用户可用的状态。

而整个操作系统也会最终停留在最后一行死循环中，永不返回，直到关机。

好了，至此，整个第1部分就圆满结束了。跳进 main 函数的准备工作也完成了！来看看我们都做了什么，如图10-3所示。

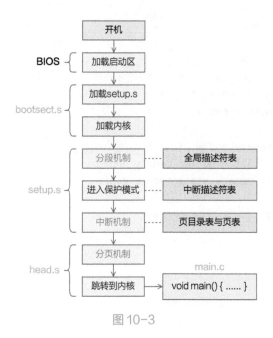

图 10-3

　　我把这些称为**进入内核前的苦力活**，经过这样的流程，内存被搞成了如图10-4所示的样子。

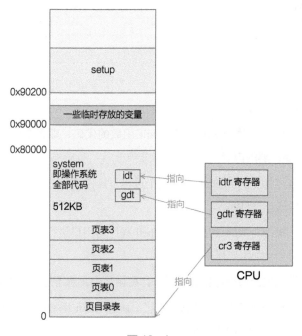

图 10-4

　　之后，main.c里的main函数就开始执行了，靠着我们辛辛苦苦建立起来的内存布局，向崭新的未来前进！

　　至此，第1部分就结束了！

　　欲知后事如何，且听下回分解。

第1部分总结与回顾

梳理一下第1部分的内容，话不多说，我们开始。

当你按下开机键的那一刻，在主板上提前写死的固件程序 BIOS 会将硬盘启动区中的 512 字节数据原封不动地复制到内存中的 0x7c00 这个位置，并跳转到那个位置开始执行。有了这个步骤之后，我们就可以把代码写在硬盘第一扇区中，让 BIOS 帮我们加载到内存中并由 CPU 去执行，我们不用操心这个过程。而这一个扇区的代码，就是操作系统源码中最开始的部分，它可以执行一些指令，也可以把硬盘的其他部分加载到内存中，其实本质上也是执行一些指令。这样，整个计算机今后如何运作，就完全交到我们自己的手中，想怎么玩就怎么玩了。这是第1回讲的内容。

接下来，直到第4回，我们才讲到整个操作系统的编译和加载过程的全貌。而整个第1部分，其实就在讲 boot 文件夹下三个汇编文件的内容，bootsect.s、setup.s 以及后面要和其他全部操作系统代码做链接的 head.s。

前5回的内容一直在调整内存的布局，把这块内存复制到那块，又把那块内存复制到这块，所以在第5回的结尾，我让你记住这样一张图（见图1），在很长一段时间这个内存布局的大体框架就不会再变了，前5回的内容你也可以抛在脑后了。

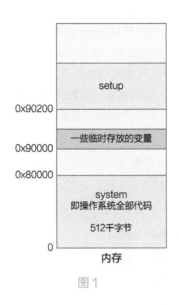

图1

从第6回开始,逐渐进入保护模式,并设置分段、分页、中断等。最终的内存布局变成了下面这个样子(见图2)。

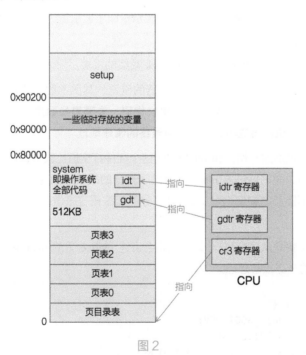

图2

你看,idtr 寄存器指向了idt,这个就是中断的设置;gdtr 寄存器指向了 gdt,这个就

是全局描述符表的设置，可以简单理解为分段的设置；cr3 寄存器指向了页目录表的位置，这个就是分页的设置。中断的设置，引出了 CPU 与操作系统处理中断的流程。分段和分页的设置，引出了逻辑地址到物理地址的转换。具体来说，逻辑地址到线性地址的转换要依赖 CPU 的分段机制。而线性地址到物理地址的转换要依赖 CPU 的分页机制。**分段和分页**，是 CPU 管理内存的两大利器，也是内存管理最底层的支撑。CPU 本身将内存分成三类：**代码、数据、栈**。

而 CPU 还提供了三个段寄存器来分别对应三类内存：**代码段寄存器（cs）、数据段寄存器（ds）、栈段寄存器（ss）**。

具体来说：

cs:eip 表示了我们要执行哪里的代码。

ds:xxx 表示了我们要访问哪里的数据。

ss:esp 表示了我们的栈顶地址在哪里。

而第1部分的代码，做了如下工作：

将 ds 设置为 0x10，表示指向了索引值为 2 的全局描述符，即数据段描述符。

将 cs 通过一次长跳转指令设置为 8，表示指向了索引值为 1 的全局描述符，即代码段描述符。

将 ss:esp 这个栈顶地址设置为 user_stack 数组的末端。

你看，分段和分页，以及这几个寄存器的设置，其实本质上就是为我们今后访问内存的方式做了一个初步规划，**包括去哪里找代码、去哪里找数据、去哪里找栈，以及如何通过分段和分页机制将逻辑地址转换为最终的物理地址。**

而所有上面说的这一切，和 Intel CPU 这个硬件打交道比较多，设置了一些最基础的环境和内存布局，为之后进入 main 函数做了充分的准备。因为 C 语言虽然已经很底层了，但也有其不擅长的事情，可交给第1部分的汇编语言来做，所以我称第1部分为**进入内核前的苦力活**。

接下来，也就是从第2部分开始，我将会讲述 main.c 里的 main 函数，短短几行，包含了操作系统的全部核心思想。

```
void main(void) {
    ROOT_DEV = ORIG_ROOT_DEV;
    drive_info = DRIVE_INFO;
    memory_end = ( << 20) + (EXT_MEM_K<< 10);
    memory_end &= 0xfffff000;
```

```
    if (memory_end > 16*1024*1024)
        memory_end = 16*1024*1024;
    if (memory_end > 12*1024*1024)
        buffer_memory_end = 4*1024*1024;
    else if (memory_end > 6*1024*1024)
        buffer_memory_end = 2*1024*1024;
    else
        buffer_memory_end = 1*1024*1024;
    main_memory_start = buffer_memory_end;
    mem_init(main_memory_start,memory_end);
    trap_init();
    blk_dev_init();
    chr_dev_init();
    tty_init();
    time_init();
    sched_init();
    buffer_init(buffer_memory_end);
    hd_init();
    floppy_init();
    sti();
    move_to_user_mode();
    if (!fork()) {
        init();
    }
    for(;;) pause();
}
```

上述代码包括内存布局的规划、各模块的初始化、新进程的建立、shell 程序的加载。

那让我们继续踏上本书第2部分的旅程吧！

同时，第1部分的很多内容，你可以通过阅读 Intel CPU 手册获得一手资料，别再看网上乱七八糟的二手信息了。

有关寄存器的详细信息，可以参考 Intel CPU 手册：

> Volume 1 Chapter 3.2 OVERVIEW OF THE BASIC EXECUTION ENVIRONMEN

如果想了解计算机启动时详细的初始化过程，可以参考 Intel CPU 手册：

> Volume 3A Chapter 9 PROCESSOR MANAGEMENT AND INITIALIZATION

第 1 部分总结与回顾

如果想了解汇编指令的信息，可以参考 Intel CPU 手册：

    Volume 2 Chapter 3 ~ Chapter 5

关于保护模式下逻辑地址到线性地址（不开启分页时就是物理地址）的转换，可以参考Intel CPU手册：

    Volume 3 Chapter 3.4 Logical And Linear Addresses

关于逻辑地址—线性地址—物理地址的转换，可以参考 Intel CPU手册：

    Volume 3A Chapter 3 Protected-Mode Memory Management

段描述符结构及其详细说明可以参考 Intel CPU手册：

    Volume 3 Chapter 3.4.5 Segment Descriptors

页目录表和页表的具体结构可以参考 Intel CPU 手册：

    Volume 3A Chapter 4.3 32-bit paging

Intel CPU 是配合 call 设计的，有关 call 和 ret 指令，即调用和返回指令，可以参考 Intel CPU 手册：

    Volume 1 Chapter 6.4 CALLING PROCEDURES USING CALL AND RET

第 2 部分
"大战"前期的初始化工作

第 11 回
整个操作系统就
二十几行代码

在第1部分，我们通过一大堆汇编代码，把进入 main 函数前的苦力活都完成了。

我们的程序终于跳到第一个由C语言写的文件 main.c 中了，这里有个名字叫作 main 的函数，写得非常精简，把操作系统的整个骨架都勾勒出来了。

我们一睹为快：

```
void main(void) {
    ROOT_DEV = ORIG_ROOT_DEV;
    drive_info = DRIVE_INFO;
    memory_end = (1<<20) + (EXT_MEM_K<<10);
    memory_end &= 0xfffff000;
    if (memory_end > 16*1024*1024)
        memory_end = 16*1024*1024;
    if (memory_end > 12*1024*1024)
        buffer_memory_end = 4*1024*1024;
    else if (memory_end > 6*1024*1024)
        buffer_memory_end = 2*1024*1024;
    else
        buffer_memory_end = 1*1024*1024;
    main_memory_start = buffer_memory_end;
    mem_init(main_memory_start,memory_end);
    trap_init();
    blk_dev_init();
```

```
chr_dev_init();
tty_init();
time_init();
sched_init();
buffer_init(buffer_memory_end);
hd_init();
floppy_init();
sti();
move_to_user_mode();
if (!fork()) {
    init();
}
for(;;) pause();
}
```

数一数，总共也就二十几行代码，而且还有一些可以精简的 if else 分支。

但就是这么二十几行代码，它们蕴含了操作系统启动流程的全部秘密，我用回车将这段代码分成了几个部分。

第一部分是一些参数的取值和计算：

```
// init/main.c
void main(void) {
    ROOT_DEV = ORIG_ROOT_DEV;
    drive_info = DRIVE_INFO;
    memory_end = (1<<20) + (EXT_MEM_K<<10);
    memory_end &= 0xfffff000;
    if (memory_end > 16*1024*1024)
        memory_end = 16*1024*1024;
    if (memory_end > 12*1024*1024)
        buffer_memory_end = 4*1024*1024;
    else if (memory_end > 6*1024*1024)
        buffer_memory_end = 2*1024*1024;
    else
        buffer_memory_end = 1*1024*1024;
    main_memory_start = buffer_memory_end;
    ...
}
```

包括**根设备 ROOT_DEV**，之前在汇编语言中获取的各个设备的**参数信息 drive_info**，以及通过计算得到的表示内存边界的值：

```
main_memory_start、main_memory_end
buffer_memory_start、buffer_memory_end
```

从哪里获得之前的设备参数的信息呢？如果你认真阅读了前面的内容，那一定还记得由 setup.s 这个汇编程序调用 BIOS 中断获取的各个设备的信息，并保存在约定好的内存地址 0x90000 处，现在这不就来取了吗，我就不赘述了。

内存地址	长度（字节）	名称
0x90000	2	光标位置
0x90002	2	扩展内存数
0x90004	2	显示页面
0x90006	1	显示模式
0x90007	1	字符列数
0x90008	2	未知
0x9000A	1	显示内存
0x9000B	1	显示状态
0x9000C	2	显卡特性参数
0x9000E	1	屏幕行数
0x9000F	1	屏幕列数
0x90080	16	硬盘 1 参数表
0x90090	16	硬盘 2 参数表
0x901FC	2	根设备号

第二部分是进行各种初始化的一系列init函数。

```c
// init/main.c
void main(void) {
    ...
    mem_init(main_memory_start,memory_end);
    trap_init();
    blk_dev_init();
    chr_dev_init();
    tty_init();
    time_init();
    sched_init();
    buffer_init(buffer_memory_end);
    hd_init();
    floppy_init();
    ...
}
```

这段代码非常规整，但需要逐个击破，因为每一个 init 函数都可能包含着操作系统某个模块的运作秘密，包括**内存初始化mem_init、中断初始化 trap_init、进程调度初始化 sched_init**等。

我们知道，学操作系统知识的时候，其实就是分成这么几块来学的。从操作系统源码上看，也确实是这么划分的，那我们之后照着源码慢慢品读就好了。

第三部分是切换到用户态模式，并在一个新的进程中做一个最终的初始化：

```c
// init/main.c
void main(void) {
    ...
    sti();
    move_to_user_mode();
    if (!fork()) {
        init();
    }
    ...
}
```

这个init函数是在一个新的进程里执行的，这个进程叫作进程1。

这个init函数会设置终端的标准IO，并且又创建出一个执行shell程序的进程，用来接收用户的命令，这个进程叫作进程2。

到这里其实就出现了我们熟悉的shell画面（就是bochs启动Linux-0.11后的画面），如图11-1所示。

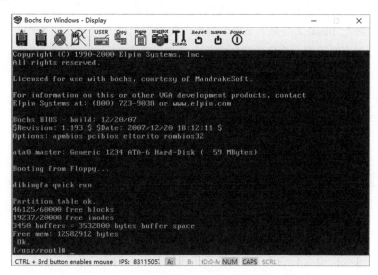

图 11-1

在这里我们就可以不断输入命令，交给操作系统去执行了。而操作系统最大的作用，就是如此。

第四部分是一个死循环。

如果没有任何任务可以运行，操作系统会一直停留在这个死循环中：

```
void main(void) {
    ...
    for(;;) pause();
}
```

OK，不用细品每一句话，本回就是让你对这段程序有个整体印象，之后会细细讲这里的每个部分。

这里再回顾一下目前的内存布局图，参见图10-4。

这张图大家一定要牢记在心，操作系统说白了就是在内存中放置各种数据结构，来实现"管理"功能。

所以在后面的学习过程中，主要就是看看操作系统在经过一番折腾后又在内存中建立了什么数据结构，而这些数据结构又是被如何用到的。

比如进程管理，就是在内存中建立许多复杂的数据结构，用来记录进程的信息，最重要的就是那个 task_struct。再配合上进程调度的小算法，就可以在操作系统层面实现进程这个概念了。

为了让大家心里有个底，我们把前面的工作在这里做一个回顾，如图10-3所示。

我们已经把 boot 文件夹下三个汇编文件的全部代码一行一行地品读过了，其主要功能就是三张表的设置：全局描述符表、中断描述符表、页表。同时还设置了各种段寄存器及栈顶指针，也为后续的程序提供了设备信息，保存在 0x90000 处往后的几个位置上。最后，一个华丽的跳转，将程序跳转到了 main.c 文件的 main 函数中。

欲知后事如何，且听下回分解。

第 12 回
管理内存前先划分出三个边界值

书接上回，上回书咱们回顾了一下进入 main.c 文件之前做的全部工作，给进入 main 函数做了一个充分的准备。

那今天咱们话不多说，从 main 函数的第一行代码开始研读：

```
// init/main.c
void main(void) {
    ROOT_DEV = ORIG_ROOT_DEV;
    drive_info = DRIVE_INFO;
    ...
}
```

首先，ROOT_DEV 为系统的根文件设备号，drive_info 为之前 setup.s 程序获取并存储在内存 0x90000 处的设备信息，我们先不管它俩，等之后用到了再说。

我们看后面这一段很影响整体画风的代码：

```
// init/main.c
void main(void) {
    ...
    memory_end = ( <<  ) + (EXT_MEM_K<<  );
    memory_end &= 0xfffff000;
    if (memory_end > 16*1024*1024)
        memory_end = 16*1024*1024;
    if (memory_end > 12*1024*1024)
```

```
    buffer_memory_end = 4*1024*1024;
else if (memory_end > 6*1024*1024)
    buffer_memory_end = 2*1024*1024;
else
    buffer_memory_end = 1*1024*1024;
main_memory_start = buffer_memory_end;
...
}
```

这一段代码和后面规规整整的×××_init 处于平级的位置，要是我们这么写代码，肯定会被老板批评，被同事鄙视。但没办法，这是人家 Linus 写的代码，不论你是否认可，已经是经典了，所以看就完事了。

这一段代码虽然很乱，但仔细看就知道它只是为了计算出三个变量：

```
main_memory_start
memory_end
buffer_memory_end
```

而观察最后一行代码，会发现，其实有两个变量是相等的：

```
main_memory_start = buffer_memory_end;
```

所以其实仅仅计算出了两个变量：

```
main_memory_start
memory_end
```

再具体分析一下这里的逻辑，其实就是一堆 if...else 判断而已，判断的标准都是 memory_end，也就是内存最大值的大小，而这个内存最大值由第一行代码可以看出，等于1MB + 扩展内存大小。

那OK了，**其实就只是针对不同的内存大小，设置不同的边界值罢了**。为了理解它，我们完全没有必要考虑得这么周全，就假设内存一共就 8MB 吧。

那么如果内存为8MB，memory_end就是：

8 * 1024 * 1024

也就只会走倒数第二个分支，那么，buffer_memory_end就为：

2 * 1024 * 1024

那么，main_memory_start 也为：

2 * 1024 * 1024

那这些值有什么用呢？图12-1就给你说明白了。

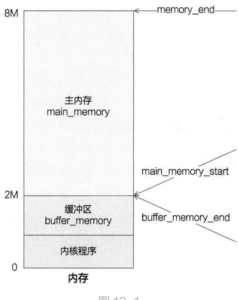

图 12-1

你看，其实就是定了三个箭头所指向的地址的三个边界变量。

主内存具体是如何管理的，要看 mem_init 函数：

```
// init/main.c
void main(void) {
    ...
    mem_init(main_memory_start, memory_end);
    ...
}
```

而缓冲区是如何管理的，要看 buffer_init 函数：

```
// init/main.c
void main(void) {
    ...
    buffer_init(buffer_memory_end);
    ...
}
```

是不是非常清晰？至于这两个区域具体是怎么管理的，后面我们再逐步深入探索！

欲知后事如何，且听下回分解。

第 13 回
主内存初始化 mem_init

上一回我们说到，为了之后的内存划分，首先计算出了两个边界值，将内存划分成三个部分，分别是内核程序、缓冲区和主内存。

其中主内存的管理初始化工作是 mem_init 函数做的，而缓冲区的管理初始化工作是 buffer_init 函数做的。

我们今天只看主内存是如何管理的，很简单，放轻松。

进入 mem_init 函数：

```c
// mm/memory.c
#define LOW_MEM 0x100000
#define PAGING_MEMORY (15*1024*1024)
#define PAGING_PAGES (PAGING_MEMORY>>12)
#define MAP_NR(addr) (((addr)-LOW_MEM)>>12)
#define USED 100

static long HIGH_MEMORY = 0;
static unsigned char mem_map[PAGING_PAGES] = { 0, };

// start_mem = 2 * 1024 * 1024
// end_mem = 8 * 1024 * 1024
void mem_init(long start_mem, long end_mem)
{
    int i;
    HIGH_MEMORY = end_mem;
```

```
    for (i=    ; i<PAGING_PAGES ; i++)
        mem_map[i] = USED;
    i = MAP_NR(start_mem);
    end_mem -= start_mem;
    end_mem >>=    ;
    while (end_mem-->  )
        mem_map[i++]=  ;
}
```

代码也没几行，而且并没有更深的函数调用，读懂它不是难事。

仔细一看这个函数，其实折腾来折腾去就是给 mem_map 数组的各个元素赋了值，先是全部赋值为 USED，也就是 100，然后对其中一部分又赋值为 0。

赋值为USED的部分就表示内存被占用，如果再具体说就是占用了 100 次，这个之后再说。赋值为 0 的部分就表示未被使用，也即使用次数为零。

是不是很简单？**就是准备了一个表，记录了哪些内存被占用了，哪些内存没被占用**。这就是所谓的"管理"，并没有那么神乎其神。

那接下来自然有两个问题：

1. mem_map 数组中的元素用于表示内存是否空闲，那么一个元素表示的是多大的内存呢？

2. 初始化时哪些地方是被占用的，哪些地方又是未被占用的？

还是一张图就能看明白，一起看图13-1，我们仍然假设内存总共只有 8MB。

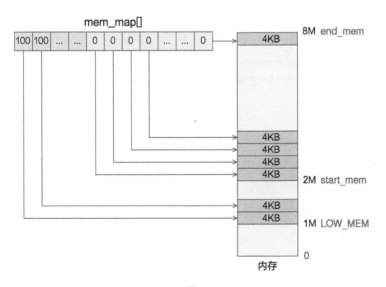

图 13-1

可以看出，初始化完成后，mem_map 这个数组中的每个元素都代表了一个 4KB 的内存是否空闲（准确地说是使用次数）。

4KB 的内存通常叫作 1 页内存，而这种管理方式叫**分页管理**，就是把内存分成一页一页（4KB）的单位去管理。

这个数组对1MB以下的内存区域没有记录，这里的内存是无须管理的，或者换个说法是无权管理的，也就是没有权利申请和释放，因为这个区域是内核代码所在的地方，不能被"污染"。

1MB ~ 2MB 这个区域是**缓冲区**，2MB 是缓冲区的末端，缓冲区的开始在哪里我们之后再说，这些地方不是主内存，因此直接标记为 USED，产生的效果就是无法再被分配。

2MB 以上的空间是**主内存**，而主内存目前没有任何程序申请，所以初始化时统统都是0，未来等着应用程序去申请和释放这里的内存资源。

那应用程序如何申请内存呢？我们在本回不展开，先简单展望一下，看看在申请内存的过程中，是如何使用 mem_map 这个结构的。

在 memory.c 文件中有一个函数 get_free_page()，用于在主内存中申请一页空闲内存，并返回物理内存页的起始地址。

比如我们在 fork 子进程的时候，会调用 copy_process 函数来复制进程的结构信息，其中有一个步骤就是要**申请一页内存**，用于存放进程结构信息 task_struct：

```c
// kernel/fork.c
int copy_process(...) {
    struct task_struct *p;
    ...
    p = (struct task_struct *) get_free_page();
    ...
}
```

我们来看一下get_free_page的具体实现，这是内联汇编代码，看不懂不要紧。注意，它里面就有mem_map结构的使用：

```c
// mm/memory.c
unsigned long get_free_page(void) {
    register unsigned long __res asm("ax");
    __asm__ (
        "std ; repne ; scasb\n\t"
        "jne 1f\n\t"
```

```
"movb $1,1(%%edi)\n\t"
"sall $12,%%ecx\n\t"
"addl %2,%%ecx\n\t"
"movl %%ecx,%%edx\n\t"
"movl $1024,%%ecx\n\t"
"leal 4092(%%edx),%%edi\n\t"
"rep ; stosl\n\t"
"movl %%edx,%%eax\n"
"1:"
:"=a" (__res)
:"0" (0),"i" (LOW_MEM),"c" (PAGING_PAGES),
"D" (mem_map + PAGING_PAGES )
:"di","cx","dx");
    return __res;
}
```

就是选择 mem_map 中的首个空闲页面，并标记为已使用。

好了，本回的内容就这么多，只是填写了一张大表而已，简单吧？之后的内存申请与释放等操作，就是跟这张大表 mem_map 打交道，你一定要记住它哦。

欲知后事如何，且听下回分解。

第 14 回
中断初始化 trap_init

上一回我们讲了主内存初始化 mem_init，话不多说，接着往下看：

```
// init/main.c
void main(void) {
    ...
    trap_init();
    ...
}
```

这个函数是干什么的？先不着急看，听我抛出一个问题。

当你的计算机刚刚启动时，你按键盘上的按键是没有任何效果的，但是过了一段时间后，再按下键盘上的按键就有效果了，也就是计算机会给出反应，最简单的就是直接将所敲击的按键对应的字符显示在屏幕上。

那我们今天就来"刨根问底"一下，**到底过了多久之后，按下键盘上的按键才会有效果呢**？

我们带着这个问题，打开 trap_init 函数看一看：

```
// kernel/traps.c
void trap_init(void) {
    int i;
    set_trap_gate(0,&divide_error);
    set_trap_gate(1,&debug);
    set_trap_gate(2,&nmi);
    set_system_gate(3,&int3);    /* int3-5 can be called from all */
    set_system_gate(4,&overflow);
    set_system_gate(5,&bounds);
```

```
    set_trap_gate( ,&invalid_op);
    set_trap_gate(7,&device_not_available);
    set_trap_gate( ,&double_fault);
    set_trap_gate( ,&coprocessor_segment_overrun);
    set_trap_gate(10,&invalid_TSS);
    set_trap_gate(11,&segment_not_present);
    set_trap_gate(12,&stack_segment);
    set_trap_gate(13,&general_protection);
    set_trap_gate(14,&page_fault);
    set_trap_gate(15,&reserved);
    set_trap_gate(16,&coprocessor_error);
    for (i=17;i<48;i++)
        set_trap_gate(i,&reserved);
    set_trap_gate(45,&irq13);
    set_trap_gate(39,&parallel_interrupt);
}
```

看到这个函数的全部代码后，你可能会心一笑，也可能一脸困惑，这是啥玩意儿？这么多 set_×××_gate！

有密集恐惧症的话，绝对看不下去这段代码。所以我就把它简化了一下，把有相同功能的去掉：

```
// kernel/traps.c
void trap_init(void) {
    int i;
    // set 了一堆 trap_gate
    set_trap_gate( , &divide_error);
    ...
    // 又 set 了一堆 system_gate
    set_system_gate(45 , &bounds);
    ...
    // 又又批量 set 了一堆 trap_gate
    for (i=17;i<48;i++)
        set_trap_gate(i, &reserved);
    ...
}
```

这就简单多了，我们一块一块地来看。

首先我们看 set_trap_gate 和 set_system_gate，发现有这么几个宏定义：

```
// include/asm/system.h
#define _set_gate(gate_addr,type,dpl,addr) \
__asm__ ("movw %%dx,%%ax\n\t" \
    "movw %0,%%dx\n\t" \
    "movl %%eax,%1\n\t" \
```

```
    "movl %%edx,%2" \
    : \
    : "i" ((short) (0x8000+(dpl<<13)+(type<<8))), \
    "o" (*((char *) (gate_addr))), \
    "o" (*(4+(char *) (gate_addr))), \
    "d" ((char *) (addr)),"a" (0x00080000))

#define set_trap_gate(n,addr) \
    _set_gate(&idt[n],15,0,addr)

#define set_system_gate(n,addr) \
    _set_gate(&idt[n],15,3,addr)
```

别怕，这些我也看不懂。

不过这俩最终都指向了相同的另一个宏定义 _set_gate，说明是有共性的。

啥共性呢？我直接说吧，那段你完全看不懂的代码，是将汇编语言嵌入 C 语言了，这种内联汇编的格式非常难懂，所以我也不想搞懂它，最终的效果就是**在中断描述符表中插入了一个中断描述符**。

中断描述符表还记得吧，英文叫 IDT，可以翻到前面看看图9-7。

这段代码就是往这个中断描述符表里一项一项地写东西，其对应的中断号就是第一个参数，中断处理程序就是第二个参数。

产生的效果就是，之后如果来了一个中断，CPU 根据其中断号，就可以到这个中断描述符表中找到对应的中断处理程序。

比如这个：

```
set_trap_gate( ,&divide_error);
```

设置了**0号中断**，对应的中断处理程序是**divide_error**。

当 CPU 执行一条除零指令的时候，会从硬件层面发起一个 0 号异常中断，然后执行由操作系统定义的 divide_error，也就是除法异常处理程序，执行完之后再返回。

再比如这个：

```
set_system_gate( ,&overflow);
```

设置了 4 号中断，对应的中断处理程序是 overflow，即边界出错中断。

注意：system 与 trap 的区别仅仅在于设置的中断描述符的特权级不同，前者是 0（内核态），后者是 3（用户态），这块展开是非常严谨、绕口、复杂的特权级相关知识，不明白的话先不用管，将它们简单理解为设置一个中断号和中断处理程序的对应关系就好了。

再往后看，批量操作这里：

```
void trap_init(void) {
    ...
    for (i=  ;i<  ;i++)
        set_trap_gate(i,&reserved);
    ...
}
```

17～48 号中断被批量设置为 reserved 中断处理程序，这是暂时的，后面在各个硬件初始化时要重新设置这些中断，把暂时的这个中断处理程序给覆盖掉，此时你留个印象即可。

所以整段代码执行下来，内存中那个 idt 的位置会变成如图14-1所示的样子。

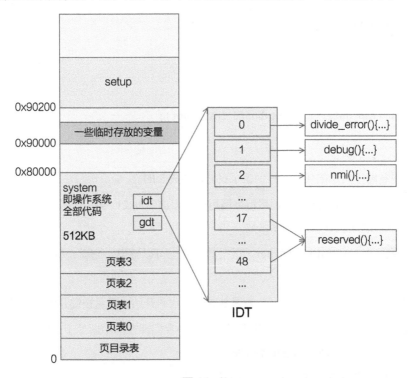

图 14-1

好了，我们看到了设置中断号与中断处理程序对应关系的地方，所以，这个 trap_init 里的代码全部执行完毕后，按下键盘上的按键就会有反应了吗？

不会。键盘产生的中断的中断号是 0x21，此时这个中断号仅仅对应着一个临时的中断处理程序 reserved，我们接着往后看。

在这行代码往后几行，有一个名为 **tty_init** 的函数：

```
// init/main.c
void main(void) {
    ...
    trap_init();
    ...
    tty_init();
    ...
}

// kernel/chr_dev/tty_io.c
void tty_init(void) {
    rs_init();
    con_init();
}

// kernel/chr_dev/console.c
void con_init(void) {
    ...
    set_trap_gate(0x21,&keyboard_interrupt);
    ...
}
```

这里省略了大量的代码，只保留了我们需要关心的。

注意，这个 tty_init 根据调用链会调用一行添加了 0x21 号中断处理程序的代码，用的就是刚刚熟悉的 set_trap_gate 函数。

而后面的 keyboard_interrupt，根据其名字也可以猜出，它就是键盘的中断处理程序！

好了，我们终于找到答案了，就是从这一行代码开始，键盘按键开始生效了！

没错，不过还有小小的一点儿不严谨，就是我们现在的中断处于**禁用状态**，不论是键盘中断还是其他中断，通通都不好使。

继续往下读 main 函数，还有这样一行：

```
// init/main.c
void main(void) {
    ...
    trap_init();
```

```
    ...
    tty_init();
    ...
    sti();
    ...
}
```

sti 函数最终会对应一个同名的汇编指令 sti，表示**允许中断**。所以在这行代码之后，键盘按键才真正开始生效！

至于按下键盘后究竟会有何反应，那就是 keyboard_interrupt 函数里的故事了，别着急，后面的章节会彻底解答你心中的这个疑惑。

欲知后事如何，且听下回分解。

第 15 回
块设备请求项初始化
blk_dev_init

上一回我们讲了中断初始化 trap_init，话不多说，接着往下看：

```c
// init/main.c
void main(void) {
    ...
    blk_dev_init();
    ...
}
```

直译过来就是块设备初始化。

我们知道，将硬盘数据读取到内存中，这是操作系统的一个基础功能。这个过程需要有块设备驱动程序、文件系统、缓冲区，甚至进程的阻塞与唤醒等功能的支持。

不要慌，我们就按照源码顺序，看看这个块设备初始化究竟在搞什么鬼：

```c
// kernel/blk_drv/ll_rw_blk.c
void blk_dev_init(void) {
    int i;
    for (i=0; i<32; i++) {
        request[i].dev = -1;
        request[i].next = NULL;
    }
}
```

天呢，我没看错吧，这也太简单了？

就是给 request 这个数组的前 32 个元素的两个属性 dev 和 next 赋上值，从这俩值 –1 和 NULL 也可以大概猜出，这是没有任何作用时的初始化值。

request 数组中的元素类型就是 request 结构，我们看一下：

```
// kernel/blk_drv/blk.h
struct request {
    int dev;        /* -1 if no request */
    int cmd;        /* READ or WRITE */
    int errors;
    unsigned long sector;
    unsigned long nr_sectors;
    char * buffer;
    struct task_struct * waiting;
    struct buffer_head * bh;
    struct request * next;
};
```

哎哟，这就有点儿让人头大了。刚刚的函数虽然很短，但看到这个结构我们知道了，重点在这儿呢。

这也从侧面说明了，学习操作系统，其实把遇到的重要数据结构牢记于心，就已经成功一半了。比如主内存管理结构 mem_map，知道它的数据结构是什么样子的，其功能也基本就懂了。

继续说这个 request 结构，这个结构代表了一次读盘请求，其中：

- dev 表示设备号，–1 就表示空闲。
- cmd 表示命令，其实就是 READ 还是 WRITE，表示本次操作是读还是写。
- errors 表示操作时产生的错误次数。
- sector 表示起始扇区。
- nr_sectors 表示扇区数。
- buffer 表示数据缓冲区，也就是读盘之后的数据放在内存中的什么位置。
- waiting 是一个 task_struct 结构，可以表示一个进程，表示是哪个进程发起了这个请求。
- bh 是缓冲区头指针，这个后面讲完缓冲区你就懂了，因为这个 request 是需要与缓冲区挂钩的。
- next 指向下一个请求项。

这里有的变量看不懂没关系，我们可以基于现有的重点参数猜测一下。

比如读请求，cmd 就是 READ，sector 和 nr_sectors 定位了所要读取的块设备（可以先简单理解为硬盘）的哪几个扇区，buffer 定位了这些数据读完之后放在内存的什么位置。

这就够了，想想看，这4个参数是不是就能完整描述一个读取硬盘的需求了？而且完全没有歧义，就像图15-1所示的这样。

图 15-1

而其他的参数，肯定是为了更好地配合操作系统读写块设备，为了把多个读写块设备的请求很好地组织起来。这个组织不但要有这个数据结构中 hb 和 next 等变量的配合，还要有后面要介绍的电梯调度算法的配合，仅此而已，先点到为止。

总之，我们在这里先弄明白，这个 request 结构可以完整描述一个读盘操作，那个 request 数组就是把它们都放在一起，然后它们又通过 next 指针串成链表，如图15-2所示。

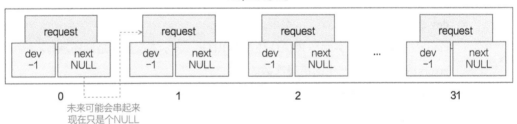

图 15-2

好，本回讲述的两行代码，其实就完成了图15-2所示的工作。

但讲到这里就结束的话，很多同学可能会不太甘心，那我就简单展望一下，在后面读盘的全流程中是怎么用到刚刚初始化的这个 request[32] 数组的。

读操作的系统调用函数是 sys_read，源码很长，位于文件系统模块下，即 fs 文件夹下。我给简化了一下，仅仅保留读取普通文件的分支，就是如下的样子：

```
// fs/read_write.c
int sys_read(unsigned int fd,char * buf,int count) {
    struct file * file = current->filp[fd];
    struct m_inode * inode = file->f_inode;
    // 校验 buf 区域的内存限制
    verify_area(buf,count);
    // 仅关注目录文件或普通文件
    return file_read(inode,file,buf,count);
}
```

看，入参 fd 是文件描述符，通过它可以找到一个文件的 inode，进而找到这个文件在硬盘中的位置，如图15-3所示。

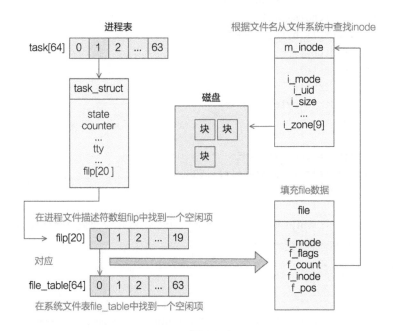

图 15-3

另两个入参：buf是要复制到内存中的地址，count指要复制多少字节，很好理解。

钻到 file_read 函数里继续看：

```
// fs/file_dev.c
int file_read(struct m_inode * inode, struct file * filp, char * buf, int count) {
    int left,chars,nr;
```

```
    struct buffer_head * bh;
    left = count;
    while (left) {
        if (nr = bmap(inode,(filp->f_pos)/BLOCK_SIZE)) {
            if (!(bh=bread(inode->i_dev,nr)))
                break;
        } else
            bh = NULL;
        nr = filp->f_pos % BLOCK_SIZE;
        chars = MIN( BLOCK_SIZE-nr , left );
        filp->f_pos += chars;
        left -= chars;
        if (bh) {
            char * p = nr + bh->b_data;
            while (chars-->0)
                put_fs_byte(*(p++),buf++);
            brelse(bh);
        } else {
            while (chars-->0)
                put_fs_byte(0,buf++);
        }
    }
    inode->i_atime = CURRENT_TIME;
    return (count-left)?(count-left):-ERROR;
}
```

整体看，就是一个 while 循环，每次读入一个块的数据，直到入参所要求的大小（count 字节数）全部读完为止。

直接看 bread 那一行：

```
// fs/file_dev.c
int file_read(struct m_inode * inode, struct file * filp, char * buf, int count) {
    ...
    while (left) {
        ...
        if (!(bh=bread(inode->i_dev,nr)))
    }
}
```

这个函数就是将某一个设备的某一个数据块号的内容读到缓冲区中，展开后进去看：

```
// fs/buffer.c
struct buffer_head * bread(int dev,int block) {
    struct buffer_head * bh = getblk(dev,block);
    if (bh->b_uptodate)
        return bh;
    ll_rw_block(READ,bh);
    wait_on_buffer(bh);
    if (bh->b_uptodate)
        return bh;
    brelse(bh);
    return NULL;
}
```

其中，getblk 先申请了一个内存中的缓冲块，然后，**ll_rw_block** 负责把数据读入这个缓冲块，进去继续看：

```
// kernel/blk_drv/ll_rw_blk.c
void ll_rw_block(int rw, struct buffer_head * bh) {
    ...
    make_request(major,rw,bh);
}

static void make_request(int major,int rw, struct buffer_head * bh) {
    ...
if (rw == READ)
        req = request+NR_REQUEST;
    else
        req = request+((NR_REQUEST* )/ );
/* find an empty request */
    while (--req >= request)
        if (req->dev< )
            break;
    ...
/* fill up the request-info, and add it to the queue */
    req->dev = bh->b_dev;
    req->cmd = rw;
    req->errors= ;
    req->sector = bh->b_blocknr<< ;
    req->nr_sectors = ;
```

```
    req->buffer = bh->b_data;
    req->waiting = NULL;
    req->bh = bh;
    req->next = NULL;
    add_request(major+blk_dev,req);
}
```

看，这里就用到刚刚说的 request 结构了。

具体来说，就是该函数会往刚刚的设备的请求项链表 request[32] 中添加一个请求项，只要 request[32] 中有未处理的请求项存在，都会陆续地被处理，直到设备的请求项链表变空为止。

具体怎么读盘，就是与硬盘 IO 端口进行交互的过程了，可以继续往里跟，直到看到一个 hd_out 函数为止，本回就不展开了。

具体的读盘操作，后面会有详细的章节展开讲解。在本回，你只需知道，在 main 函数的 init 系列函数中，通过 blk_dev_init 为后面的块设备访问提前建立了一个数据结构，作为访问块设备和内存缓冲区之间的桥梁，就可以了。

欲知后事如何，且听下回分解。

书接上回，上回书咱们说到，继内存管理结构 mem_map 和中断描述符表建立好之后，我们又通过 blk_dev_init 在内存中倒腾出一个新的数据结构——request 结构，并且把它们都放在了一个 request[32] 数组中。

这是**块设备驱动程序**与**内存缓冲区**的桥梁，通过它可以完整地表示一个块设备读写操作要做的事。

我们继续往下看tty_init：

```
// init/main.c
void main(void) {
    ...
    tty_init();
    ...
}
```

这个函数执行完之后，我们将具备从键盘按下按键（输入）到显示器输出字符这个最常用的功能，也就能直观地感受到操作系统有了交互性！

但是打开下面这个函数后，我有点儿慌：

```
// kernel/chr_drv/tty_io.c
void tty_init(void)
{
    rs_init();
    con_init();
}
```

这个函数已经复杂到需要拆成两个子函数了，看来不好对付！

打开第一个函数，还好：

```c
// kernel/chr_drv/serial.c
void rs_init(void)
{
    set_intr_gate(0x24,rs1_interrupt);
    set_intr_gate(0x23,rs2_interrupt);
    init(tty_table[ ].read_q.data);
    init(tty_table[ ].read_q.data);
    outb(inb_p(0x21)&0xE7,0x21);
}
```

这个函数开启了串口中断，并设置了对应的中断处理程序。串口在现在的计算机中已经很少被用到了，所以这个可直接忽略。

看第二个函数，这是重点。代码非常长，有点儿吓人，我先把大体框架写出来：

```c
// kernel/chr_drv/console.c
void con_init(void) {
    ...
    if (ORIG_VIDEO_MODE ==  ) {
        ...
        if ((ORIG_VIDEO_EGA_BX & 0xff) != 0x10) {...}
        else {...}
    } else {
        ...
        if ((ORIG_VIDEO_EGA_BX & 0xff) != 0x10) {...}
        else {...}
    }
    ...
}
```

可以看出，有非常多的 if...else。这是为了应对不同的显示模式，以便分配不同的变量值。如果我们仅仅找出一个显示模式，这些分支就可以看成只有一个了。

啥是显示模式呢？那得先简单说说显示的问题。**一个字符是如何显示在屏幕上的呢**？换句话说，如果可以随意操作内存和 CPU 等设备，你如何操作才能在你的显示器上显示一个字符 "a" 呢？

我们先看一张图，参见图16-1。

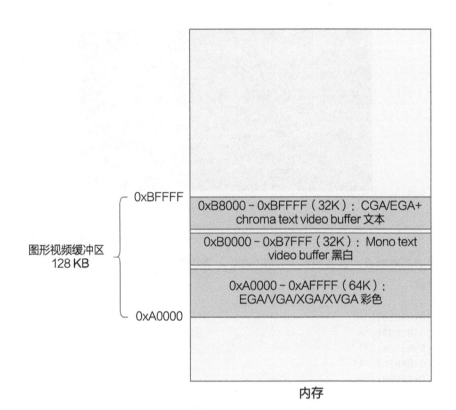

图形视频缓冲区
128 KB

0xBFFFF

0xB8000 – 0xBFFFF（32K）：CGA/EGA+ chroma text video buffer 文本

0xB0000 – 0xB7FFF（32K）：Mono text video buffer 黑白

0xA0000 – 0xAFFFF（64K）： EGA/VGA/XGA/XVGA 彩色

0xA0000

内存

图 16-1

内存中有这样一部分区域，是和显存映射的。啥意思呢？就是你往图16-1所示的这些内存区域中写数据，相当于写在了显存中。而往显存中写数据，就相当于写在了屏幕上。

没错，就是这么简单。

如果我们写这样一行汇编语句：

```
mov [0xB8000],'h'
```

后面那个 'h'，就相当于汇编编辑器帮我们将其转换成 ASCII 码的二进制数值，当然也可以直接写成数值形式：

```
mov [0xB8000],0x68
```

其实就是往内存中的0xB8000位置写了一个值，只要一写，屏幕上就会如图16-2所示这样显示。

图 16-2

简单吧，具体来说，这片内存改为用两字节表示一个显示在屏幕上的字符，第一字节是字符的编码，第二字节是字符的颜色。我们先不管颜色，如果多写几个字符，像下面这样：

```
mov [0xB8000],'h'
mov [0xB8002],'e'
mov [0xB8004],'l'
mov [0xB8006],'l'
mov [0xB8008],'o'
```

此时屏幕上就会显示如图16-3所示的几个字符。

图 16-3

是不是相当简单？那回过头看刚刚的代码，如果显示模式是现在的这种文本模式，那条件分支就可以去掉好多。

代码可以简化成下面这个样子：

```
// kernel/chr_drv/console.c
```

```
#define ORIG_X              (*(unsigned char *)0x90000)
#define ORIG_Y              (*(unsigned char *)0x90001)
void con_init(void) {
    register unsigned char a;
    // 第一部分 获取显示模式相关信息
    video_num_columns = (((*(unsigned short *)0x90006) & 0xff00) >> );
    video_size_row = video_num_columns *  ;
    video_num_lines = 25;
    video_page = (*(unsigned short *)0x90004);
    video_erase_char = 0x0720;
    // 第二部分 显存映射的内存区域
    video_mem_start = 0xb8000;
    video_port_reg  = 0x3d4;
    video_port_val  = 0x3d5;
    video_mem_end = 0xba000;
    // 第三部分 滚动屏幕操作时的信息
    origin  = video_mem_start;
    scr_end = video_mem_start + video_num_lines * video_size_row;
    top = 0;
    bottom  = video_num_lines;
    // 第四部分 定位光标并开启键盘中断
    gotoxy(ORIG_X, ORIG_Y);
    set_trap_gate(0x21,&keyboard_interrupt);
    outb_p(inb_p(0x21)&0xfd,0x21);
    a=inb_p(0x61);
    outb_p(a|0x80,0x61);
    outb(a,0x61);
}
```

别看有这么多代码，但一点儿都不难。

还记不记得之前第1部分中做的工作，在内存中存了好多以后要用的数据？就在第5回的图5-3中，你可以翻回去看看。

所以，**第一部分**获取 0x90006 地址处的数据，就是获取显示模式等的相关信息。

第二部分是显存映射的内存地址范围，现在假设是 CGA 类型的文本模式，所以映射的内存区域为从 0xB8000 到 0xBA000。

第三部分设置一些滚动屏幕时需要的参数，定义了顶行和底行在哪里，这里的顶行就是第一行，底行就是最后一行，很合理。

第四部分把光标定位到之前保存的光标位置处（取内存地址 0x90000 处的数据），

然后设置并开启键盘中断。

开启键盘中断后，在键盘上敲击一个按键后就会触发中断，中断程序读键盘码并将其转换成 ASCII 码，然后写到光标处的内存地址中，也就相当于往显存写。于是这个按键对应的字符就显示在了屏幕上。

这一切具体是怎么做到的呢？先看看我们干了什么。

1. 我们现在根据已有信息可以实现往屏幕上的任意位置写字符了，而且还能指定颜色。

2. 我们也能接收键盘中断，根据键盘码，中断处理程序就可以得知哪个按键被按下了。

有了这两个功能做铺垫，那我们想干什么还不是"为所欲为"？

好，接下来看看在 con_init 里具体是怎么处理的，很简单。一切的起点，就是第4部分中的 gotoxy 函数，用于定位当前光标：

```
// kernel/chr_drv/console.c
#define ORIG_X          (*(unsigned char *)0x90000)
#define ORIG_Y          (*(unsigned char *)0x90001)
void con_init(void) {
    ...
    // 第四部分 定位光标并开启键盘中断
    gotoxy(ORIG_X, ORIG_Y);
    ...
}
```

这里干什么了呢？

```
// kernel/chr_drv/console.c
static inline void gotoxy(unsigned int new_x,unsigned int new_y) {
    ...
    x = new_x;
    y = new_y;
    pos = origin + y*video_size_row + (x<< );
}
```

给 x、y 和 pos 这三个参数赋上了值。

其中 x 表示光标在哪一列，y 表示光标在哪一行，pos 表示根据列号和行号计算出来的内存指针。也就是往这个 pos 指向的地址处写数据，就相当于往控制台的 x 列 y 行处写入字符，简单吧？

然后，当按下键盘上的按键时，触发键盘中断，之后的程序调用链是这样的：

```
_keyboard_interrupt:
    ...
    call _do_tty_interrupt
    ...

void do_tty_interrupt(int tty) {
    copy_to_cooked(tty_table+tty);
}

void copy_to_cooked(struct tty_struct * tty) {
    ...
    tty->write(tty);
    ...
}

// 终端为控制台时，tty 的 write 为 con_write 函数
void con_write(struct tty_struct * tty) {
    ...
    __asm__("movb _attr,%%ah\n\t"
        "movw %%ax,%1\n\t"
        ::"a" (c),"m" (*(short *)pos)
        :"ax");
    pos += 2;
    x++;
    ...
}
```

通过中断调用中断处理函数 _keyboard_interrupt，然后一路调用到 con_write 中的关键代码。

这段由 asm 包裹的内联汇编代码，就是把从键盘输入的字符 c 写入 pos 指针指向的内存，相当于往屏幕输出。而之后的两行代码 pos+=2 和 x++，就是调整所谓的光标。

你看，写入一个字符，在底层，**其实就是往内存的某处写一个数据，然后顺便调整一下光标位置**。

由此也可以看出，光标位置的本质，其实就是这里的 x、y、pos 这三个变量。

我们还可以做**换行效果**，当发现光标位置处于某一行的结尾时（这个很好计算，我们都知道屏幕上一共有几行几列），就给光标位置计算出一个新值，让其处于下一行的开头。

一个小计算公式即可搞定它。在 con_write 源码处就有体现，就是判断列号 x 是否大

于总列数：

```
// kernel/chr_drv/console.c
void con_write(struct tty_struct * tty) {
    ...
    if (x>=video_num_columns) {
        x -= video_num_columns;
        pos -= video_size_row;
        lf();
    }
    ...
}

static void lf(void) {
    if (y+ <bottom) {
        y++;
        pos += video_size_row;
        return;
    }
    ...
}
```

类似地，还可以实现**滚屏**的效果。无非就是当检测到光标出现在最后一行最后一列时，把每一行的字符都复制到它上一行，其实就是算好将哪些内存地址上的值复制到哪些内存地址上。

这里鼓励大家自己看源码寻找。

有了这个初始化工作，我们就可以利用这些信息，弄几个小算法，实现各种常见的控制台的操作。或者换句话说，我们见怪不怪的控制台上的**回车**、**换行**、**删除**、**滚屏**、**清屏**等操作，底层都要有相应的实现代码。

所以，console.c 中的其他函数就是做这件事的，我们就不展开每一个功能的函数体了，简单看看有哪些函数：

```
// 定位光标
static inline void gotoxy(unsigned int new_x, unsigned int new_y){}
// 滚屏，即内容向上滚动一行
static void scrup(void){}
// 光标同列位置下移一行
static void lf(int currcons){}
// 光标回到第一列
static void cr(void){}
...
```

```
// 删除一行
static void delete_line(void){}
```

内容虽多，但没什么难度，只要理解基本原理就可以了。

OK，整个 console.c 就讲完了。要知道，这个文件是整个内核中代码量最多的文件，可是功能单一，也比较简单。主要是处理键盘上的各种不同的按键，需要写好多 switch...case 等语句，十分麻烦，在这里没必要展开讲了，这就是一个苦力活。

到这里，我们就正式讲完了 tty_init 的作用。

在此之后，内核代码就可以用它来方便地在控制台上输出字符啦！以后内核想要在启动过程中告诉用户一些信息，以及后面内核完全建立起来之后，由用户用 shell 进行操作手动输入命令时，都可以用到这里的代码！

让我们继续向前进发，看下一个被初始化的"倒霉鬼"是什么东西。

欲知后事如何，且听下回分解。

第16回

第 17 回
时间初始化 time_init

书接上回，上回书咱们说到，通过初始化控制台的 tty_init 操作，内核代码可以很方便地在控制台上输出字符了。

作为用户，也可以通过敲击键盘，或调用诸如 printf 这样的库函数，在屏幕上输出信息，同时支持换行和滚屏等友好设计，这些都是 tty_init 这个初始化函数再加上其对外封装的小功能函数来作为底层支撑而实现的。

我们继续看下一个初始化的"倒霉鬼"——time_init：

```c
// init/main.c
void main(void) {
    ...
    time_init();
    ...
}
```

曾经我很好奇，**操作系统是怎么获取当前时间的呢？**

当然，现在都联网了，可以从网络上实现实时同步。但当没有网络，为什么操作系统在启动之后，可以显示出当前时间呢？难道在计算机关机后，操作系统依然不停地在某处运行着，勤勤恳恳数着秒表吗？

当然不是，今天我们就打开这个 time_init 函数一探究竟。

打开这个函数后，我很开心，因为它的代码很短，且没有更深入的函数调用：

```
// init/main.c
#define CMOS_READ(addr) ({ \
    outb_p(0x80|addr,0x70); \
    inb_p(0x71); \
})

#define BCD_TO_BIN(val) ((val)=((val)&15) + ((val)>>4)*10)

static void time_init(void) {
    struct tm time;
    do {
        time.tm_sec = CMOS_READ( );
        time.tm_min = CMOS_READ( );
        time.tm_hour = CMOS_READ( );
        time.tm_mday = CMOS_READ( );
        time.tm_mon = CMOS_READ( );
        time.tm_year = CMOS_READ( );
    } while (time.tm_sec != CMOS_READ( ));
    BCD_TO_BIN(time.tm_sec);
    BCD_TO_BIN(time.tm_min);
    BCD_TO_BIN(time.tm_hour);
    BCD_TO_BIN(time.tm_mday);
    BCD_TO_BIN(time.tm_mon);
    BCD_TO_BIN(time.tm_year);
    time.tm_mon--;
    startup_time = kernel_mktime(&time);
}
```

太棒了！

那主要就是看 CMOS_READ 和 BCD_TO_BIN 是啥意思，展开讲一下就明白了。

首先是 CMOS_READ：

```
#define CMOS_READ(addr) ({ \
    outb_p(0x80|addr,0x70); \
    inb_p(0x71); \
})
```

就是对一个端口先 out 写一下，再 in 读一下。

这是 CPU 与外设交互的一种基本玩法。CPU 与外设打交道基本是通过端口进行的，往某些端口写值来让这个外设干什么，然后从另一些端口读值来接收外设的反馈。

至于这个外设内部是怎么实现的，对使用它的操作系统而言，是一个黑盒，无须关心。那对于我们程序员来说，就更不用关心了。

对 CMOS 这个外设的交互讲起来可能没感觉，我们具体看看它与硬盘的交互。

最常见的操作就是读硬盘了，我们来看一下硬盘的端口表。

端　　口	读	写
0x1F0	数据寄存器	数据寄存器
0x1F1	错误寄存器	特征寄存器
0x1F2	扇区计数寄存器	扇区计数寄存器
0x1F3	扇区号寄存器或 LBA 块地址 0~7	扇区号或 LBA 块地址 0~7
0x1F4	磁道数低 8 位或 LBA 块地址 8~15	磁道数低 8 位或 LBA 块地址 8~15
0x1F5	磁道数高 8 位或 LBA 块地址 16~23	磁道数高 8 位或 LBA 块地址 16~23
0x1F6	驱动器 / 磁头或 LBA 块地址 24~27	驱动器 / 磁头或 LBA 块地址 24~27
0x1F7	命令寄存器或状态寄存器	命令寄存器

读硬盘就是往 0x1F0 端口后面的几个端口写数据，告诉要读硬盘的哪个扇区，读多少，然后再从 0x1F0 端口一字节一字节地读数据。这样就完成了一次硬盘读操作。

如果觉得不够具体，那咱们来一个具体的例子。

1. 在 0x1F2 端口写入要读取的扇区数。

2. 在 0x1F3 ~ 0x1F6 这四个端口写入计算好的起始 LBA 块地址。

3. 在 0x1F7 端口处写入读命令的指令号。

4. 不断检测 0x1F7（此时已成为状态寄存器的含义）端口的忙位。

5. 如果第 4 步为不忙，则开始不断从 0x1F0 端口处将数据读取到内存指定位置，直到读完。

看，对 CPU 底层如何与外设打交道，是不是有点儿感觉了？是不是也不难？根据人家操作手册中的介绍，然后"无脑"地按照要求读写端口就行了。

当然，读取硬盘的这个"无脑"循环，可以让 CPU 直接读取并做写入内存的操作，但这样会占用 CPU 的计算资源。

也可以交给 DMA 设备去读，解放 CPU。但和硬盘的交互，通通都是按照硬件手册中的端口说明来操作的，实际上也是做了一层封装。

好了，我们已经学会了和一个外设打交道的基本玩法了。

那代码中要打交道的是哪个外设呢？就是 CMOS。

CMOS是主板上的一个可读写的 RAM 芯片，在开机时长按键盘上的某个键就可以进入设置它的页面，如图17-1所示。

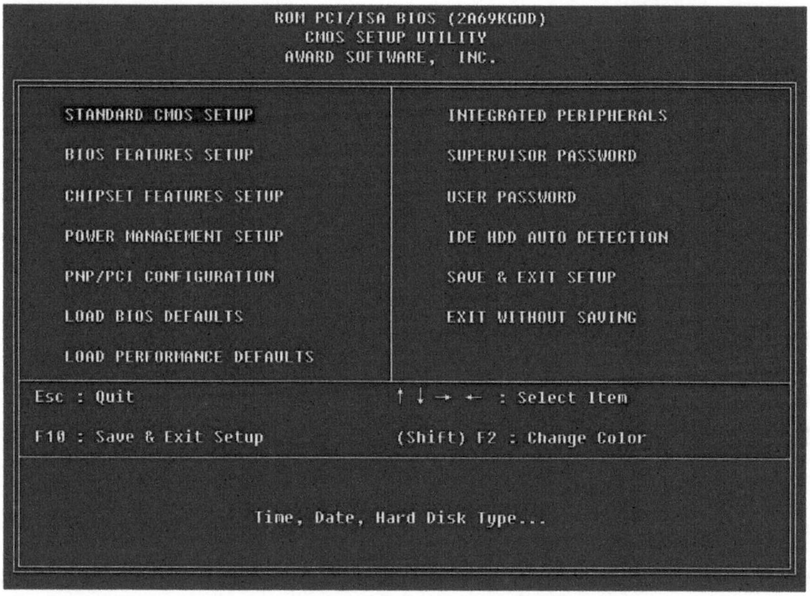

图 17-1

那我们的代码，其实就是与它打交道，获取它的一些数据而已。

我们回过头看代码：

```c
// init/main.c
static void time_init(void) {
    struct tm time;
    do {
        time.tm_sec = CMOS_READ( );
        time.tm_min = CMOS_READ( );
        time.tm_hour = CMOS_READ( );
        time.tm_mday = CMOS_READ( );
        time.tm_mon = CMOS_READ( );
        time.tm_year = CMOS_READ( );
    } while (time.tm_sec != CMOS_READ( ));
    BCD_TO_BIN(time.tm_sec);
    BCD_TO_BIN(time.tm_min);
    BCD_TO_BIN(time.tm_hour);
    BCD_TO_BIN(time.tm_mday);
    BCD_TO_BIN(time.tm_mon);
    BCD_TO_BIN(time.tm_year);
    time.tm_mon--;
```

```
    startup_time = kernel_mktime(&time);
}
```

前面是几个赋值语句，CMOS_READ 通过读写 CMOS 上的指定端口，依次获取**年、月、日、时、分、秒**等信息。具体怎么操作，代码中也写了，按照 CMOS 手册中的要求读写指定端口就行了，我们在这里就不展开介绍了。

所以你看，其实操作系统的程序，也要依靠与一个外设打交道，来获取这些信息，并不是它自己有什么魔力。操作系统最大的魅力，就在于它借力完成了一项伟大的事，借 CPU 的力，借硬盘的力，借内存的力，以及现在借 CMOS 的力。

至于 CMOS 又是如何知道时间的，这个就不在我们讨论的范围内了。

接下来，BCD_TO_BIN 就是把 BCD 转换成 BIN，因为从 CMOS 上获取的这些时间信息都是 BCD 码，需要将它们转换成存储在我们的变量中的二进制数值，所以需要一个小算法来转换一下，没什么特别之处。

最后一步的**kernel_mktime** 也很简单，就是根据刚刚获取的那些时分秒数据，计算从 1970 年 1 月 1 日 0 时起到开机当时经过的秒数，将其作为开机时间，存储在 startup_time 这个变量里。

要想进行深入研究，可以仔细看看这段代码，不过我觉得这种细节不用看：

```c
startup_time = kernel_mktime(&time);

// kernel/mktime.c
long kernel_mktime(struct tm * tm)
{
    long res;
    int year;
    year = tm->tm_year - 70;
    res = YEAR*year + DAY*((year+1)/4);
    res += month[tm->tm_mon];
    if (tm->tm_mon>1 && ((year+2)%4))
        res -= DAY;
    res += DAY*(tm->tm_mday-1);
    res += HOUR*tm->tm_hour;
    res += MINUTE*tm->tm_min;
    res += tm->tm_sec;
    return res;
}
```

就是这些。

time_init 的最终目标就是计算出一个 startup_time 变量，至于这个变量今后会被谁用，怎么用，那就是后话了。

相信你也逐渐体会到了，操作系统的好多地方都是按外设要求的方式去询问的，比如硬盘信息、显示模式，以及开机时间的获取等。

所以至少到目前来说，你还无法感觉到操作系统有多么"高端"，很多时候都是烦琐地读人家的硬件手册，获取到想要的信息，拿来给自己用，或者对其进行各种设置。

但你一定要耐得住寂寞，真正体现操作系统强大设计的地方还在后面。

欲知后事如何，且听下回分解。

第 18 回
进程调度初始化
sched_init

书接上回，上回书咱们说到，time_init 函数通过与 CMOS 端口进行读写交互，获取到了年、月、日、时、分、秒等数据，并通过这些计算出了开机时间——startup_time 变量，就是从 1970 年 1 月 1 日 0 时起到开机当时经过的秒数。

我们继续往下看大名鼎鼎的进程调度初始化函数 sched_init：

```
// init/main.c
void main(void) {
    ...
    sched_init();
    ...
}
```

这个函数可真了不起，因为它就是多进程的基石！

终于来到了令人兴奋的时刻，是不是很激动？不过先别激动，这里只是进程调度的初始化，也就是为进程调度所需用到的数据结构做个准备，真正的进程调度还需要调度算法、时钟中断等机制的配合。

当然，对于理解操作系统，流程和数据结构最为重要，而这一段作为整个流程的起点，以及建立数据结构的地方，就显得更加重要了。

我们进入这个函数，一点点地往后看：

```
// kernel/sched.c
void sched_init(void) {
    set_tss_desc(gdt+ , &(init_task.task.tss));
    set_ldt_desc(gdt+ , &(init_task.task.ldt));
    ...
}
```

这两行代码初始化了 TSS 和 LDT。

先别急着问这俩的结构是啥。还记得之前讲的全局描述符表吗?

忘了的话，看一下图8-2，这就说明之前看似没用的细节有多重要了，大家一定要有耐心。

说回这两行代码，其实就是往后又加了两项，分别是 TSS 和 LDT，现在的内存结构如图18-1所示。

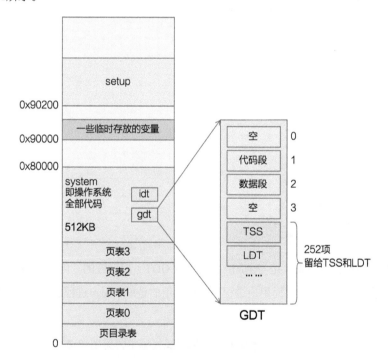

图18-1

等你回顾好之后，咱接着往下说。

TSS 叫任务状态段，是保存和恢复进程的上下文的。所谓上下文，就是各个寄存器的信息，这样在进程切换的时候，才能做到保存和恢复上下文，继续执行。

由它的数据结构你应该可以看出点什么，它里面存储的就是各种寄存器的信息，而各种寄存器的信息，就是所谓的上下文：

```
// include/linux/sched.h
struct tss_struct {
    long back_link;
    long esp0;
    long ss0;
    long esp1;
    long ss1;
    long esp2;
    long ss2;
    long cr3;
    long eip;
    long eflags;
    long eax, ecx, edx, ebx;
    long esp;
    long ebp;
    long esi;
    long edi;
    long es;
    long cs;
    long ss;
    long ds;
    long fs;
    long gs;
    long ldt;
    long trace_bitmap;
    struct i387_struct i387;
};
```

LDT 叫**局部描述符表**，是与全局描述符表（GDT）相对应的。内核态的代码用的是 GDT 里的数据段和代码段，而用户进程中的代码用的是每个用户进程自己的 LDT 里的数据段和代码段。

先不管它，我在这里放一张超纲的图，你先找找感觉，见图18-2。

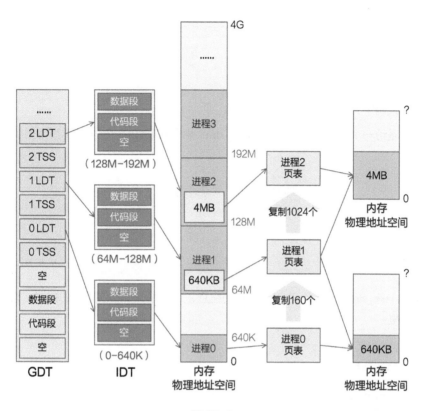

图 18-2

我们接着往下看：

```
// kernel/sched.c
struct desc_struct {
    unsigned long a,b;
}

struct task_struct * task[64] = {&(init_task.task), };

void sched_init(void) {
    ...
    int i;
    struct desc_struct * p;
        p = gdt+ ;
    for(i=1;i<64;i++) {
        task[i] = NULL;
        p->a=p->b=0;
        p++;
```

```
        p->a=p->b=0;
        p++;
    }
    ...
}
```

这段代码中有一个循环，干了两件事。

一件是给一个长度为64、元素为task_struct结构的数组task[64]赋上初始值，如图18-3所示。

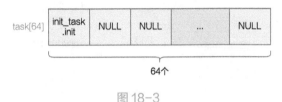

图18-3

这个 task_struct 结构代表每个进程的信息，这可是一个相当重要的数据结构，要把它记在心里：

```
// include/linux/sched.h
struct task_struct {
/* these are hardcoded - don't touch */
    long state; /* -1 unrunnable, 0 runnable, >0 stopped */
    long counter;
    long priority;
    long signal;
    struct sigaction sigaction[32];
    long blocked; /* bitmap of masked signals */
  /* various fields */
    int exit_code;
    unsigned long start_code,end_code,end_data,brk,start_stack;
    long pid,father,pgrp,session,leader;
    unsigned short uid,euid,suid;
    unsigned short gid,egid,sgid;
    long alarm;
    long utime,stime,cutime,cstime,start_time;
    unsigned short used_math;
  /* file system info */
    int tty;  /* -1 if no tty, so it must be signed */
    unsigned short umask;
    struct m_inode * pwd;
    struct m_inode * root;
    struct m_inode * executable;
    unsigned long close_on_exec;
```

```
    struct file * filp[NR_OPEN];
  /* ldt for this task 0 - zero 1 - cs 2 - ds&ss */
    struct desc_struct ldt[ ];
  /* tss for this task */
    struct tss_struct tss;
};
```

这个循环做的是另一件事，给 GDT 剩下的位置填充上 0，也就是把剩下留给 TSS 和 LDT 的描述符都先赋上空值，如图18-4所示。

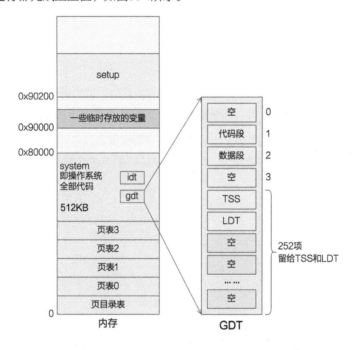

图 18-4

结合刚刚那张超纲的图18-2，可以看出，以后每创建一个新进程，就会在后面添加一组 TSS 和 LDT，表示这个进程的任务状态段及局部描述符表信息。

那为什么一开始就已经有了一组 TSS 和 LDT 呢？现在也没创建进程呀。虽然现在我们还没有建立起进程调度的机制，但正在运行的代码就会作为**未来的一个进程的指令流**。

也就是说，未来进程调度机制一建立起来，正在执行的代码就会化身成**进程 0** 的代码，所以需要提前把这些未来会作为进程 0 的信息写好。

如果你有疑惑，别急，等后面整个进程调度机制建立起来，并且你亲眼看到进程 0 和进程 1 的创建，以及它们后面因为进程调度机制而切换时，你就明白这一切的意义了。

好，收回来，初始化了一组 TSS 和 LDT 后，继续看后面的代码：

```
// kernel/sched.c
#define ltr(n) __asm__ ("ltr %%ax"::"a" (_TSS(n)))
#define lldt(n) __asm__ ("lldt %%ax"::"a" (_LDT(n)))

void sched_init(void) {
    ...
    ltr(0);
    lldt(0);
    ...
}
```

这又涉及之前的知识了。

还记得 lidt 和 lgdt 指令吗？一个是给 idtr 寄存器赋值，以告诉 CPU 中断描述符表在内存中的位置；一个是给 gdtr 寄存器赋值，以告诉 CPU 全局描述符表在内存中的位置。

那这两行代码和刚刚说的类似，ltr 是给 tr 寄存器赋值，以告诉 CPU 任务状态段在内存中的位置；lldt 是给 ldt 寄存器赋值，以告诉 CPU 局部描述符表在内存中的位置。现在的内存结构如图18-5所示。

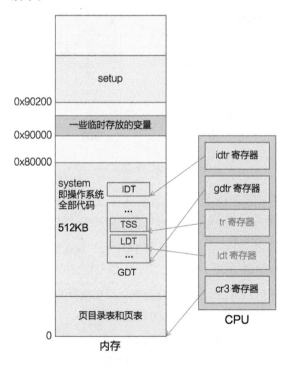

图18-5

这样，CPU 就能通过 tr 寄存器找到当前进程的任务状态段信息了，也就是上下文信息，以及通过 ldt 寄存器找到当前进程在用的局部描述符表信息了。

我们继续看：

```
// kernel/sched.c
void sched_init(void) {
    ...
    outb_p(0x36,0x43);        /* binary, mode 3, LSB/MSB, ch 0 */
    outb_p(LATCH & 0xff , 0x40);    /* LSB */
    outb(LATCH >> 8 , 0x40);    /* MSB */
    set_intr_gate(0x20,&timer_interrupt);
    outb(inb_p(0x21)&~0x01,0x21);
    set_system_gate(0x80,&system_call);
    ...
}
```

这是4行与端口读写相关的代码，2行设置中断相关的代码。

端口读写我们已经很熟悉了，就是 CPU 与外设交互的一种方式，之前讲硬盘读写及 CMOS 读写时，已经接触过了。

而这次交互的外设是一个**可编程定时器**的芯片，这4行代码就开启了这个定时器。之后这个定时器便会**持续地、以一定频率地向 CPU 发出中断信号**。

而这段代码中设置的两个中断，第一个是**时钟中断**，中断号为 0x20，中断处理程序为 timer_interrupt。定时器每次向 CPU 发出中断后，便会执行这个中断处理函数。

这个定时器的触发，以及时钟中断函数的设置，是操作系统主导进程调度的一个关键！没有这样的外部信号不断触发中断，操作系统就没有办法作为进程管理的主人通过强制手段收回进程的 CPU 执行权限。

设置的第二个中断叫系统调用 system_call，中断号是 0x80，这个中断也是一个非常重要的中断，所有用户态程序要想调用内核提供的函数，都需要基于这个系统调用来进行。

比如 Java 程序员写了一个 read 操作代码，底层会执行汇编指令 int 0x80，这就会触发系统调用这个中断，最终调用到 Linux 里的 sys_read 函数。

这个过程之后会重点讲述，现在你只需知道：在这个地方，悄悄地把这个极为重要的中断设置好了。

好了，到目前为止，已经设置不少中断了，我们来看看已经设置好的中断有哪些，如下表所示。

中断号	中断处理函数
0 ~ 0x10	trap_init 里设置的一堆
0x20	timer_interrupt
0x21	keyboard_interrupt
0x80	system_call

其中 0 ~ 0x10 这 17 个中断是在 trap_init 里初始化设置的，是一些基本的中断，比如除零异常等。这个内容在第14回讲到过。

之后，在控制台初始化 con_init 里，我们又设置了 0x21 号键盘中断，这样按下键盘上的按键时就有反应了。这个内容在第16回讲到过。

现在，我们又设置了 0x20 号时钟中断，并且开启了定时器。最后又悄悄地设置了一个极为重要的 0x80 号系统调用中断。

现在你是否有一种感觉，操作系统实际上就是一个靠中断驱动的死循环，各个模块不断初始化各种中断处理函数，并且开启指定的外设开关，让操作系统自己慢慢 "活" 了起来，成了一个不断等待或忙碌于各种中断的存在。

恭喜你，已经逐渐在接近操作系统的本质了，到后面讲解 shell 进程的启动时，你会对此深有体会。

回顾一下在这一回中我们干了什么，就三件事。

第一，往全局描述符表中写了两个结构—— TSS 和 LDT，作为未来进程 0 的任务状态段和局部描述符表信息。

第二，初始化了一个元素为 task_struct 结构的数组，未来在这里会存放所有进程的信息；并且给数组的第一个元素赋上了 init_task.init 这个具体值，其也是作为未来进程 0 的初始信息的。

第三，设置了时钟中断 0x20 和系统调用 0x80，一个作为进程调度的起点，一个作为用户程序调用操作系统功能的桥梁，非常重要。

后面，我们将会逐渐看到，这些重要的事情是如何紧密且精妙地结合在一起，并发挥出奇妙的作用的。

欲知后事如何，且听下回分解。

第 19 回

缓冲区初始化
buffer_init

书接上回，上回书我们说到了进程调度的初始化，让操作系统随时准备迎接时钟中断的到来，进而触发进程调度。

接下来我们回到 main 函数，继续看下一个初始化的函数，缓冲区初始化 buffer_init，加油，没剩多少了!

```
// init/main.c
void main(void) {
    ...
    buffer_init(buffer_memory_end);
    ...
}
```

首先要注意，这个函数传了一个参数 buffer_memory_end，这是在很早之前（第12回）就设置好的，可以回顾一下图12-1。

同时，我们在第13回用 mem_init 函数设置好了主内存的管理结构 mem_map，如图13-1所示。

在那里把主内存管理了起来，我们这一回的目的就是把剩下的缓冲区部分的初始化管理起来。目的就是这么单纯，来看代码。

我们还是采用之前的方式，假设内存只有8MB，把一些不相干的分支去掉，方便理解：

```
// fs/buffer.c
extern int end;
struct buffer_head * start_buffer = (struct buffer_head *) &end;

void buffer_init(long buffer_end) {
    struct buffer_head * h = start_buffer;
    void * b = (void *) buffer_end;
    while ( (b -= 1024) >= ((void *) (h+1)) ) {
        h->b_dev = 0;
        h->b_dirt = 0;
        h->b_count = 0;
        h->b_lock = 0;
        h->b_uptodate = 0;
        h->b_wait = NULL;
        h->b_next = NULL;
        h->b_prev = NULL;
        h->b_data = (char *) b;
        h->b_prev_free = h-1;
        h->b_next_free = h+1;
        h++;
    }
    h--;
    free_list = start_buffer;
    free_list->b_prev_free = h;
    h->b_next_free = free_list;
    for (int i=0;i<307;i++)
        hash_table[i]=NULL;
}
```

代码虽然很长，但其实只创造了**两个数据结构**。

别急，我们从第一行代码开始看起：

```
// fs/buffer.c
extern int end;
void buffer_init(long buffer_end) {
    struct buffer_head * start_buffer = (struct buffer_head *) &end;
    ...
}
```

这里有一个外部变量 end，而缓冲区开始位置的 start_buffer 就是这个变量的内存地址。

这个外部变量 end 并不是操作系统代码写就的，而是由**链接器**ld在链接整个程序时设置的一个外部变量，帮我们计算好了整个内核代码的末尾地址。

在这之前是内核程序区域，肯定不能用；在这之后的区域，就给缓冲区用了。所以我们的内存分布图可以稍稍精确一些了，如图19-1所示。

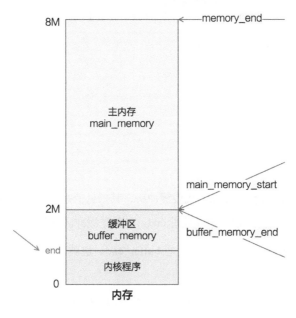

图 19-1

你看，之前的疑惑解决了吧？很好理解呀，内核程序和缓冲区的划分，肯定有一个分界线，这个分界线就是 end 变量的值。

这个值定为多少合适呢？

像主内存和缓冲区的分界线，直接在代码里写死了，就是图19-1中的 2M，这是我们自己规定的，是 Linus 定的，没啥好解释的。

可是内核程序占多大内存在写的时候完全不知道，就算知道了，如果改动一些代码也会有变化，所以就在程序编译链接时由链接器程序帮我们把这个内核程序末端的地址计算出来。作为一个外部变量 end，我们拿来即用，就方便多了。

好，回过头我们再看看，**整段代码创造了哪两个数据结构**？

先看这段数据结构：

```
// fs/buffer.c
void buffer_init(long buffer_end) {
```

```
...
struct buffer_head * h = start_buffer;
void * b = (void *) buffer_end;
while ( (b -= 1024) >= ((void *) (h+1)) ) {
    ...
    h->b_data = (char *) b;
    h->b_prev_free = h-1;
    h->b_next_free = h+1;
    h++;
}
...
}
```

只有俩变量。

一个是 buffer_head 结构的 h，代表缓冲头，其指针值是 start_buffer，刚刚我们计算过了，就是图19-1中的内核程序末端地址 end，也就是缓冲区开头。

一个是 b，代表缓冲块，其指针值是 buffer_end，也就是图19-1中的 2M，就是缓冲区结尾。

缓冲区结尾的 b 每次循环减1024，缓冲区结尾的 h 每次循环加1（一个 buffer_head 结构大小的内存），直到相遇为止，如图19-2所示。

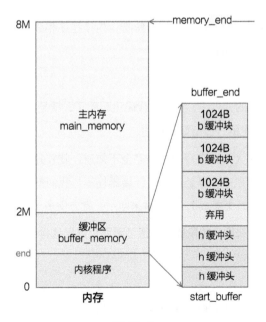

图 19-2

可以看到，b 代表缓冲块，h 代表缓冲头，一个从上往下，一个从下往上。

简单地说，其实就是一块空间，分别给了一对儿一对儿的缓冲头和缓冲块，缓冲头
就是用来寻找缓冲块的：

```
// include/linux/fs.h
struct buffer_head {
  char *b_data;
  ...
  struct buffer_head *b_prev_free;
  struct buffer_head *b_next_free;
};
```

这段代码描述的就是缓冲头的数据结构，从代码来看，其中的 b_data 是一个指针，
指向了与之相配对儿的 1024B大小的缓冲块。还有前后空闲指针 b_prev_free 和 b_next_
free，分别指向前一个缓冲头和后一个缓冲头。画成图就如图19-3所示的这样（图中直接
用 prev 和 next 省略表示了）。

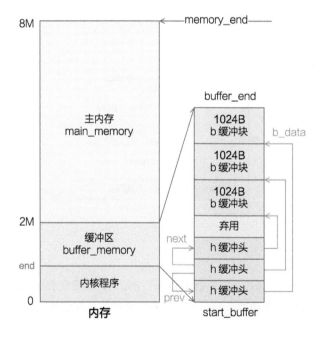

图 19-3

当缓冲头h的所有b_prev_free和b_next_free指针都指向彼此时，就构成了一个双向空
闲链表。继续看下面的代码：

```
// fs/buffer.c
void buffer_init(long buffer_end) {
    ...
    free_list = start_buffer;
    free_list->b_prev_free = h;
    h->b_next_free = free_list;
    ...
}
```

这几行代码，结合刚刚的双向空闲链表 h，我画出图（参见图19-4），你就懂了。

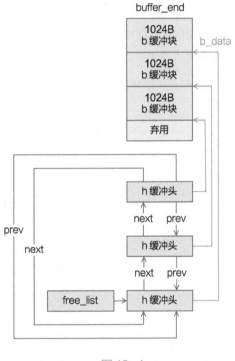

图 19-4

看，free_list 指向了缓冲头双向链表的第一个结构，然后顺着这个结构，就可以在双向链表中遍历到任何一个**缓冲头**结构了，而通过缓冲头又可以找到这个缓冲头对应的**缓冲块**。

简单地说，**缓冲头就是具体缓冲块的管理结构，而 free_list 开头的双向链表又是缓冲头的管理结构**，整个管理体系就这样建立起来了。

现在，从 free_list 开始遍历就可以找到这里的所有内容了。

不过，还有最后一件事能帮助你更好地进行管理，往下看：

```
// fs/buffer.c
void buffer_init(long buffer_end) {
    ...
    for (i=0;i<307;i++)
        hash_table[i]=NULL;
}
```

一个大小为307的 hash_table 数组，这是干什么的呢？

这个代码在 buffer.c 中，而 buffer.c 是在 fs 包下的，也就是**文件系统**包下的。所以它今后是为文件系统服务的，具体来说就是，内核程序如果需要访问块设备中的数据，就都需要经过缓冲区来间接地操作。

也就是说，要读取块设备中的数据（硬盘中的数据），需要先到缓冲区中读，如果缓冲区中已经有了，就不用从块设备读取了，直接取走。

那怎么知道缓冲区中是否已经有了要读取的块设备中的数据呢？用双向链表从头遍历当然可以，但是效率太低了。所以需要一个哈希表结构以 $O(1)$ 的复杂度快速查找，这就是 hash_table 这个数组的作用。

现在只是**初始化**这个hash_table，还没有哪个地方用到了它，所以我就先简单剧透一下。

之后当要读取某个块设备上的数据时，首先要搜索相应的缓冲块，就用下面这个函数：

```
#define _hashfn(dev,block) (((unsigned)(dev^block))%307)
#define hash(dev,block) hash_table[_hashfn(dev,block)]

// 搜索合适的缓冲块
struct buffer_head * getblk(int dev,int block) {
    ...
    struct buffer_head bh = get_hash_table(dev,block);
    ...
}

struct buffer_head * get_hash_table(int dev, int block) {
    ...
    find_buffer(dev,block);
    ...
}
```

```
static struct buffer_head * find_buffer(int dev, int block) {
    ...
    hash(dev,block);
    ...
}
```

一路跟下来发现，就是通过：

```
dev^block % 307
```

即

```
（设备号 ^ 逻辑块号）Mod 307
```

找到 hash_table 里的索引下标，接下来就和 Java 里的 HashMap 类似了。如果哈希冲突就形成链表，画成图如图19-5所示。

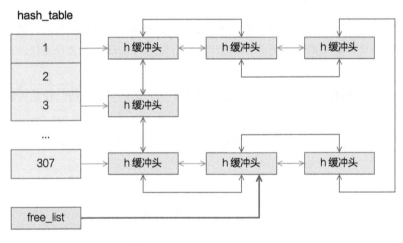

图 19-5

哈希表 + 双向链表，如果算法题刷多了，很容易想到这可以实现**LRU算法**。没错，之后的缓冲区的使用和弃用，正是这个算法发挥了作用。

后面通过文件系统来读取硬盘文件时，都需要使用和弃用这个缓冲区里的内容，缓冲区即是用户进程的内存和硬盘之间的桥梁。

好了，好了，再多说几句就把文件系统里读操作的细节讲出来了。怕你压力太大，本回我们主要了解了这个缓冲区的管理工作是如何初始化的，为后面做一些铺垫。

欲知后事如何，且听下回分解。

第 20 回
硬盘初始化 hd_init

书接上回,上回书咱们说到,buffer_init 完成了缓冲区初始化工作。通过双向空闲链表和哈希表的方式,形成了缓冲区管理的函数。

至于缓冲区究竟是如何被使用的,等到后面讲解如何通过文件系统读取一个块设备的数据时,再展开讲解。

今天,我们看 main 函数中最后两个初始化函数:

```
void main(void) {
    ...
    hd_init();
    floppy_init();
    ...
}
```

最后两个了,兴不兴奋?不过一口气看两个会不会消化不了?

不要担心,hd_init是**硬盘初始化**,我们不得不看。但floppy_init是**软盘初始化**,现在软盘几乎都被淘汰了,计算机中也没有软盘驱动器了,所以这个完全可以不看。

还记得小时候,我特别喜欢收集软盘,在里面分门别类地存上我做的Flash动画,然后在软盘上的那个纸标签上写上文字,表示软盘中保存了什么,想想看还真是回忆呢。

我们直接看 hd_init 这个硬盘初始化干了什么:

```
struct blk_dev_struct {
```

```
    void (*request_fn)(void);
    struct request * current_request;
};

extern struct blk_dev_struct blk_dev[NR_BLK_DEV];

// kernel/blk_drv/hd.c
void hd_init(void) {
    blk_dev[3].request_fn = do_hd_request;
    set_intr_gate(0x2E,&hd_interrupt);
    outb_p(inb_p(0x21)&0xfb,0x21);
    outb(inb_p(0xA1)&0xbf,0xA1);
}
```

就这？一共就4行代码。

没错，初始化嘛，往往都比较简单，尤其是对硬件设备的初始化，大体都是：

1. 往某些 IO 端口上读写一些数据，表示开启它。

2. 然后再向中断向量表中添加一个中断，使得 CPU 能够响应这个硬件设备的动作。

3. 最后再初始化一些数据结构来管理。不过像内存管理，可能结构复杂一些，外设的管理，相对就简单很多了。

我们一行一行解读，反正也不多，先看第一行代码：

```
// kernel/blk_drv/hd.c
void hd_init(void) {
    blk_dev[3].request_fn = do_hd_request;
    ...
}
```

我们把数组blk_dev索引3位置处的块设备管理结构blk_dev_struct的request_fn赋值为了do_hd_request，这是啥意思呢？

因为有很多块设备，所以Linux-0.11用了一个blk_dev[]数组来进行管理，每一个索引表示一个块设备。

```
// kernel/blk_drv/ll_rw_blk.c
struct blk_dev_struct blk_dev[NR_BLK_DEV] = {
    { NULL, NULL },      /* no_dev */
    { NULL, NULL },      /* dev mem */
    { NULL, NULL },      /* dev fd */
    { NULL, NULL },      /* dev hd */
    { NULL, NULL },      /* dev ttyx */
```

```
    { NULL, NULL },      /* dev tty */
    { NULL, NULL }       /* dev lp */
};
```

你看，索引为 3 的这个位置，表示的是给硬盘 hd 这个块设备留的位置。

每个块设备执行读写请求都有自己的函数实现，在上层看来是一个统一函数 request_fn 即可，具体实现各有不同。对于硬盘来说，这个实现就是 do_hd_request 函数。

是不是有点儿像接口？这其实就是**多态**思想在 C 语言中的体现呀。用 Java 程序员熟悉的话说就是，父类引用 request_fn 指向子类对象 do_hd_request 的感觉。

我们再看第二行：

```
// kernel/blk_drv/hd.c
void hd_init(void) {
    ...
    set_intr_gate(0x2E,&hd_interrupt);
    ...
}
```

对于中断我们已经很熟悉了，这里又设置了一个新的中断，中断号是 0x2E，中断处理函数是 hd_interrupt。也就是说，硬盘发生读写时，其会给 CPU 发出中断信号，之后 CPU 便会陷入中断处理程序，也就是执行**hd_interrupt**函数。

```
// kernel/system_call.s
_hd_interrupt:
    ...
    xchgl _do_hd,%edx
    ...

// 如果是读盘操作, 这个 do_hd 是 read_intr
static void read_intr(void) {
    ...
    do_hd_request();
    ...
}
```

好了，又多了一个中断，那我们再次梳理一下目前开启的中断都有哪些。

中断号	中断处理函数
0 ~ 0x10	trap_init 里设置的一堆
0x20	timer_interrupt

中断号	中断处理函数
0x21	keyboard_interrupt
0x2E	hd_interrupt
0x80	system_call

其中 0～0x10 这 17 个中断是 **trap_init** 里初始化设置的，是一些基本的中断，比如除零异常等。

之后在控制台初始化 **con_init** 里，我们又设置了 0x21 键盘中断，这样按下键盘上的按键时就有反应了。

再之后，我们在进程调度初始化 **sched_init** 里又设置了 0x20 时钟中断，并且开启定时器。最后又悄悄设置了一个极为重要的 0x80 系统调用中断。

现在，我们在硬盘初始化 **hd_init** 里，又设置了硬盘中断，这样硬盘读写完成后将通过中断来通知 CPU。

好了，再往下看后两行：

```
// kernel/blk_drv/hd.c
void hd_init(void) {
    ...
    outb_p(inb_p(0x21)&0xfb,0x21);
    outb(inb_p(0xA1)&0xbf,0xA1);
}
```

这就是往几个 IO 端口上读写，其作用是**允许硬盘控制器发送中断请求信号**，仅此而已。我们向来不深入硬件细节，知道往这个端口里写上这些数据，使硬盘开启了中断即可。

这样，在对硬盘发起读请求后，硬盘在读取完数据之后就可以发起中断信号，告诉 CPU 我读完了。至于怎么读的硬盘、读硬盘之后产生的中断处理程序要怎么处理，之后会一一为你解惑，不要着急。

好了，至此，我们就把所有的初始化工作都讲完了！坚持读到现在的，都为自己鼓鼓掌吧！！！

欲知后事如何，且听下回分解。

第 2 部分总结与回顾

我们今天来给第2部分做一个梳理。

第2部分所讲的代码,和第2部分的目录一样规整,一个init函数对应一回,简单粗暴:

```
// init/main.c
void main(void) {
    ...
    mem_init(main_memory_start,memory_end);
    trap_init();
    blk_dev_init();
    chr_dev_init();
    tty_init();
    time_init();
    sched_init();
    buffer_init(buffer_memory_end);
    hd_init();
    ...
}
```

这个过程,你可能觉得无聊,因为全是各种数据结构、中断、外设的初始化工作,后面将会怎么用它们,并没有展开讲解。

但你也可能觉得兴奋,因为后面要介绍的操作系统的全部工作,都是围绕着这几个初始化了的结构展开的,通过对这些初始化过程的了解,相信你也能略微明白一点儿操作系统的工作原理了。

其实我是蛮喜欢这个过程的。比如我看电影,其实我对高潮部分并不是很感兴趣,我就喜欢看一场大战或者一场阴谋发生前各部门的准备工作，看着它们为了后面一个完美的计划所做的前期筹备，这是一种享受，你懂的！

话不多说，我带着你回顾一遍！请享受这个过程。

进入 main 函数前

计算机开机后，首先由 BIOS 将操作系统程序加载到内存，之后在进入 main 函数前，我们用汇编语言（boot 包下的三个汇编文件）做了好多苦力活，如图1所示。

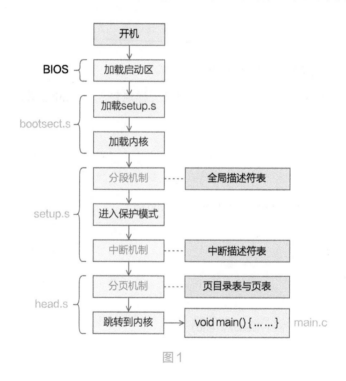

图1

这些苦力活做好后，内存布局变成了图2所示的这个样子。

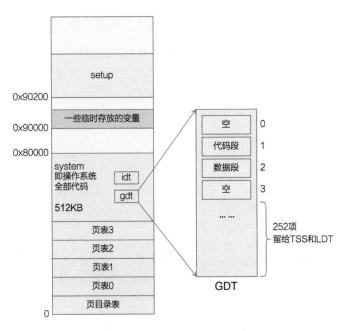

图 2

其中页表的映射关系，被做成了线性地址与物理地址相同，如图3所示。

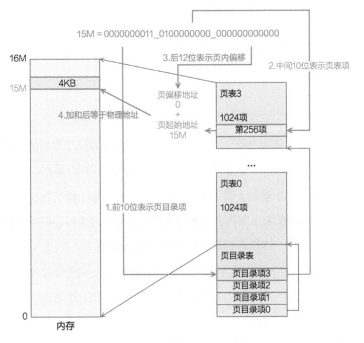

图 3

也因为有了页表的存在，所以多了线性地址空间的概念，即经过分段机制转化后，分页机制转化前的地址。不考虑段限长的话，32位的CPU线性地址空间应为4GB，如图4所示。

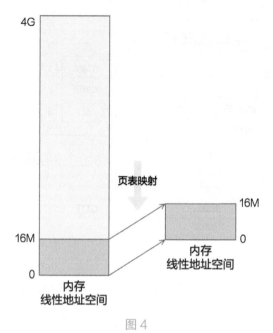

图 4

以上这些，是进入main函数之前所做的事情，由boot文件夹下的三个汇编文件完成，具体可以看整个第1部分的总结。

进入 main 函数后

进入 main 函数后，首先进行了内存划分，其实就是设置几个边界值，将内核程序、缓冲区、主内存三个部分划分开。这是第12回所做的事情，如图5所示。

随后，通过 mem_init 函数，将主内存区域用 mem_map[] 数组管理了起来，其实就是每个位置表示一个 4KB 大小的内存页的使用次数，今后对主内存的申请和释放，都是对 mem_map 数组的操作。这是第13回所做的事，如图6所示。

后面又通过buffer_init函数，将缓冲区区域用多种数据结构管理了起来。其中包括双向空闲链表缓冲头h和每个缓冲头对应的1024B大小的缓冲块b。这是第19回介绍的内容，如图7所示。

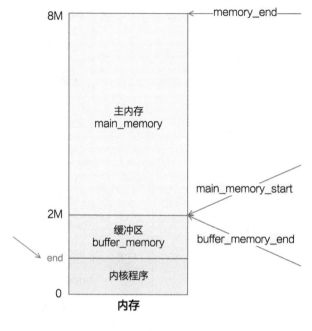

图 5

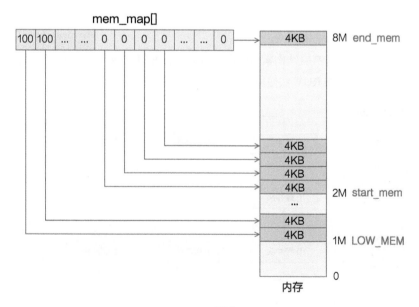

图 6

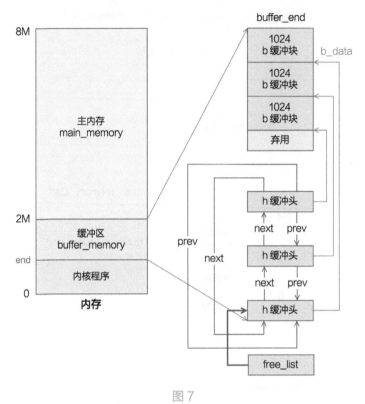

图 7

同时，又用了一个哈希表结构索引到所有缓冲头，方便以$O(1)$复杂度对缓冲头进行快速查找，为之后的通过LRU算法使用缓冲区做准备，如图8所示。

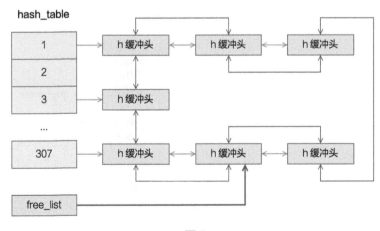

图 8

这些结构就是缓冲区部分的管理。而缓冲区的作用是加速磁盘的读写效率，后面讲读写文件全流程的时候，你会看到它在整个流程中起到中流砥柱的作用。

再往后，通过 trap_init 函数把中断描述符表的一些默认中断都设置好了，随后再由各个模块设置它们自己需要的个性化的中断（比如硬盘中断、时钟中断、键盘中断等）。这是第14回介绍的内容，如图9所示。

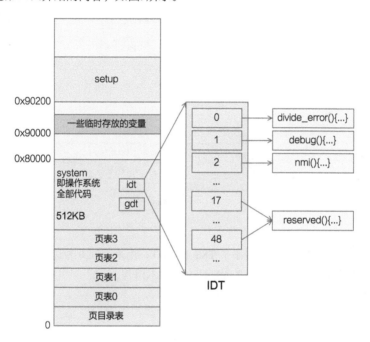

图 9

再之后，通过 blk_dev_init 对读写块设备（比如硬盘）的管理进行了初始化。比如对硬盘的读写操作，都要封装为一个 request 结构放在 request[] 数组里，后面用电梯调度算法进行排队读写硬盘。这是第15回介绍的内容，如图10所示。

再往后，通过 tty_init 里的 con_init，实现了在控制台输出字符的功能，并且可以支持换行、滚屏等效果。当然此处也开启了键盘中断，如果此时中断已经处于打开状态，我们就可以用键盘往屏幕上输出字符了。这是第16回介绍的内容。

再之后是整个操作系统的精髓——进程调度，其初始化函数 shed_init定义好了全部进程的管理结构—— task[64] 数组，并为索引 0 位置处赋上了初始值，作为0号进程的结构。这是第18回介绍的内容，如图11所示。

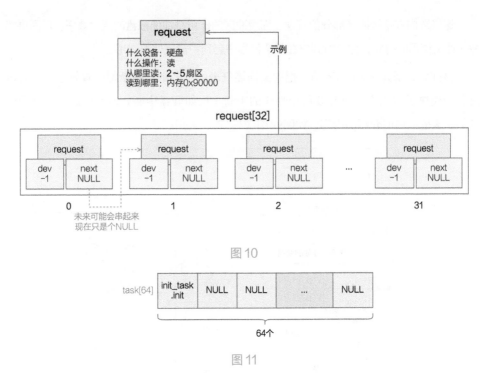

图 10

图 11

然后又在全局描述符表中增添了 TSS 和 LDT，用来管理 0 号进程的上下文信息及内存规划，如图12所示，至于里面具体是什么，先不用管。

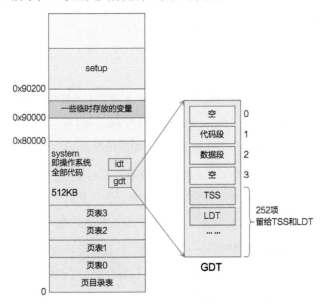

图 12

　　同时，将这两个结构的地址告诉tr寄存器和ldt寄存器，让CPU能够找到它们，如图13所示。

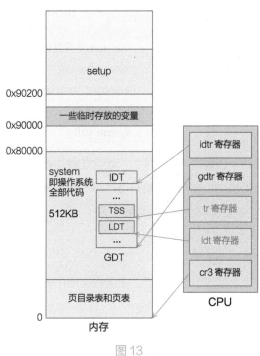

图13

　　随后，开启定时器，以及设置了时钟中断，用于响应定时器每隔 10ms 发来的中断信号，如图14所示。

图14

　　这样就算把进程调度的初始化工作完成了，之后进程调度就从定时器发出中断开始，先判断当前进程的时间片是不是到了，如果到了就去 task[64] 数组里找下一个被调度的进程的信息，切换过去。

　　这就是进程调度的简单流程，也是后面要讲的一个非常精彩的环节。

　　最后，一个简单的硬盘初始化 hd_init，为我们开启了硬盘中断，并设置了硬盘中断处理函数。此时，我们便可以真正通过硬盘的端口与其进行读写交互了。这是第20回介绍的内容。

把之前几个模块设置的中断放在一起，我们看一下此时的中断表。

中断号	中断处理函数
0 ~ 0x10	trap_init 里设置的一堆
0x20	timer_interrupt
0x21	keyboard_interrupt
0x2E	hd_interrupt
0x80	system_call

可以看到，中断处理函数在各个模块的初始化工作中被不断建立起来。每次在设置和回顾这些中断时，我都不断给大家灌输一个思想，那就是操作系统本质上就是一个中断驱动的死循环，这个在后面你会慢慢体会到。

打开中断

到这里，所有的初始化工作就做完了。在这些初始化的 ×××_init 函数的后面，有这样一行意味深长的代码：

```
#define sti() __asm__ ("sti"::)
void main(void) {
    ...
    sti();
    ...
}
```

这是一个 sti 汇编指令，意思是打开中断。其本质是将 eflags 寄存器里的中断允许标志位 IF 位置 1（由于已经是 32 位保护模式了，所以在图15中我把寄存器的名字也都偷偷换成了 32 位的名字）。

这样，CPU 就可以接收并处理中断信号了，按键盘上的按键有反应了，硬盘可以读写了，时钟可以震荡了，系统调用也可以生效了！

这就代表，操作系统具有了控制台交互能力、硬盘读写能力、进程调度能力，以及响应用户进程的系统调用请求的能力！至此，全部初始化工作就真真正正地结束了！

当然，这里有几个初始化函数没有讲，它们都是可以被忽略的，不要担心。

32位CPU核心寄存器

图 15

其中一个是 chr_dev_init，因为这个函数本身就是空的，什么也没做，如图16所示。

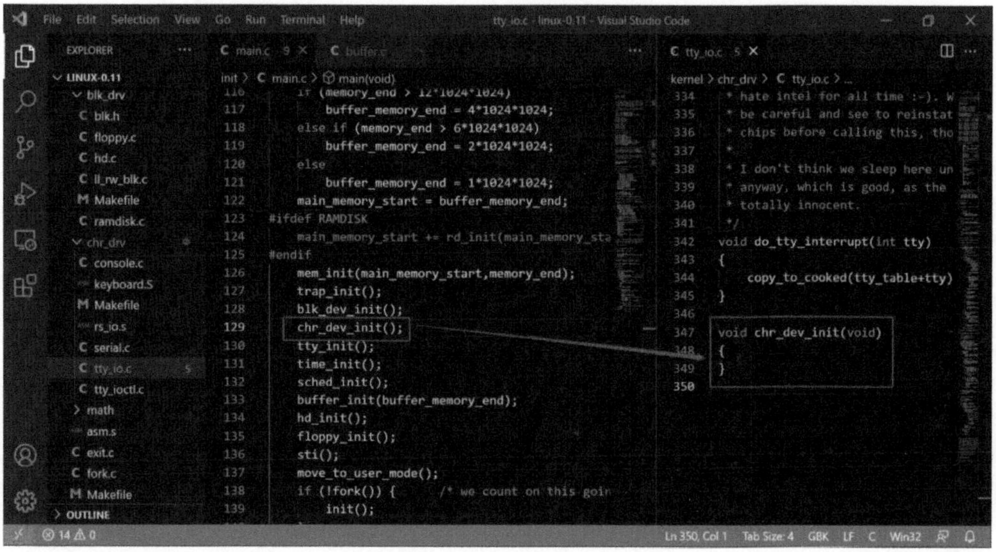

图 20-16

另一个是 tty_init 里的 rs_init，这个函数是串口中断的开启，以及设置对应的中断处理程序，串口在现在的个人计算机中已经很少用到了，所以这个可直接忽略。

还有一个是 floppy_init，这个函数是进行软盘初始化的，软盘现在已经被淘汰了，且计算机中也没有软盘控制器了，所以也可忽略。

除了这些，全部的初始化工作，我们都梳理清楚了！再次为我们这一阶段性的胜利鼓掌吧！！！

同时，这一部分也可作为之后工作的一个索引章节，初始化工作所设置的所有数据结构都十分重要，学到后面如果你忘了某些知识，可以回到这一部分来看看，祝大家好运。

欲知后事如何，且听下回分解。

第 3 部分
一个新进程的诞生

第 21 回
第 3 部分全局概述

通过前两个部分，我们把开机后的准备工作，以及各模块的初始化工作，都讲完了。

在第3部分，我们将看到第一个进程从无到有的诞生过程，包括内核态与用户态的转换、进程调度的上帝视角、系统调用的全链路、fork 函数的深度剖析。

不要听到这些陌生的名词就害怕，跟着我一点一点了解它们的全貌。你会发现，这些概念竟然如此活灵活现，如此顺其自然且合理地出现在操作系统的启动过程中。

话不多说，我们开始今天的内容吧！

继第2部分的各种 ×××_init 函数后，我们继续看后面的代码：

```
// init/main.c
void main(void) {
    // 第 2 部分的内容，各种初始化工作
    ......
    // 第 3 部分的内容，一个新进程的诞生
    move_to_user_mode();
    if (!fork()) {
        // 新进程里干了啥，是第 4 部分的内容
        init();
    }
    // 死循环，操作系统怠速状态
    for(;;) pause();
}
```

一个新进程的诞生，从操作系统的源码角度来说，其实就两行代码。而关于创建进

程的重点，其实就一行代码，就是前面说到的那个大名鼎鼎的 fork 函数。

至于 fork 出来的新进程做了什么事，就是 init 函数里的故事了，这个不在第3部分的讨论范畴内。

所以你看，一共就两行代码，顶多再算上最后一行的死循环，三行代码就把创建新进程这件事搞定了。再加上新进程里要做的 init 函数，一共四行代码，就走到了 main 函数的结尾，也就标志着操作系统启动完毕！

但这没有多少个字母的四行代码，是构建整个操作系统的精髓，也是最难的四行代码。理解了它们，你会有"原来操作系统就是这破玩意儿"的感叹！

今天我们先总览一下这四句代码，不展开细节，很轻松。

move_to_user_mode

直译过来即可，就是转变为用户态模式。因为 Linux 将操作系统特权级分为用户态与内核态两种，之前都处于内核态，现在要先转变为用户态，仅此而已。

一旦转变为了用户态，那么之后的代码将一直处于用户态的模式，除非发生了中断。比如用户发出了系统调用的中断指令，那么此时将会从用户态转入内核态。不过，当中断处理程序执行完之后，又会通过中断返回指令从内核态回到用户态，如图21-1所示。

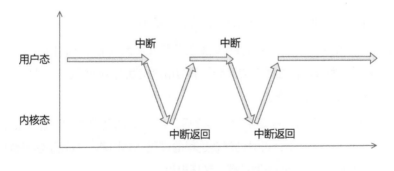

图 21-1

整个过程被操作系统的机制拿捏得死死的，始终让用户进程处于用户态运行，必要的时候转入一下内核态，但很快就会被返回而再次回到用户态，是不是非常无奈？

fork

这是创建一个新进程的意思，所有用户进程想要创建新的进程，都需要调用这个函数。

原来操作系统只有一个执行流，就是我们一路看过来的所有代码，也就是进程 0，只不过我们并没有意识到它也是一个进程。调用完 fork 之后，现在又多了一个进程，叫作进程 1。

当然，更准确的说法是，我们一路看过来的代码能够被我们自信地称作进程 0 的确切时刻，是我们在第18回里为当前执行流在 task 数组里添加了一个进程管理结构，同时开启了定时器及时钟中断的那个时刻，如图18-3所示。

因为此刻时钟中断到来之后，就可以执行到我们的进程调度程序了，进程调度程序才会去这个 task 数组里挑选合适的进程进行切换。所以此时，我们当前执行的代码，才真正有了一个进程的身份，才勉强得到了一个可以被称为进程 0 的资格，毕竟还没有其他进程参与竞争。

如果你对这些话感到困惑，那就对了。在理解了这一整块的细节之后，你会豁然开朗，尤其是对于进程调度这个被人赋予了好多虚头巴脑的名词的地方。

init

只有进程 1 会走到这个分支来执行，而进程 0 则不会。

这里的代码太多了，它本身需要完成如加载根文件系统的任务，同时这个函数还将创建出一个新的进程 2，在进程 2 里又会加载与用户交互的 shell 程序，此时操作系统就正式成为可以交互的一个状态了。

当然，当你知道了新进程诞生的过程之后，进程 2 的创建就和进程 1 的创建一样了，在后面的章节中你将不会再对创建新进程的过程感到困惑，减轻了学习负担。所以这一部分，可作为下一部分的重要基础，环环相扣。

我们的教育方法，往往是强调知识点。但我认为，整个知识都是成体系的，没有哪个地方可以单点支撑起整个理解大厦，必须一环扣一环。幸运的是，每一环都是十分简单且纯粹的。

pause

进程 0 会走到 if 分支处，也就是这个 pause(); 所在行的代码。当没有任何可运行的进程时，操作系统会悬停在这里，达到怠速状态。没啥好说的，我一直强调，操作系统就是由中断驱动的一个死循环。

一共四行代码，切换到用户态，创建新进程，初始化，然后悬停怠速。

乍一看，是不是特别简单？是的，不过当你展开每一段代码的细节后就会发现，一个庞大的世界让你无从下手。但当你把全部细节都捋顺了之后你又会发现，不过如此。

欲知后事如何，且听下回分解。

第 22 回
从内核态切换到用户态

书接上回，上回书咱们从整体上鸟瞰了一下第3部分要讲的内容，同时连带着把整个操作系统还剩下的仅仅四行代码的大概意思说明了一下：

```
// init/main.c
void main(void) {
    ...
    move_to_user_mode();
    if (!fork()) {
        init();
    }
    for(;;) pause();
}
```

今天我们就重点讲这第一句代码，**move_to_user_mode**。

让进程无法跳出用户态

这行代码的意思直接解释非常简单，就是**从内核态转变为用户态**，但要解释清楚这个意思，还需要听我娓娓道来。

我相信你肯定听说过操作系统的内核态与用户态，用户进程都在用户态这个特权级下运行，而有时程序想要做一些内核态才允许做的事情，比如读取硬盘的数据，就需要通过系统调用，来请求操作系统在内核态特权级下执行一些指令。

我们现在的代码，还是在内核态下运行，之后操作系统达到怠速状态时，将以用户态的 shell 进程运行，随时等待来自用户输入的命令。

所以，就在这一步，也就是 move_to_user_mode 这行代码，其作用就是将当前代码的特权级从内核态变为用户态。这行代码在上一回已讲解过，这里不再赘述。

内核态与用户态的本质——特权级

首先从一个大的视角来看，这一切都源于 CPU 的保护机制。CPU 为了配合操作系统完成保护机制这一特性，分别设计了**分段保护机制**与**分页保护机制**。

当我们在第7回将 cr0 寄存器的 PE 位开启时，就开启了保护模式，也即开启了**分段保护机制**，如图7-1所示。

当我们在第9回将 cr0 寄存器的 PG 位开启时，就开启了分页模式，也即开启了**分页保护机制**，如图9-5所示。

有关特权级的保护，实际上属于分段保护机制的一种。具体是怎么保护的呢？由于这里的细节比较烦琐，所以我举个例子简单解释一下，实际上的特权级检查规则要比我说的复杂得多。

我们目前正在执行的代码地址，是通过 CPU 中的两个寄存器 CS：EIP 指向的，对吧？CS 寄存器是代码段寄存器，里面存着的是段选择子，还记得它的结构吗，回顾一下图6-2。

这里面的低端两位，此时表示 **CPL**，也就是**当前所处的特权级**。假如现在这个时刻，CS 寄存器的后两位为 3，二进制数就是 11，表示当前处理器处于用户态特权级。

假如此时要跳转到另一处内存地址执行，在最终的汇编指令层面无非就是 jmp、call 和中断。我们拿 jmp 跳转来举例。

如果是短跳转，也就是直接 jmp ×××，那不涉及段的变换，也就没有特权级检查这回事。

如果是长跳转，也就是 jmp yyy：xxx，这里的 yyy 是另一个要跳转到的段的段选择子结构。

这个结构和刚刚的段选择子的结构一样，只不过这里的低端两位，表示 **RPL**，也就是**请求特权级**，表示我想请求的特权级是什么。同时，CPU 会拿这个段选择子去全局描述符表中寻找段描述符，从中找到段基址，如图6-4所示。

还记得段描述符的结构吗？回顾一下图6-3。

你看，这里面又有一个 DPL，这表示**目标代码段特权级**，也就是即将要跳转过去的那个段的特权级。

好了，总结一下，就是这三个东西的比较，如图22-1所示。

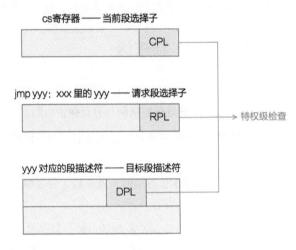

图 22-1

这里的检查规则比较多，简单地说，在绝大多数情况下，**要求 CPL 必须等于 DPL**，才能跳转成功，否则就会报错。

也就是说，当前代码所处段的特权级，必须要等于要跳转过去的代码所处的段的特权级，那就只能**用户态往用户态跳，内核态往内核态跳**，这样就防止了处于用户态的程序，跳转到内核态的代码段中做"坏"事。

这只是代码段跳转时所做的特权级检查，访问内存数据时也会有数据段的特权级检查。简单地说就是，**处于内核态的代码可以访问任何特权级的数据段，处于用户态的代码则只可以访问用户态的数据段**，这也就实现了对内存数据读写的保护。

说了这么多，其实就是，**代码跳转只能在同特权级之间跳转，数据访问只能高特权级访问低特权级。**

特权级转换的方式

不对呀，我们今天要讲的是，从内核态转变为用户态，那如果代码跳转只能在同特权级间跳转，我们现在处于内核态，要怎样才能跳转到用户态呢？

Intel 设计了好多种特权级转换的方式，**中断和中断返回**就是其中的一种。

处于用户态的程序，通过触发中断，可以进入内核态，之后再通过中断返回，恢复

为用户态。

而**系统调用**就是这么玩的，用户通过 int 0x80 中断指令触发了中断，CPU 切换至内核态执行中断处理程序，之后中断程序返回，又从内核态切换回用户态。

但有一个问题，如果当前的代码就处于内核态，并不是由一个用户态程序通过中断而切换到内核态的，那怎么回到原来的用户态呢？答案还是通过中断返回。

没有中断也能中断返回？可以的，Intel 设计的 CPU 就是这样不符合人们的直觉，中断和中断返回的确是应该配套使用的，但也可以单独使用，所以就留给了 Linus 秀操作的空间，我们来看代码：

```
// init/main.c
void main(void) {
    ...
    move_to_user_mode();
    ...
}

#define move_to_user_mode() \
_asm { \
    _asm mov eax,esp \
    _asm push 00000017h \
    _asm push eax \
    _asm pushfd \
    _asm push 0000000fh \
    _asm push offset l1 \
    _asm iretd /* 执行中断返回指令 */ \
_asm l1: mov eax,17h \
    _asm mov ds,ax \
    _asm mov es,ax \
    _asm mov fs,ax \
    _asm mov gs,ax \
}
```

你看，在这个函数里就直接执行了中断返回指令iretd。

那么为什么之前一共进行了**五次压栈操作呢**？因为中断返回理论上是应该和中断配合使用的，而此时并不是真的发生了中断才到的这里，所以我们得**假装发生了中断**才行。

怎么假装呢？其实就把中断所进行的压栈工作做好就行了。在中断发生时，CPU 会自动帮我们做如下的压栈操作。而中断返回时，CPU 又会帮我们把压栈的这些值弹出给相应的寄存器，如图22-2所示。

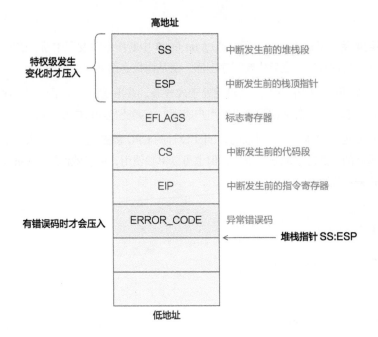

图 22-2

去掉错误码，刚好是五个参数，所以我们在代码中模仿 CPU 进行了五次压栈操作。这样在执行 iretd 指令时，CPU 才会按顺序将刚刚压入栈中的数据，分别弹出并赋值给 SS、ESP、EFLAGS、CS、EIP 这几个寄存器，这就感觉像是正确返回了一样，让程序**误以为这是通过中断进来的。**

压入栈的 CS 和 EIP 就表示中断发生前代码所处的位置，这样中断返回后好继续去那里执行。

压入栈的 SS 和 ESP 表示中断发生前的栈的位置，这样中断返回后才好恢复原来的栈。

其中，特权级的转换，就体现在 CS 和 SS 寄存器的值里。

CS 和 SS 寄存器是段寄存器的一种，段寄存器里的值是段选择子，其结构在前面已经提过两遍了，在第6回中专门讲过这个结构的作用，可参见图6-2。

对照这个结构，我们看代码：

```
// include/asm/system.h
#define move_to_user_mode() \
_asm { \
    _asm mov eax,esp \
```

```
    _asm push 00000017h \ ; 给 SS 赋值
    _asm push eax \
    _asm pushfd \
    _asm push 0000000fh \ ; 给 CS 赋值
    _asm push offset l1 \
    _asm iretd /* 执行中断返回指令 */ \
 _asm l1: mov eax,17h \
    _asm mov ds,ax \
    _asm mov es,ax \
    _asm mov fs,ax \
    _asm mov gs,ax \
}
```

拿 CS 举例，给它赋的值是0000000fh，用二进制数表示为：

0000000000001111

最后两位 11 表示特权级为 3，即用户态。而我们刚刚说了，CS 寄存器里的特权级，表示 CPL，即当前处理器特权级。

所以经过 iretd 返回之后，CS 的值就变成了它，而当前处理器特权级也就变成了用户态特权级。

除了改变特权级还做了哪些事

刚刚我们关注段寄存器，只关注了特权级的部分，我们再详细看看。

刚刚说了 CS 寄存器为 0000000000001111，最后两位表示用户态。

那继续解读，倒数第三位 TI 表示，前面的描述符索引是从 GDT 还是 LDT 中取，1 表示 LDT，也就是从局部描述符表中取。

我帮你回忆一下，在第18回中，将 0 号 LDT 作为当前的 LDT 索引，记录在了 CPU 的 lldt 寄存器中：

```
#define lldt(n) __asm__("lldt %%ax"::"a" (_LDT(n)))

void sched_init(void) {
    ...
    lldt( );
    ...
}
```

而整个 GDT 与 LDT 的设计，经过整个第1部分和第2部分的设计后，成了图 22-3所示的样子。

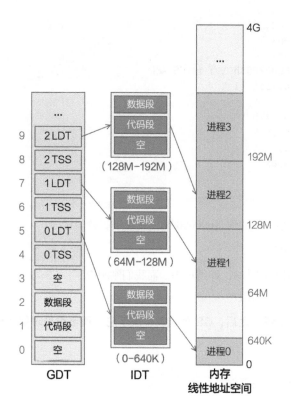

图 22-3

之后每个进程对应的代码段与数据段，将分别从它们自己所对应的局部描述符表中取，这是后话了。

到目前为止，这个没有中断的中断返回操作，已经将当前特权级修改为用户态，并且更改了描述符的类型，从全局描述符改为了局部描述符。接下来的一个问题是，这个中断返回后，去哪里执行后续的代码呢：

```
#define move_to_user_mode() \
_asm { \
    ...
    _asm push offset l1 \
    _asm iretd /* 执行中断返回指令 */ \
_asm l1: mov eax,17h \
    ...
}
```

很简单，这里有一个将标号为 11 的地址压栈的动作，这个位置刚好是之后会弹栈给 EIP 寄存器的位置，所以中断返回后就会去 11 这里执行。所以其实从效果上看，就是顺序往下执行，只不过利用 iretd 做了一些特权级转换和描述符表切换等工作。

好了，到这里我们就把move_to_user_mode 所做的事情讲完了。现在已经进入了用户态，也即表明需要内核态来完成的工作已经全部安排妥当了，即整个第1部分和第2部分的内容。

而move_to_user_mode 作为内核态与用户态切换的衔接过程，也是一个苦力活，枯燥且乏味。后面在用户态下的工作，才真正体现了操作系统本身的作用，才是让操作系统大放异彩的地方！

欲知后事如何，且听下回分解。

第 23 回
如果让你来设计
进程调度

书接上回，上回书咱们说到，操作系统通过 move_to_user_mode 函数，通过伪造一个中断和中断返回，巧妙地从内核态切换到了用户态：

```
// init/main.c
void main(void) {
    ...
    move_to_user_mode();
    if (!fork()) {
        init();
    }
    for(;;) pause();
}
```

今天，本来应该再往下讲 fork。但这个是创建新进程的过程，是一个很能体现操作系统设计的地方，所以先别急着看代码，今天我们就头脑风暴一下，**如果让你来设计整个进程调度**，你会怎么搞？

别告诉我你先设计锁、设计 volatile 啥的，这都不是进程调度本身需要关心的最根本的问题。先来思考一下，进程调度的本质是什么？

很简单，我举个例子，假如有三段代码被加载到内存中，如图23-1所示。

程序1

```
mov eax,1
mov ebx,1
add eax,ebx
```

程序2

```
push eax
push ecx
```

程序3

```
mov ds,ax
mov es,ax
mov fs,ax
call _printk
```

内存

图 23-1

　　进程调度就是让 CPU 一会儿去程序 1 的位置处运行一段时间，一会儿去程序 2 的位置处运行一段时间。由于不停地在程序 1 和程序 2 之间切换，且切换的速度非常快，在用户的视角下，就好像这两个程序在同时运行一样。

　　嗯，就这么简单，别反驳我，接着往下看。

整体流程设计

　　如何做到刚刚说的，一会儿去这里运行，一会儿又去那里运行呢？

　　第一种办法就是，在程序 1 的代码里，每隔几行就写一段代码，主动放弃自己的执行权，跳转到程序 2 的地方运行。程序 2 也是如此。

　　但这种依靠程序自己的办法肯定不靠谱。

　　所以**第二种办法**就是，由一个不受任何程序控制的、第三方的不可抗力，每隔一段时间就中断一下 CPU 的运行，然后跳转到一个特殊的程序，这个程序通过某种方式获取到 CPU 下一个要运行的程序的地址，然后跳转过去。

　　这个每隔一段时间就中断 CPU 的不可抗力，就是由定时器触发的**时钟中断**。

　　不知道你是否还记得，这个定时器和时钟中断，早在第18回讲的 sched_init 函数里就搞定了，如图20-14所示。

而那个特殊的程序，就是具体的**进程调度函数**了。

好了，整个流程就这样处理完了，那么应该设计什么样的**数据结构**来支持这个流程呢？不妨假设这个结构叫 task_struct：

```
struct task_struct {
    ?
}
```

换句话说，你总得有一个结构来记录各个进程的信息，比如它上一次执行到哪里了，执行被中断时的上下文信息是什么，要不 CPU 就算决定好了要跳转到这个进程上运行，也不知道具体跳到哪一行运行，而且也没办法恢复之前运行被中断的那个时间点的上下文信息，这些总得有个地方存储吧？

我们一个个问题展开来看。

上下文环境

每个程序最终的目的就是执行指令。这个过程会涉及**寄存器**、**内存**和**外设端口**。

内存是有办法设计成相互错开并互不干扰的，比如对于进程 1，你就用 0~1KB 的内存空间，对于进程 2，就用 1KB~2KB 的内存空间，谁也别影响谁。虽然有点儿浪费空间，而且对程序员十分不友好，但起码还是能实现目的的。

不过寄存器一共就那么几个，肯定做不到不同进程用不同的寄存器，互不干扰，可能一个进程就把寄存器全用上了，那其他进程怎么办？

比如程序 1 刚刚往 eax 写入一个值，备用，这时切换到进程 2 了，又往 eax 写入了一个值。那么之后再切回进程 1 的时候就出错了。

所以最稳妥的做法是，每次切换进程时，都把当前这些寄存器的值存到一个地方，以便之后切换回来的时候恢复再用。

Linux-0.11 就是这样做的，在每个进程的 task_struct 结构里面，有一个叫 tss 的结构，存储的就是这些**寄存器**的信息：

```
// include/linux/sched.h
struct task_struct {
    ...
    struct tss_struct tss;
}
```

```
struct tss_struct {
    long    back_link;  /* 16 high bits zero */
    long    esp0;
    long    ss0;        /* 16 high bits zero */
    long    esp1;
    long    ss1;        /* 16 high bits zero */
    long    esp2;
    long    ss2;        /* 16 high bits zero */
    long    cr3;
    long    eip;
    long    eflags;
    long    eax,ecx,edx,ebx;
    long    esp;
    long    ebp;
    long    esi;
    long    edi;
    long    es;     /* 16 high bits zero */
    long    cs;     /* 16 high bits zero */
    long    ss;     /* 16 high bits zero */
    long    ds;     /* 16 high bits zero */
    long    fs;     /* 16 high bits zero */
    long    gs;     /* 16 high bits zero */
    long    ldt;        /* 16 high bits zero */
    long    trace_bitmap;  /* bits: trace 0, bitmap 16-31 */
    struct i387_struct i387;
};
```

这里提一个细节。

你发现 tss 结构里还有一个 **cr3** 了吗？它表示 cr3 寄存器里存的值，而 cr3 寄存器是指向页目录表的起始地址的，见图9-7。

两个cr3指向不同的页目录表，整个页表结构就是完全不同的一套，那么线性地址到物理地址的映射关系就有能力做到不同。

也就是说，在我们刚刚假设的理想情况下，不同程序使用不同的内存地址可以做到内存互不干扰，但对开发者很不友好，我写个程序还得考虑是否和其他程序用的内存冲突。但是有了这个 cr3 字段，就完全无须由各个进程自己保证不和其他进程使用的内存冲突，因为只要建立不同的映射关系即可，由操作系统来建立不同的页目录表和页表并替换 cr3 寄存器。

这也可以理解为，保存了**内存映射的上下文信息**。

不过 Linux-0.11 并不是通过替换 cr3 寄存器来实现内存互不干扰的，它的实现更为简单，仅仅使用了一张页目录表，这是后话了。

运行时间信息

如何判断一个进程应该让出 CPU 并切换到下一个进程呢?

总不能每次时钟中断时都切换一次吧? 一来这样不灵活,二来这完全依赖时钟中断的频率,有点儿危险。

所以一个好的办法就是,给进程一个属性,叫**剩余时间片**,每次时钟中断来了之后都**减1**,如果减到 0 了,就触发切换进程的操作。

在 Linux-0.11 里,这个属性就是 counter:

```
struct task_struct {
    ...
    long counter;
    ...
    struct tss_struct tss;
}
```

counter 的用法非常简单,就是每次中断都判断一下是否到 0 了:

```
// kernel/sched.c
void do_timer(long cpl) {
    ...
    // 当前线程还有剩余时间片,直接返回
    if ((--current->counter)>0) return;
    // 若没有剩余时间片,调度
    schedule();
}
```

如果还没到 0,就直接返回,相当于这次时钟中断什么也没做,仅仅是给当前进程的时间片属性做了减 1 的操作。

如果已经到 0 了,就触发**进程调度**,选择下一个进程并将 CPU 跳转到那里运行。

进程调度的逻辑在 schedule 函数里,具体是什么逻辑,我们先不用管。

优先级

这里可以想到两个问题:

1. 上面那个 counter 的值一开始的时候该是多少呢?

2. 随着 counter 不断递减,减到 0 时,下一轮中这个 counter 应该被赋予什么值呢?

其实这两问题是一个问题，就是 **counter 的初始化**问题，需要有一个字段来记录这个值。

从宏观层面想一下，这个值越大，那么 counter 就越大，那么每次轮到这个进程时，它在 CPU 中运行的时间就越长，也就是说，这个进程比其他进程得到了更多 CPU 运行的时间。

那我们可以把这个值称为**优先级**，是不是很形象：

```
struct task_struct {
    ...
    long counter;
    long priority;
    ...
    struct tss_struct tss;
}
```

每次初始化一个进程时，都把 counter 赋值为 priority 字段的值，而且当 counter 的值减为 0，下一次分配时间片时，也赋值为这个 priority 字段的值。

其实叫啥都行，反正就是这么用，就叫优先级吧。

进程状态

其实我们有了上面那三个信息，就已经可以完成进程的调度了。

甚至更简单一点儿，如果你的操作系统让所有进程都得到同样的运行时间，连 counter 和 priority 都不用记录。操作系统自己定一个固定值一直递减，减到 0 了就随机切换到一个新进程。这样就只需维护好寄存器的上下文信息 tss 就好了。

但总要不断优化以适应不同场景的用户需求，那我们就再优化一个细节。

很简单的一个场景：一个进程中有一个读取硬盘的操作，发起读请求后，要等好久才能得到硬盘的中断信号。在等待时间，该进程占用着 CPU 也没用，此时就可以选择主动放弃 CPU 的执行权，同时把自己的状态标记为等待中。意思是告诉进程调度的代码，先别调度我，因为我还在等硬盘的中断，现在轮到我了也没用，把机会给别人吧。

可以将这个状态信息记录为一个新的字段，我们叫它**state**，记录了此时**进程的状态**：

```
struct task_struct {
    long state;
    long counter;
    long priority;
```

```
    ...
    struct tss_struct tss;
}
```

这个进程的状态在 Linux-0.11 里有以下五种枚举：

```
#define TASK_RUNNING          0
#define TASK_INTERRUPTIBLE    1
#define TASK_UNINTERRUPTIBLE  2
#define TASK_ZOMBIE           3
#define TASK_STOPPED          4
```

好了，有了这几个字段，我们就可以完成简单的进程调度任务了。

有表示状态的 **state**，表示剩余时间片的 **counter**，表示优先级的 **priority**，以及表示上下文信息的 **tss**。其他字段我们用到的时候再说，今天只是头脑风暴一下进程调度设计的思路。

不过我还是想给你看一下 Linux-0.11 的进程结构中的全部字段，它们具体能干什么先别管，就记住我们刚刚头脑风暴的那四个字段就行了：

```
struct task_struct {
/* these are hardcoded - don't touch */
    long state; /* -1 unrunnable, 0 runnable, >0 stopped */
    long counter;
    long priority;
    long signal;
    struct sigaction sigaction[ ];
    long blocked;   /* bitmap of masked signals */
/* various fields */
    int exit_code;
    unsigned long start_code,end_code,end_data,brk,start_stack;
    long pid,father,pgrp,session,leader;
    unsigned short uid,euid,suid;
    unsigned short gid,egid,sgid;
    long alarm;
    long utime,stime,cutime,cstime,start_time;
    unsigned short used_math;
/* file system info */
    int tty;        /* -1 if no tty, so it must be signed */
    unsigned short umask;
    struct m_inode * pwd;
    struct m_inode * root;
    struct m_inode * executable;
    unsigned long close_on_exec;
```

```
    struct file * filp[NR_OPEN];
/* ldt for this task 0 - zero 1 - cs 2 - ds&ss */
    struct desc_struct ldt[ ];
/* tss for this task */
    struct tss_struct tss;
};
```

看吧，其实也没多少个。

好了，今天我们完全由自己从零到有设计出了进程调度的大体流程，以及它需要的数据结构。

我们知道了在进程调度的开始，要从一次定时器滴答来触发，通过时钟中断处理函数走到进程调度函数，然后去进程的 task_struct 结构中取出所需的数据，进行策略计算，并挑选出下一个可以得到 CPU 运行的进程，跳转过去。

那么下一回，我们从一次时钟中断出发，看看 Linux-0.11 的一次进程调度的全过程。有了这两回做铺垫，之后你再看主流程中的 fork 代码，将会感觉非常清晰！

欲知后事如何，且听下回分解。

第 24 回

从一次定时器滴答来看
进程调度

书接上回，上回书咱们说到，我们完全由自己从零到有设计出了进程调度的大体流程，以及它需要的数据结构。这一回，我们从一次定时器滴答出发，看看 Linux-0.11 的一次进程调度的全过程。

Let's Go！

还记得我们在第18回的时候，开启了**定时器**吧？那个定时器每隔一段时间就会向 CPU 发起一个中断信号。

这个间隔时间被设置为 10 ms，也就是 100 Hz：

```
// kernel/sched.c
#define HZ 100
```

发起的中断叫**时钟中断**，其中断向量号被设置为 0x20。

还记得我们在 sched_init 里设置的时钟中断和对应的中断处理函数吗：

```
// kernel/schedule.c
set_intr_gate(0x20, &timer_interrupt);
```

这样，当时钟中断，也就是 0x20 号中断来临时，便会跳转到中断处理函数 timer_interrupt 处执行，这个函数的最开始是用汇编语言写的：

```
// kernel/system_call.s
_timer_interrupt:
    ...
    // 增加系统滴答数
    incl _jiffies
    ...
    // 调用函数 do_timer
    call _do_timer
    ...
```

这个函数做了两件事，一件是将**系统滴答数**这个变量 jiffies 加1，一个是调用了另一个函数 do_timer。

```
// kernel/sched.c
void do_timer(long cpl) {
    ...
    // 当前线程还有剩余时间片，直接返回
    if ((--current->counter)>0) return;
    // 若没有剩余时间片，调度
    schedule();
}
```

do_timer 最重要的部分就是上面这段代码，非常简单。

首先将当先进程的时间片减1，然后判断：如果时间片仍然大于零，则什么都不做直接返回；如果时间片已经为零，则调用 schedule()，很明显，这就是进行进程调度的主干：

```
// kernel/sched.c
void schedule(void) {
    int i, next, c;
    struct task_struct ** p;
    ...
    while (1) {
        c = -1;
        next = 0;
        i = NR_TASKS;
        p = &task[NR_TASKS];
        while (--i) {
            if (!*--p)
                continue;
            if ((*p)->state == TASK_RUNNING && (*p)->counter > c)
                c = (*p)->counter, next = i;
```

```
        }
        if (c) break;
        for(p = &LAST_TASK ; p > &FIRST_TASK ; --p)
            if (*p)
                (*p)->counter = ((*p)->counter >> 1) +
                        (*p)->priority;
    }
    switch_to(next);
}
```

别看这么一大段代码，我做一下不严谨的简化，你就明白了：

```
// kernel/sched.c
void schedule(void) {
    int next = get_max_counter_and_runnable_thread();
    refresh_all_thread_counter();
    switch_to(next);
}
```

看到没，就剩这么点儿了。很简单，这个函数做了三件事：

1. 拿到剩余时间片（counter 的值）最大且在 runnable 状态（state = 0）的进程的进程号 next。

2. 如果所有 runnable 进程的时间片都为 0，则将所有进程（注意，不仅仅是 runnable 的进程）的 counter 重新赋值（counter = counter/2 + priority），然后再次执行步骤 1。

3. 最后拿到了一个进程号 next，调用了 switch_to(next) 这个函数，就切换到这个进程去执行了。

看 switch_to 函数，它是用内联汇编语言写的：

```
// kernel/sched.c
#define switch_to(n) {\
struct {long a,b;} __tmp; \
__asm__("cmpl %%ecx,_current\n\t" \
    "je 1f\n\t" \
    "movw %%dx,%1\n\t" \
    "xchgl %%ecx,_current\n\t" \
    "ljmp %0\n\t" \
    "cmpl %%ecx,_last_task_used_math\n\t" \
    "jne 1f\n\t" \
    "clts\n" \
```

```
    "1:" \
    ::"m" (*&__tmp.a),"m" (*&__tmp.b), \
    "d" (_TSS(n)),"c" ((long) task[n])); \
}
```

这段代码就是进程切换的底层代码。看不懂没关系，其主要就干了一件事，就是 ljmp 到新进程的 tss 段处。

啥意思？

CPU 规定，如果 ljmp 指令后面跟的是一个 tss 段，那么，会由硬件将当前各个寄存器的值保存在当前进程的 tss 中，并将新进程的 tss 信息加载到各个寄存器，如图24-1所示。

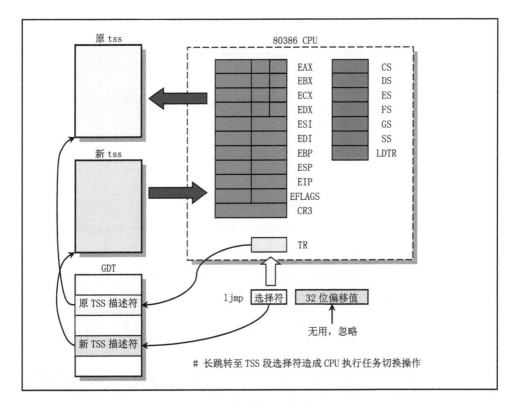

图 24-1

图24-1来源于《Linux内核完全注释》一书，这张图表达得非常清晰，我就不重复造轮子了。

简单说就是，**保存当前进程的上下文，恢复下一个进程的上下文，跳过去！**

看，不知不觉，我们上一回提到的那些进程的数据结构的字段，就都用上了：

```
struct task_struct {
    long state;
    long counter;
    long priority;
    ...
    struct tss_struct tss;
}
```

至此，我们梳理完了一个进程切换的整条链路，现在用流水账的形式来回顾一下。

----- 流水账开始 -----

1. 罪魁祸首就是那个每 10ms 触发一次的定时器滴答。

2. 这个滴答将会给 CPU 发送一个时钟中断信号。

3. 这个中断信号会使 CPU 查找中断向量表，找到操作系统写好的一个时钟中断处理函数 do_timer。

4. do_timer 会首先将当前进程的 counter 变量减 1，如果 counter 值此时仍然大于 0，则就此结束。

5. 但如果 counter 值等于 0 了，就开始进行进程的调度。

6. 进程调度就是找到所有处于 runnable 状态的进程，并找到一个 counter 值最大的进程，把它丢进 switch_to 函数的入参里。

7. switch_to 这个终极函数会保存当前进程的上下文，恢复要跳转到的进程的上下文，同时使 CPU 跳转到这个进程的偏移地址处。

8. 接着，这个进程就舒舒服服地运行了起来，等待着下一次时钟中断的来临。

----- 流水账结束 -----

好了，这两回我们自己设计了一遍进程调度，又看了一次 Linux-0.11 的进程调度的全过程。有了这两回做铺垫，下一回就能非常自信地回到主流程，开始看我们心心念念的 fork 函数了！

欲知后事如何，且听下回分解。

第 25 回

通过 fork 看一次
系统调用

书接上回，上回书咱们说到，我们自己设计了一遍进程调度，又看了一次 Linux-0.11 的进程调度的全过程。现在我们继续看：

```c
// init/main.c
void main(void) {
    ...
    move_to_user_mode();
    if (!fork()) {
        init();
    }
    for(;;) pause();
}
```

这个 fork 函数干了啥？这个 fork 函数稍稍有点儿绕，我们看如下的代码：

```c
static _inline _syscall0(int,fork)

#define _syscall0(type,name) \
type name(void) \
{ \
long __res; \
__asm__ volatile ("int $0x80" \
    : "=a" (__res) \
    : "0" (__NR_##name)); \
```

```
if (__res >= 0) \
    return (type) __res; \
errno = -__res; \
return -1; \
}
```

别急，我把它变成你能看得懂的样子，就是下面这样：

```
#define _syscall0(type,name) \
type name(void) \
{ \
    volatile long __res; \
    _asm { \
        _asm mov eax,__NR_##name \
        _asm int 80h \
        _asm mov __res,eax \
    } \
    if (__res >= 0) \
        return (type) __res; \
    errno = -__res; \
    return -1; \
}
```

把宏定义都展开，其实就相当于**定义了一个函数**，仅此而已：

```
int fork(void) {
    volatile long __res;
    _asm {
        _asm mov eax,__NR_fork
        _asm int 80h
        _asm mov __res,eax
    }
    if (__res >= 0)
        return (void) __res;
    errno = -__res;
    return -1;
}
```

具体看一下 fork 函数里面的代码，又是讨厌的内联汇编语言，跟着我一起看即可。

关键指令就是一个 0x80 号软中断的触发，int 80h。其中还有一个 eax 寄存器里的参数，__NR_fork，它也是一个宏定义，值是 2。

还记得 0x80 号中断的处理函数吗？这是我们在 sched_init 里设置的：

```
kernel/sched.c
```

```
set_system_gate(0x80, &system_call);
```

看这个 system_call 的汇编代码，我们发现有这样一行：

```
// kernel/system_call.s
_system_call:
    ...
    call [_sys_call_table + eax* ]
    ...
```

刚刚那个值就用上了，eax 寄存器里的值是 2，所以就是在 **sys_call_table** 表里找下标 2 位置处的函数，然后跳转过去。

那我们接着看 sys_call_table 是什么：

```
// include/linux/sys.h
fn_ptr sys_call_table[] = { sys_setup, sys_exit, sys_fork, sys_read,
  sys_write, sys_open, sys_close, sys_waitpid, sys_creat, sys_link,
  sys_unlink, sys_execve, sys_chdir, sys_time, sys_mknod, sys_chmod,
  sys_chown, sys_break, sys_stat, sys_lseek, sys_getpid, sys_mount,
  sys_umount, sys_setuid, sys_getuid, sys_stime, sys_ptrace, sys_alarm,
  sys_fstat, sys_pause, sys_utime, sys_stty, sys_gtty, sys_access,
  sys_nice, sys_ftime, sys_sync, sys_kill, sys_rename, sys_mkdir,
  sys_rmdir, sys_dup, sys_pipe, sys_times, sys_prof, sys_brk, sys_setgid,
  sys_getgid, sys_signal, sys_geteuid, sys_getegid, sys_acct, sys_phys,
  sys_lock, sys_ioctl, sys_fcntl, sys_mpx, sys_setpgid, sys_ulimit,
  sys_uname, sys_umask, sys_chroot, sys_ustat, sys_dup2, sys_getppid,
  sys_getpgrp, sys_setsid, sys_sigaction, sys_sgetmask, sys_ssetmask,
  sys_setreuid, sys_setregid
};
```

看到没，就是各种函数指针组成的一个数组，说白了就是一个系统调用函数表。那下标 2 位置处是啥？从第0项开始数，第二项就是 **sys_fork** 函数！

至此，我们终于找到了 fork 函数，通过系统调用这个中断，最终走到内核层面的函数是什么，就是 sys_fork：

```
// kernel/system_call.s
_sys_fork:
    call _find_empty_process
    testl %eax,%eax
    js 1f
    push %gs
    pushl %esi
```

```
    pushl %edi
    pushl %ebp
    pushl %eax
    call _copy_process
    addl $20,%esp
 1:  ret
```

至于这个函数是什么，我们下一回再说。

从这一回的探索也可以看出，操作系统通过**系统调用**，提供给用户态的可用功能，都暴露在了 **sys_call_table** 里。系统调用统一通过 int 0x80 中断来进入，具体调用这个表里的哪个功能函数，由 **eax** 寄存器传过来，这里的值是一个数组索引的下标，通过这个下标就可以在 sys_call_table 数组里找到具体的函数。

同时也可以看出，用户进程调用内核的功能，可以直接写一句 int 0x80 汇编指令，并且给 eax 赋值，当然这样做比较麻烦。所以也可以直接调用 fork 这样的包装好的函数，而在这个函数里，本质也是 int 0x80 及为 eax 赋值，流程见图25-1。

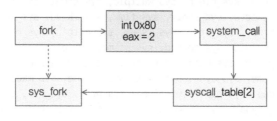

图 25-1

本回就借着这个机会，讲讲系统调用的玩法，你学会了吗？

再多说两句，刚刚定义 fork 的系统调用模板函数时，用的是 **syscall0**，这表示参数的个数为 0，也就是说，sys_fork 函数并不需要任何参数。

所以其实在 unistd.h 头文件里，还定义了 syscall0 ~ syscall3 共4个宏：

```
#define _syscall0(type,name)
#define _syscall1(type,name,atype,a)
#define _syscall2(type,name,atype,a,btype,b)
#define _syscall3(type,name,atype,a,btype,b,ctype,c)
```

看都能看出来，**syscall1** 表示有**一个参数**，**syscall2** 表示有两个参数。嗯，就这么简单粗暴。

那这些参数放在哪里了呢？总得有一个约定的地方吧？

我们看一个今后要讲到的重点函数，**execve**，它是一个通常和 fork 配合使用的变身函数，在之后的进程 1 创建进程 2 的过程中，就是这样玩的：

```c
// init/main.c
void init(void) {
    ...
    if (!(pid=fork())) {
        ...
        execve("/bin/sh",argv_rc,envp_rc);
        ...
    }
}
```

当然我们的重点不是研究这个函数的作用，仅仅把它当作研究 syscall3 的一个例子，因为它的宏定义就是 syscall3：

```c
execve("/bin/sh",argv_rc,envp_rc);

_syscall3(int,execve,const char *,file,char **,argv,char **,envp)

#define _syscall3(type,name,atype,a,btype,b,ctype,c) \
type name(atype a,btype b,ctype c) { \
    volatile long __res; \
    _asm { \
        _asm mov eax,__NR_##name \
        _asm mov ebx,a \
        _asm mov ecx,b \
        _asm mov edx,c \
        _asm int 80h \
        _asm mov __res,eax\
    } \
    if (__res >= 0) \
        return (type) __res; \
    errno = -__res; \
    return -1; \
}
```

可以看出，**参数a被放在了ebx寄存器里，参数b被放在了ecx寄存器里，参数c被放在了edx寄存器里**。

我们再打开 system_call 的代码，刚刚只看了它的关键一行，就是去系统调用表里找对应的系统调用函数：

```
// kernel/system_call.s
_system_call:
```

```
    ...
    call [_sys_call_table + eax* ]
    ...
```

现在把它展开来看看全貌：

```
// kernel/system_call.s
_system_call:
    cmpl $nr_system_calls-1,%eax
    ja bad_sys_call
    push %ds
    push %es
    push %fs
    pushl %edx
    pushl %ecx                  # push %ebx,%ecx,%edx as parameters
    pushl %ebx                  # to the system call
    movl $0x10,%edx             # set up ds,es to kernel space
    mov %dx,%ds
    mov %dx,%es
    movl $0x17,%edx             # fs points to local data space
    mov %dx,%fs
    call _sys_call_table(,%eax,4)
    pushl %eax
    movl _current,%eax
    cmpl $0,state(%eax)         # state
    jne reschedule
    cmpl $0,counter(%eax)       # counter
    je reschedule
ret_from_sys_call:
    movl _current,%eax          # task[0] cannot have signals
    cmpl _task,%eax
    je 3f
    cmpw $0x0f,CS(%esp)         # was old code segment supervisor ?
    jne 3f
    cmpw $0x17,OLDSS(%esp)      # was stack segment = 0x17 ?
    jne 3f
    movl signal(%eax),%ebx
    movl blocked(%eax),%ecx
    notl %ecx
    andl %ebx,%ecx
    bsfl %ecx,%ecx
    je 3f
    btrl %ecx,%ebx
    movl %ebx,signal(%eax)
    incl %ecx
```

```
    pushl %ecx
    call _do_signal
    popl %eax
3:  popl %eax
    popl %ebx
    popl %ecx
    popl %edx
    pop %fs
    pop %es
    pop %ds
    iret
```

别怕，我们只关注压栈的情况。还记不记得在第22回中，我们聊到触发了中断后，CPU 会自动帮我们做图22-2所示的压栈操作？

因为 system_call 是通过 int 80h 这个中断进来的，所以也属于中断的一种，具体来说是属于特权级发生变化的，且没有错误码情况的中断，所以在这之前栈已经被压入了 **SS**、**ESP**、**EFLAGS**、**CS**、**EIP** 这些值。

接下来，system_call 又压入了一些值，具体有 **ds**、**es**、**fs**、**edx**、**ecx**、**ebx**、**eax**。

如果你看源码费劲，得不出上述结论，那可以看 system_call.s 中的注释。作者Linus 已经很贴心地为你写出了此时的堆栈状态：

```
// kernel/system_call.s
/*
 * Stack layout in 'ret_from_system_call':
 *
 *     0(%esp) - %eax
 *     4(%esp) - %ebx
 *     8(%esp) - %ecx
 *     C(%esp) - %edx
 *    10(%esp) - %fs
 *    14(%esp) - %es
 *    18(%esp) - %ds
 *    1C(%esp) - %eip
 *    20(%esp) - %cs
 *    24(%esp) - %eflags
 *    28(%esp) - %oldesp
 *    2C(%esp) - %oldss
 */
```

看，这就是 CPU 中断压入的 5 个值，加上 system_call 手动压入的 7 个值，这样每个中断处理程序如果有需要的话，就可以从这里取出它想要的值，包括 CPU 压入的那5个值及 system_call 代码手动压入的 7 个值。

比如，`sys_execve` 这个中断处理函数，一开始就取走了位于栈顶 0x1C 位置处的 EIP 的值：

```
// kernel/system_call.s
EIP = 0x1C
_sys_execve:
    lea EIP(%esp),%eax
    pushl %eax
    call _do_execve
    addl $4,%esp
    ret
```

随后在 do_execve 函数中，又通过 C 语言函数调用的约定，取走了 **filename**、**argv**、**envp** 等参数的值：

```
// fs/exec.c
int do_execve(
      unsigned long * eip,
      long tmp,
      char * filename,
      char ** argv,
      char ** envp) {
  ...
}
```

这个函数的详细流程和具体作用将会在第4部分为你详细展开讲解。还是那句话，现在你只需要记住**一次系统调用的流程和原理**就可以了。

欲知后事如何，且听下回分解。

第 26 回
fork 函数中进程
基本信息的复制

书接上回，上回书咱们说到，fork函数触发系统调用中断，最终调用到了 sys_fork 函数，借这个过程介绍了一次**系统调用**的流程。

那今天我们回到正题，开始讲 fork 函数的原理，也就是 **sys_fork** 函数到底干了啥。

```
// kernel/system_call.s
_sys_fork:
    call _find_empty_process
    testl %eax,%eax
    js 1f
    push %gs
    pushl %esi
    pushl %edi
    pushl %ebp
    pushl %eax
    call _copy_process
    addl $20,%esp
1:  ret
```

这是一段汇编代码，但需关注的地方不多，其实就是调用了两个函数。我们先从函数名直接翻译一下，猜猜它们的意思。

先是**find_empty_process**，就是找到空闲的进程槽位。

然后是**copy_process**，就是复制进程。

那妥了，这个函数的意思非常简单，因为存储进程的数据结构是一个task[64]数组，这是在之前的**sched_init**函数里设置的，如图26-1所示。

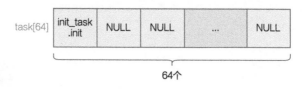

图 26-1

所以这两个函数的意思就是，先在这个 task[64] 数组中找一个空闲的位置，准备存一个新的进程的结构**task_struct**，这个结构之前在第23回也简单讲过了。

```
// include/linux/sched.h
struct task_struct {
    long state;
    long counter;
    long priority;
    ...
    struct tss_struct tss;
}
```

给这个结构的各个字段具体赋什么值呢？通过 copy_process 这个名字我们知道，就是复制原来的进程，也就是当前进程。当前只有一个进程，就是数组中位置 0 处的 init_task.init，也就是零号进程，那自然就复制它咯。

好了，以上只是我们的猜测，有了猜测再看代码会非常轻松，下面逐一查看各函数。

先来看**find_empty_process**。

```
// kernel/fork.c
long last_pid = 0;

int find_empty_process(void) {
    int i;
    repeat:
        if ((++last_pid)<0) last_pid=1;
        for(i=0 ; i<64 ; i++)
            if (task[i] && task[i]->pid == last_pid) goto repeat;
    for(i=1 ; i<64; i++)
        if (!task[i])
            return i;
    return -EAGAIN;
}
```

一共三步，很简单。

第一步，判断 ++last_pid 是不是小于0了，小于0说明已经超过 long 的最大值了，重新赋值为 1，起到一个保护作用，这没什么好说的。

第二步，一个 for 循环，看看刚刚的 last_pid 在所有 task[] 数组中，是否已经被某进程占用了。如果被占用了，那就重复执行，再次加1，然后再次判断，直到找到一个没有被任何进程占用的 pid 号为止。

第三步，又是一个 for 循环，刚刚已经找到一个可用的 pid 号了，那这一步就是再次遍历这个 task[]，试图找到一个空闲项，找到了就返回数组索引下标。

最终，这个函数就返回 task[] 数组的索引，表示找到了一个空闲项，之后就开始往这里塞一个新的进程吧。

由于我们现在只有 0 号进程，且 task[] 除了 0 号索引位置，其他地方都是空的，所以这个函数运行完，**last_pid 就是 1，也就是新进程被分配的 pid 就是 1**，即将要加入的 task[] 数组的索引位置，也是 1。

好的，那我们接下来就看怎么构造这个进程结构，并把它塞到这个 1 索引位置的 task[]中。这就需要来看 copy_process 函数。

```
// kernel/fork.c
int copy_process(int nr,long ebp,long edi,long esi,long gs,long none,
        long ebx,long ecx,long edx,
        long fs,long es,long ds,
        long eip,long cs,long eflags,long esp,long ss)
{
    struct task_struct *p;
    int i;
    struct file *f;


    p = (struct task_struct *) get_free_page();
    if (!p)
        return -EAGAIN;
    task[nr] = p;
    *p = *current;  /* NOTE! this doesn't copy the supervisor stack */
    p->state = TASK_UNINTERRUPTIBLE;
    p->pid = last_pid;
    p->father = current->pid;
    p->counter = p->priority;
    p->signal = 0;
    p->alarm = 0;
    p->leader = 0;        /* process leadership doesn't inherit */
```

```
p->utime = p->stime = 0;
p->cutime = p->cstime = 0;
p->start_time = jiffies;
p->tss.back_link = 0;
p->tss.esp0 = PAGE_SIZE + (long) p;
p->tss.ss0 = 0x10;
p->tss.eip = eip;
p->tss.eflags = eflags;
p->tss.eax = 0;
p->tss.ecx = ecx;
p->tss.edx = edx;
p->tss.ebx = ebx;
p->tss.esp = esp;
p->tss.ebp = ebp;
p->tss.esi = esi;
p->tss.edi = edi;
p->tss.es = es & 0xffff;
p->tss.cs = cs & 0xffff;
p->tss.ss = ss & 0xffff;
p->tss.ds = ds & 0xffff;
p->tss.fs = fs & 0xffff;
p->tss.gs = gs & 0xffff;
p->tss.ldt = _LDT(nr);
p->tss.trace_bitmap = 0x80000000;
if (last_task_used_math == current)
    __asm__("clts ; fnsave %0"::"m" (p->tss.i387));
if (copy_mem(nr,p)) {
    task[nr] = NULL;
    free_page((long) p);
    return -EAGAIN;
}
for (i=0; i<NR_OPEN;i++)
    if (f=p->filp[i])
        f->f_count++;
if (current->pwd)
    current->pwd->i_count++;
if (current->root)
    current->root->i_count++;
if (current->executable)
    current->executable->i_count++;
set_tss_desc(gdt+(nr<<1)+FIRST_TSS_ENTRY,&(p->tss));
set_ldt_desc(gdt+(nr<<1)+FIRST_LDT_ENTRY,&(p->ldt));
p->state = TASK_RUNNING;    /* do this last, just in case */
return last_pid;
}
```

啊呀，这也太多了！别急，大部分都是 tss 结构的复制，以及一些无关紧要的分支，看我简化一下。

```c
// kernel/fork.c
int copy_process(int nr, ...) {
    struct task_struct p =
        (struct task_struct *) get_free_page();
    task[nr] = p;
    *p = *current;

    p->state = TASK_UNINTERRUPTIBLE;
    p->pid = last_pid;
    p->counter = p->priority;
    ..
    p->tss.edx = edx;
    p->tss.ebx = ebx;
    p->tss.esp = esp;
    ...
    copy_mem(nr,p);
    ...
    set_tss_desc(gdt+(nr<<  )+FIRST_TSS_ENTRY,&(p->tss));
    set_ldt_desc(gdt+(nr<<  )+FIRST_LDT_ENTRY,&(p->ldt));
    p->state = TASK_RUNNING;
    return last_pid;
}
```

看起来也还不少，不过没关系，这个函数本来就是 fork 的难点了，所以我们慢慢来，别着急。

首先，**get_free_page** 会在主内存末端申请一个空闲页面，还记得我们之前在第13回是怎么管理内存的吧（见图26-2）？

那 get_free_page 这个函数就很简单了，**就是遍历 mem_map[] 这个数组，找出值为0的项，就表示找到了空闲的一页内存**。然后把该项置为 1，表示该页已经被使用。最后，算出这个页的内存起始地址并返回。

返回后的这个内存起始地址，就给了 task_struct 结构的 p。

```c
// kernel/fork.c
int copy_process(int nr, ...) {
    struct task_struct p =
        (struct task_struct *) get_free_page();
    task[nr] = p;
    *p = *current;
    ...
}
```

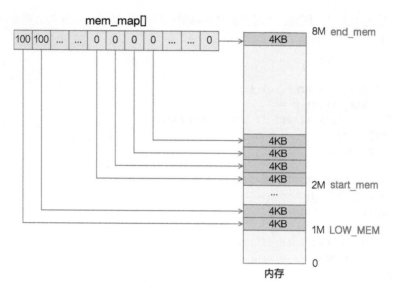

图 26-2

于是，一个进程结构 task_struct 就在内存中有了一块空间，但此时还没有对具体的字段赋值，别急。

接下来首先将这个 p 记录在进程管理结构 task[] 中。然后下一句 *p = *current 很简单，**把当前进程，也就是 0 号进程的 task_struct 的全部值复制给即将创建的进程 p**，这是进程结构的完全复制，目前它们二者就完全一样了。

最后的内存布局的效果如图26-3所示。

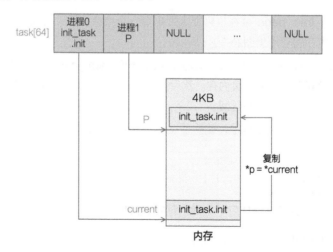

图 26-3

　　然后，进程 1 和进程 0 的进程管理结构 task_struct 目前是完全复制的关系，但有一些值是需要进行个性化处理的，下面的代码就把这些不一样的值覆盖掉了。

```c
// kernel/fork.c
int copy_process(int nr, ...) {
  ...
  p->state = TASK_UNINTERRUPTIBLE;
  p->pid = last_pid;
  p->counter = p->priority;
  ..
  p->tss.edx = edx;
  p->tss.ebx = ebx;
  p->tss.esp = esp;
  ...
  p->tss.esp0 = PAGE_SIZE + (long) p;
  p->tss.ss0 = 0x10;
  ...
}
```

　　不一样的值，一部分是 **state**、**pid**、**counter** 这种**进程的元信息**，另一部分是 **tss** 里面保存的各种寄存器的信息，即**上下文**。

　　这里有两个寄存器的值的赋值有些特殊，即 ss0 和 esp0，它们表示 0 特权级，也就是内核态时的 ss:esp 的指向。根据代码可知，其含义是将代码在内核态时使用的栈顶指针指向进程 task_struct 所在的 4KB 内存页的最顶端，而且之后的每个进程都是这样被设置的。

　　通过图26-4可以清晰地看到，每个进程的进程管理结构在所申请的 4KB 内存的最底端，每个进程自己的内核态堆栈空间的栈顶地址在这个 4KB 内存的最顶端，向下发展。

图 26-4

第
26
回

好了，进程槽位的申请及基本信息的复制，就讲完了。本回就这么少的内容，**就是在内存中寻找一个 4KB 大小的页面来存储 task_struct 结构，并添加到 task[] 数组的空闲位置，同时给进程的内核态堆栈留下空间。**

同时，完成了基本信息的复制，其中大部分都和原有进程一样。接下来将是进程页表和段表的复制，这将会决定进程之间的内存规划问题，很精彩，也是 fork 真正的难点所在。

欲知后事如何，且听下回分解。

27

第 27 回
透过 fork 来看进程的
内存规划

书接上回，上回书咱们说到，fork 函数为新的进程（进程 1）申请了槽位，并把全部 task_struct 结构的值都从进程 0 复制了过来。之后，覆盖了新进程自己的基本信息，包括元信息和 tss 里的寄存器信息。

到这里可以说将 fork 函数的一半都讲完了，本回展开讲讲另一半，就是上一回末尾提到的进程页表和段表的复制，也就是 copy_mem 函数。

```
// kernel/fork.c
int copy_process(int nr, ...) {
    ...
    copy_mem(nr,p);
    ...
}
```

这将会决定进程之间的内存规划问题，十分精彩，我们开始吧。

整个函数不长，我们还是先试着直译一下。

```
// kernel/fork.c
int copy_mem(int nr,struct task_struct * p) {
    // 局部描述符表 LDT 赋值
    unsigned long old_data_base,new_data_base,data_limit;
    unsigned long old_code_base,new_code_base,code_limit;
    code_limit = get_limit(0x0f);
    data_limit = get_limit(0x17);
```

```
new_code_base = nr * 0x4000000;
new_data_base = nr * 0x4000000;
set_base(p->ldt[1],new_code_base);
set_base(p->ldt[2],new_data_base);  // 复制页表
old_code_base = get_base(current->ldt[1]);
old_data_base = get_base(current->ldt[2]);
copy_page_tables(old_data_base,new_data_base,data_limit);
return 0;
}
```

看，其实就是段表与页表的复制，这里的段表指的是新进程局部描述符表 LDT。

LDT 的赋值

那我们先看 LDT 表项的赋值，要说明白这个赋值的意义，要先回忆在第9回刚设置完页表时讲过的问题。

程序员给出的逻辑地址，首先要通过分段机制转化为线性地址，再通过分页机制转化为最终的物理地址。因为有了页表的存在，所以多了**线性地址空间**的概念，即经过分段机制转化后、分页机制转化前的地址。

不考虑段限长的话，32 位的 CPU 线性地址空间应为 4GB。现在只有四个页目录表，也就是将前 16MB的线性地址空间，与 16MB 的物理地址空间一一对应起来了，如图27-1所示。

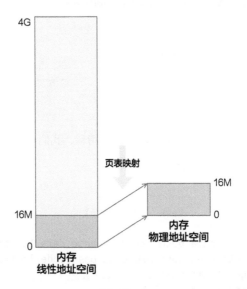

图 27-1

把图27-1和全局描述符表联系起来，这个线性地址空间，就是经过分段机制（段可能是 GDT 里的段也可能是 LDT 里的）后的地址，其对应关系如图27-2所示。

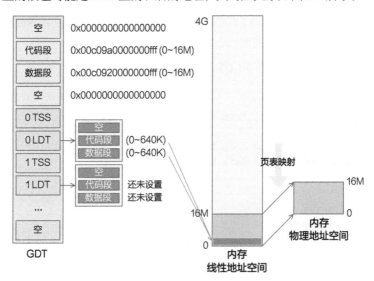

图 27-2

我们给进程 0 准备的 LDT 的代码段和数据段，段基址都是 0，段限长是 640KB。而进程1，也就是我们现在正在 fork 的这个进程，其代码段和数据段还没有设置。所以第一步，**局部描述符表的赋值**，就是给图27-2中那两个还未设置的代码段和数据段**赋值**。其中段限长，就是取自进程 0 设置好的段限长，即 640KB。

```
// kernel/fork.c
int copy_mem(int nr,struct task_struct * p) {
    ...
    code_limit = get_limit(0x0f);
    data_limit = get_limit(0x17);
    ...
}
```

而**段基址**的设置有点儿意思，取决于当前是几号进程，也就是 nr 的值。

```
// kernel/fork.c
int copy_mem(int nr,struct task_struct * p) {
    ...
    new_code_base = nr * 0x4000000;
    new_data_base = nr * 0x4000000;
    ...
}
```

这里的 0x4000000 等于 64M。

很好理解，也就是说，今后每个进程的线性地址空间，通过错开段基址的方式，分别在线性地址空间瓜分出 64MB 的空间（暂不考虑段限长），且互不影响地紧挨着，这就是每个进程自己的线性地址空间。

接着就把 LDT 基础设置进了 LDT。

```
// kernel/fork.c
int copy_mem(int nr,struct task_struct * p) {
    ...
    set_base(p->ldt[1],new_code_base);
    set_base(p->ldt[2],new_data_base);
    ...
}
```

最终效果如图27-3所示。

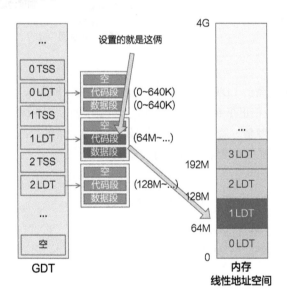

图 27-3

经过以上步骤，通过分段的方式，将进程映射到了相互隔离的线性地址空间，这就是**段式**管理。

当然，Linux-0.11 不但分段管理，也开启了分页管理，最终形成**段页式**的管理方式。这就涉及下面要讲的页表的复制。

页表的复制

上面刚刚讲完段表的赋值，接下来就轮到页表了，这也是 copy_mem 函数里的最后一行代码。

```
// kernel/fork.c
int copy_mem(int nr,struct task_struct * p) {
    ...
    // old=0, new=64M, limit=640K
    copy_page_tables(old_data_base,new_data_base,data_limit)
}
```

原来进程 0 有**一个页目录表**和**四个页表**，将线性地址空间的 0 ~ 16M 原封不动映射到物理地址空间的 0 ~ 16M，这一点已经多次提到了。

那么新诞生的这个进程 2，也需要一套映射关系的页表，那我们看看这些页表是怎么建立的。

```
// mm/memory.c
/* * Well, here is one of the most complicated functions in mm.
It * copies a range of linerar addresses by copying only the pages.
* Let's hope this is bug-free, 'cause this one I don't want to debug :-) */
int copy_page_tables(unsigned long from,unsigned long to,long size)
{
    unsigned long * from_page_table;
    unsigned long * to_page_table;
    unsigned long this_page;
    unsigned long * from_dir, * to_dir;
    unsigned long nr;

    from_dir = (unsigned long *) ((from>>20) & 0xffc);
    to_dir = (unsigned long *) ((to>>20) & 0xffc);
    size = ((unsigned) (size+0x3fffff)) >> 22;
    for( ; size-->0 ; from_dir++,to_dir++) {
        if (!(1 & *from_dir))
            continue;
        from_page_table = (unsigned long *) (0xfffff000 & *from_dir);
        to_page_table = (unsigned long *) get_free_page()
        *to_dir = ((unsigned long) to_page_table) | 7 ;
        nr = (from==0)?0xA0:1024 ;
        for ( ; nr-- > 0 ; from_page_table++,to_page_table++) {
            this_page = *from_page_table;
            if (!(1 & this_page))
                continue;
```

```
            this_page &= ~2;
            *to_page_table = this_page;
            if (this_page > LOW_MEM) {
                *from_page_table = this_page;
                this_page -= LOW_MEM;
                this_page >>= 12;
                mem_map[this_page]++;
            }
        }
    }
    invalidate();
    return 0;
}
```

先不讲这个函数，我们先看看注释。

注释是 Linus 自己写的，翻译过来就是："这部分是内存管理中最复杂的代码，希望这段代码没有错误（bug-free），因为我实在不想调试它！"可见这是一套让 Linus 都觉得"烧脑"的逻辑。

虽说代码实现很复杂，但要完成的事情却非常简单！我想我们要是产品经理，一定会和 Linus 说，这么简单的功能有啥难实现的？哈哈。

回归正题，这个函数要完成什么事情呢？

你想，现在进程 0 的线性地址空间是 0 ~ 64M，进程 1 的线性地址空间是 64M ~ 128M。**我们现在要造一个进程 1 的页表，使得进程 1 和进程 0 最终被映射到的物理空间都是 0 ~ 64M**，这样进程 1 才能顺利运行起来，不然就乱套了，如图27-4所示。

所以简而言之，页表复制完之后，必须要达到如下的目标。

假设现在正在运行进程 0，代码中给出一个虚拟地址 0x03，由于进程 0 的 LDT 中代码段基址是 0，所以线性地址也是 0x03，最终由进程 0 页表映射到物理地址 0x03 处。

假设现在正在运行进程 1，代码中给出一个虚拟地址 0x03，由于进程 1 的 LDT 中代码段基址是 64M，所以线性地址是 64M + 3，最终由进程 1 页表映射到的物理地址也同样是 0x03 处，如图27-5所示。

即进程 0 和进程 1 目前共同映射物理内存的前 640KB 的空间。至于如何将不同地址通过不同页表映射到相同物理地址空间，很简单，举个例子。

刚刚的进程 1 的线性地址 64M + 0x03 用二进制表示是：

0000010000_0000000000_000000000011

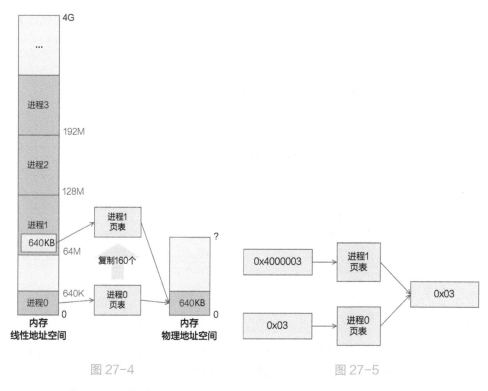

图 27-4　　　　　　　　　　　　　　图 27-5

刚刚的进程 0 的线性地址 0x03 用二进制表示是：

0000000000_0000000000_000000000011

根据分页机制的转化规则，**前10位表示页目录项，中间10位表示页表项，后12位表示页内偏移**。

进程 1 要找的是页目录项 16 中的第 0 号页表，进程 0 要找的是页目录项 0 中的第 0 号页表，那只要让它们最终找到的两个页表里的数据一模一样即可。

由于理解起来非常简单，但代码中的计算非常绕，所以我们就不细致分析代码了，只要理解其最终的作用就好。

本回的内容就讲完了，再稍稍展开一个未来要讲的内容。还记得图27-6所示的页表的结构吧?

页目录项 / 页表项 结构

页表地址 (页目录项) / 页物理地址 (页表项)	AVL	G	0	D	A	P C D	P W T	U S	R W	P
31 30 29 28 27 26 25 24 23 22 21 20 19 18 17 16 15 14 13 12	11 10 9	8	7	6	5	4	3	2	1	0

图 27-6

其中 RW 位表示读写状态，0表示只读（或可执行），1表示可读写（或可执行）。当然，在内核态也就是 0 特权级时，这个标志位是没用的。那我们看下面的代码。

```c
// mm/memory.c
int copy_page_tables(unsigned long from,unsigned long to,long size) {
    ...
    for( ; size--> ; from_dir++,to_dir++){
        ...
        for ( ; nr-- >  ; from_page_table++,to_page_table++) {
            ...
            this_page &= ~ ;
            ...
            if (this_page > LOW_MEM) {
                *from_page_table = this_page;
                ...
            }
        }
    }
    ...
}
```

~2 中的 ~ 表示取反，2 用二进制表示是 10，取反就是 01，其目的是把 this_page 也就是当前页表的 RW 位置 0，也就是**把该页变成只读**。而 from_page_table = this_page 表示把源页表也变成只读。

也就是说，经过 fork 创建出的新进程，其页表项都是只读的，而且导致源进程的页表项也变成了只读。

这就是**写时复制**的基础，新老进程一开始共享同一个物理内存空间，如果只有读，那就相安无事，但如果任何一方有写操作，由于页面是只读的，将触发缺页中断，然后就会分配一块新的物理内存给产生写操作的那个进程，此时这一块内存就不再共享了。

这是后话，这里先埋一个伏笔。

好了，至此，fork 中的 copy_process 函数就被我们全部读完了，总共做了4件事：

1. 原封不动复制了 task_struct。

2. LDT 的复制和改造，使得进程 0 和进程 1 分别被映射到不同的线性地址空间。

3. 页表的复制，使得进程 0 和进程 1 又从不同的线性地址空间，被映射到相同的物理地址空间。

4. 将新老进程的页表都变成只读状态，为后面写时复制的缺页中断做准备。

欲知后事如何，且听下回分解。

第 28 回
番外篇——我居然会
认为权威著作写错了

在 Linux-0.11 的设计中，进程 0 创建进程 1 时，复制了 160 个页表项。进程 1 创建进程 2 时，复制了 1024 个页表项。之后进程 2 创建进程 3，进程 3 创建进程 4，都是复制 1024 个页表项，如图28-1所示。

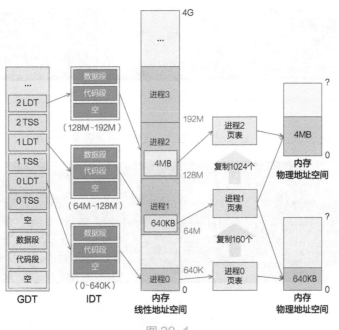

图 28-1

《Linux 内核设计的艺术》一书中就是这样描述的："这些操作都完成后，调用copy_page_tables函数来复制进程2的页表，要在内存中申请新的页面，然后把进程1的页表中的页表项复制到进程2中，但这回不是160项了，而是1024项……"

看源码，也能很直观地看到这两个数字。

```
int copy_page_tables(unsigned long from,unsigned long to,long size) {
        ...
        nr = (from==0)?0xA0:1024;
        for ( ; nr-- > 0 ; from_page_table++,to_page_table++) {
                ...
        }
        ...
}
```

0xA0 用十进制表示就是 160。

没什么好怀疑的，但我这里想用 bochs 调试一下以证明这件事情，结果却和我预期的有点儿不符。

断点打在刚刚开启分页机制的时候，看一下页目录表信息，有四个页目录项，符合预期，如图28-2所示。

```
<bochs:5> xp /20w 0
[bochs]:
0x0000000000000000 <bogus+       0>:    0x00001007    0x00002007    0x00003007    0x00004007
0x0000000000000010 <bogus+      16>:    0x00000000    0x00000000    0x00000000    0x00000000
0x0000000000000020 <bogus+      32>:    0x00000000    0x00000000    0x00000000    0x00000000
0x0000000000000030 <bogus+      48>:    0x00000000    0x00000000    0x00000000    0x00000000
0x0000000000000040 <bogus+      64>:    0x00000000    0x00000000    0x00000000    0x00000000
```

图 28-2

继续将断点打在进程 0 创建出进程 1 之后，发现页目录表多出一项，如图28-3所示。

```
<bochs:13> xp /40w 0
[bochs]:
0x0000000000000000 <bogus+       0>:    0x00001027    0x00002007    0x00003007    0x00004027
0x0000000000000010 <bogus+      16>:    0x00000000    0x00000000    0x00000000    0x00000000
0x0000000000000020 <bogus+      32>:    0x00000000    0x00000000    0x00000000    0x00000000
0x0000000000000030 <bogus+      48>:    0x00000000    0x00000000    0x00000000    0x00000000
0x0000000000000040 <bogus+      64>:    0x00ffe007    0x00000000    0x00000000    0x00000000
0x0000000000000050 <bogus+      80>:    0x00000000    0x00000000    0x00000000    0x00000000
0x0000000000000060 <bogus+      96>:    0x00000000    0x00000000    0x00000000    0x00000000
0x0000000000000070 <bogus+     112>:    0x00000000    0x00000000    0x00000000    0x00000000
0x0000000000000080 <bogus+     128>:    0x00000000    0x00000000    0x00000000    0x00000000
0x0000000000000090 <bogus+     144>:    0x00000000    0x00000000    0x00000000    0x00000000
```

图 28-3

符合预期，因为进程 0 创建的进程 1，需要复制进程 0 的页表，而进程 1 的线性地址空间是 64MB，所以自然在第 17 个页目录项的位置新增了一个。（一个页目录项可以管理 4MB 内存空间。）

页目录项里的数据就表示**页表地址**，刚刚新增的页目录项的值是 0x00ffe007，那去图28-4看看是不是复制了 160 个页表项。

```
<bochs:14> xp /200w 0x00ffe007
[bochs]:
0x0000000000ffe007 <bogus+       0>:  0x00200500  0x00300500  0x00400500  0x00506500
0x0000000000ffe017 <bogus+      16>:  0x00606500  0x00702500  0x00802500  0x00902500
0x0000000000ffe027 <bogus+      32>:  0x00a02500  0x00b00500  0x00c02500  0x00d00500
0x0000000000ffe037 <bogus+      48>:  0x00e00500  0x00f00500  0x01000500  0x01100500
0x0000000000ffe047 <bogus+      64>:  0x01200500  0x01302500  0x01402500  0x01502500
0x0000000000ffe057 <bogus+      80>:  0x01602500  0x01702500  0x01800500  0x01906500
0x0000000000ffe067 <bogus+      96>:  0x01a06500  0x01b06500  0x01c02500  0x01d02500
0x0000000000ffe077 <bogus+     112>:  0x01e02500  0x01f06500  0x02006500  0x02106500
0x0000000000ffe087 <bogus+     128>:  0x02200500  0x02306500  0x02406500  0x02506500
0x0000000000ffe097 <bogus+     144>:  0x02606500  0x02706500  0x02806500  0x02906500
0x0000000000ffe0a7 <bogus+     160>:  0x02a06500  0x02b06500  0x02c06500  0x02d06500
0x0000000000ffe0b7 <bogus+     176>:  0x02e06500  0x02f06500  0x03006500  0x03106500
0x0000000000ffe0c7 <bogus+     192>:  0x03206500  0x03306500  0x03406500  0x03506500
0x0000000000ffe0d7 <bogus+     208>:  0x03606500  0x03706500  0x03806500  0x03906500
0x0000000000ffe0e7 <bogus+     224>:  0x03a06500  0x03b06500  0x03c06500  0x03d06500
0x0000000000ffe0f7 <bogus+     240>:  0x03e06500  0x03f06500  0x04006500  0x04106500
0x0000000000ffe107 <bogus+     256>:  0x04200500  0x04300500  0x04400500  0x04500500
0x0000000000ffe117 <bogus+     272>:  0x04600500  0x04700500  0x04800500  0x04900500
0x0000000000ffe127 <bogus+     288>:  0x04a00500  0x04b00500  0x04c00500  0x04d00500
0x0000000000ffe137 <bogus+     304>:  0x04e00500  0x04f00500  0x05000500  0x05100500
0x0000000000ffe147 <bogus+     320>:  0x05200500  0x05300500  0x05400500  0x05500500
0x0000000000ffe157 <bogus+     336>:  0x05600500  0x05700500  0x05800500  0x05900500
0x0000000000ffe167 <bogus+     352>:  0x05a00500  0x05b00500  0x05c00500  0x05d00500
0x0000000000ffe177 <bogus+     368>:  0x05e00500  0x05f00500  0x06000500  0x06100500
0x0000000000ffe187 <bogus+     384>:  0x06200500  0x06300500  0x06400500  0x06500500
0x0000000000ffe197 <bogus+     400>:  0x06600500  0x06700500  0x06800500  0x06900500
0x0000000000ffe1a7 <bogus+     416>:  0x06a00500  0x06b00500  0x06c00500  0x06d00500
0x0000000000ffe1b7 <bogus+     432>:  0x06e00500  0x06f00500  0x07000500  0x07100500
0x0000000000ffe1c7 <bogus+     448>:  0x07200500  0x07300500  0x07400500  0x07500500
0x0000000000ffe1d7 <bogus+     464>:  0x07600500  0x07700500  0x07800500  0x07900500
0x0000000000ffe1e7 <bogus+     480>:  0x07a00500  0x07b00500  0x07c00500  0x07d00500
0x0000000000ffe1f7 <bogus+     496>:  0x07e00500  0x07f00500  0x08000500  0x08100500
0x0000000000ffe207 <bogus+     512>:  0x08200500  0x08300500  0x08400500  0x08500500
0x0000000000ffe217 <bogus+     528>:  0x08600500  0x08700500  0x08800500  0x08900500
0x0000000000ffe227 <bogus+     544>:  0x08a00500  0x08b00500  0x08c00500  0x08d00500
0x0000000000ffe237 <bogus+     560>:  0x08e00500  0x08f00500  0x09002500  0x09100500
0x0000000000ffe247 <bogus+     576>:  0x09200500  0x09300500  0x09400500  0x09500500
0x0000000000ffe257 <bogus+     592>:  0x09600500  0x09700500  0x09800500  0x09900500
0x0000000000ffe267 <bogus+     608>:  0x09a00500  0x09b00500  0x09c00500  0x09d00500
0x0000000000ffe277 <bogus+     624>:  0x09e00500  0x09f00500  0x00000000  0x00000000
0x0000000000ffe287 <bogus+     640>:  0x00000000  0x00000000  0x00000000  0x00000000
0x0000000000ffe297 <bogus+     656>:  0x00000000  0x00000000  0x00000000  0x00000000
0x0000000000ffe2a7 <bogus+     672>:  0x00000000  0x00000000  0x00000000  0x00000000
```

图 28-4

有问题了，这个黄色的框里一共有 160 项，但最后两个是 0，也就是一共复制了 158 项。这是怎么回事，难道书上说错了？

就为这件事，我又重新启动、调试了好几次，debug 断点也改了好多地方，因为我怀疑是不是复制页表的代码还没有执行完，刚好少了两个。

但无论怎么试，全都是精准的 158 项，不多不少。我又改了一下源码，把原来的 160 项改成了 4 项，看看会有什么结果。

```
int copy_page_tables(unsigned long from,unsigned long to,long size) {
    ...
    nr = (from==0)? 4: 1024;
    for ( ; nr-- > 0 ; from_page_table++,to_page_table++) {
        ...
    }
    ...
}
```

结果再次调试发现，一共只复制了 2 项页表！还是少了！

我又怀疑是不是因为触发了写时复制，页表项被改到了别的位置。但我怎么看源码，都没看到复制页表的那段代码之后，有什么操作可以导致写时复制。

于是乎，我这时竟然产生了，所有 Linux-0.11 相关的书上这部分内容都写错了的自信！还发到了我的操作系统读取群里求证。但就过了几秒钟，我一拍脑门，想出了问题所在。

其实就是一个非常简单的问题，**页目录项中记录的，不仅仅是页表地址**……它的结构是图28-5这样的。

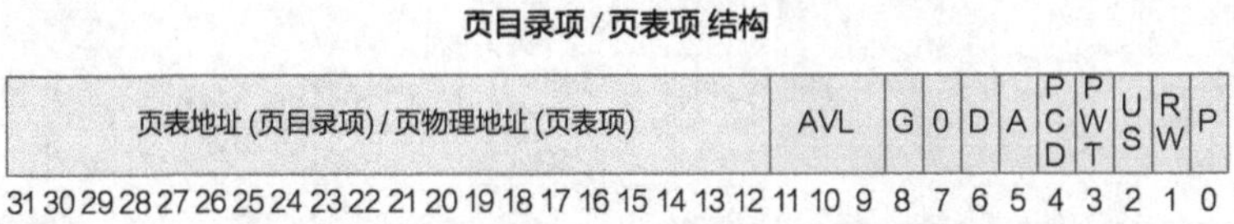

页目录项 / 页表项 结构

页表地址 (页目录项) / 页物理地址 (页表项)	AVL	G	0	D	A	PCD	PWT	US	RW	P

31 30 29 28 27 26 25 24 23 22 21 20 19 18 17 16 15 14 13 12　11 10 9　8　7　6　5　4　3　2　1　0

图 28-5

所以刚刚的页表项 0x00ffe007 换成二进制是

00000000111111111110000000000111

对照结构分析出，页表地址为 0x00ffe000，存在位 P 为 1，读写位 RW 为 1，用户态内核态位 US 为 1。所以，看页表地址，不应该是 0x00ffe007，而应该是 0x00ffe000。

就这么简单的事，我画页表结构都画了无数遍，居然实际调试的时候还是直接把页目录项的值当成页表地址……

别说了，再次验证一下吧。

看图28-6，这回妥妥的是 160 项了，终于可以睡个好觉了！

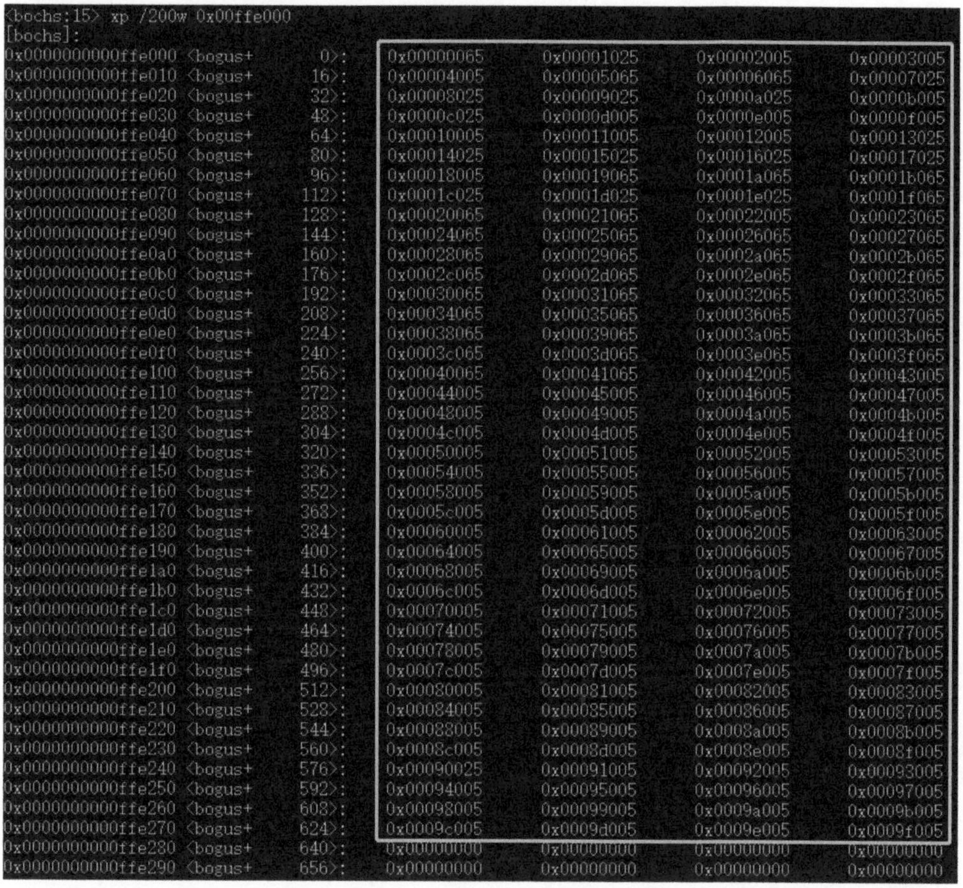

```
<bochs:15> xp /200w 0x00ffe000
[bochs]:
0x0000000000ffe000 <bogus+       0>:  0x00000065  0x00001025  0x00002005  0x00003005
0x0000000000ffe010 <bogus+      16>:  0x00004005  0x00005065  0x00006065  0x00007025
0x0000000000ffe020 <bogus+      32>:  0x00008025  0x00009025  0x0000a025  0x0000b005
0x0000000000ffe030 <bogus+      48>:  0x0000c025  0x0000d005  0x0000e005  0x0000f005
0x0000000000ffe040 <bogus+      64>:  0x00010005  0x00011005  0x00012005  0x00013025
0x0000000000ffe050 <bogus+      80>:  0x00014025  0x00015025  0x00016025  0x00017025
0x0000000000ffe060 <bogus+      96>:  0x00018005  0x00019065  0x0001a065  0x0001b065
0x0000000000ffe070 <bogus+     112>:  0x0001c025  0x0001d025  0x0001e025  0x0001f065
0x0000000000ffe080 <bogus+     128>:  0x00020065  0x00021065  0x00022005  0x00023065
0x0000000000ffe090 <bogus+     144>:  0x00024065  0x00025065  0x00026065  0x00027065
0x0000000000ffe0a0 <bogus+     160>:  0x00028065  0x00029065  0x0002a065  0x0002b065
0x0000000000ffe0b0 <bogus+     176>:  0x0002c065  0x0002d065  0x0002e065  0x0002f065
0x0000000000ffe0c0 <bogus+     192>:  0x00030065  0x00031065  0x00032065  0x00033065
0x0000000000ffe0d0 <bogus+     208>:  0x00034065  0x00035065  0x00036065  0x00037065
0x0000000000ffe0e0 <bogus+     224>:  0x00038065  0x00039065  0x0003a065  0x0003b065
0x0000000000ffe0f0 <bogus+     240>:  0x0003c065  0x0003d065  0x0003e065  0x0003f065
0x0000000000ffe100 <bogus+     256>:  0x00040065  0x00041065  0x00042005  0x00043005
0x0000000000ffe110 <bogus+     272>:  0x00044005  0x00045005  0x00046005  0x00047005
0x0000000000ffe120 <bogus+     288>:  0x00048005  0x00049005  0x0004a005  0x0004b005
0x0000000000ffe130 <bogus+     304>:  0x0004c005  0x0004d005  0x0004e005  0x0004f005
0x0000000000ffe140 <bogus+     320>:  0x00050005  0x00051005  0x00052005  0x00053005
0x0000000000ffe150 <bogus+     336>:  0x00054005  0x00055005  0x00056005  0x00057005
0x0000000000ffe160 <bogus+     352>:  0x00058005  0x00059005  0x0005a005  0x0005b005
0x0000000000ffe170 <bogus+     368>:  0x0005c005  0x0005d005  0x0005e005  0x0005f005
0x0000000000ffe180 <bogus+     384>:  0x00060005  0x00061005  0x00062005  0x00063005
0x0000000000ffe190 <bogus+     400>:  0x00064005  0x00065005  0x00066005  0x00067005
0x0000000000ffe1a0 <bogus+     416>:  0x00068005  0x00069005  0x0006a005  0x0006b005
0x0000000000ffe1b0 <bogus+     432>:  0x0006c005  0x0006d005  0x0006e005  0x0006f005
0x0000000000ffe1c0 <bogus+     448>:  0x00070005  0x00071005  0x00072005  0x00073005
0x0000000000ffe1d0 <bogus+     464>:  0x00074005  0x00075005  0x00076005  0x00077005
0x0000000000ffe1e0 <bogus+     480>:  0x00078005  0x00079005  0x0007a005  0x0007b005
0x0000000000ffe1f0 <bogus+     496>:  0x0007c005  0x0007d005  0x0007e005  0x0007f005
0x0000000000ffe200 <bogus+     512>:  0x00080005  0x00081005  0x00082005  0x00083005
0x0000000000ffe210 <bogus+     528>:  0x00084005  0x00085005  0x00086005  0x00087005
0x0000000000ffe220 <bogus+     544>:  0x00088005  0x00089005  0x0008a005  0x0008b005
0x0000000000ffe230 <bogus+     560>:  0x0008c005  0x0008d005  0x0008e005  0x0008f005
0x0000000000ffe240 <bogus+     576>:  0x00090025  0x00091005  0x00092005  0x00093005
0x0000000000ffe250 <bogus+     592>:  0x00094005  0x00095005  0x00096005  0x00097005
0x0000000000ffe260 <bogus+     608>:  0x00098005  0x00099005  0x0009a005  0x0009b005
0x0000000000ffe270 <bogus+     624>:  0x0009c005  0x0009d005  0x0009e005  0x0009f005
0x0000000000ffe280 <bogus+     640>:  0x00000000  0x00000000  0x00000000  0x00000000
0x0000000000ffe290 <bogus+     656>:  0x00000000  0x00000000  0x00000000  0x00000000
```

图 28-6

而且我还注意到，这里的页表都是**只读**状态，比如第一个页表项 0x00000065 换成二进制是

00000000000000000000000001100101

对照上面的页表结构发现，RW **位是** 0，不再是原来的 1 了，说明从可读写变成了只读状态。这就为之后的**写时复制**做了准备。

在源码中很简单，就是强行把新复制的页表的 RW 位置 0，毫无神秘感。

```
int copy_page_tables(unsigned long from,unsigned long to,long size) {
    ...
```

第28回

```
    for ( ; nr-- > 0 ; from_page_table++,to_page_table++) {
        ...
        this_page &= ~2;
        ...
    }
    ...
}
```

这里不展开了。

本番外篇就是想说，即便是对自己觉得已经再熟悉的事情，也会有犯傻的时候。但这也恰恰证明了自己还不够熟悉，仅仅是记住了页表和页目录表的结构，还没有在实践中真正"玩"过它们。

另外，大家遇到难啃的骨头、奇怪的问题时，也不要害怕，**在源码面前一切秘密都不存在**。不存在魔幻的事情，要么是你的操作有问题，要么是源码有问题，大胆去证明，去折腾，就好了。

第 29 回
番外篇——写时复制
就这么几行代码

在第27回的最后，我们提到了复制页表时的写时复制这个伏笔，但是没有展开讲解。而这一块的原理又属于主流程之外的一个重要旁路，所以就放在这个番外篇中啦。

话不多说，我们直接开始！

储备知识

这里会讲到一些看似和写时复制不怎么相关的内容，但却能帮你理解写时复制的本质。

在 32 位模式下，Intel 设计了**页目录表**和**页表**两种结构，用来给程序员们提供分页机制。在 Intel CPU手册 Volume 3的 4.3节中给出了页表和页目录表的数据结构，PDE 就是页目录表，PTE 就是页表，如图29-1所示。

31 30 29 28 27 26 25 24 23 22 21 20 19 18 17 16 15 14 13 12	11 10 9	8	7	6	5	4	3	2 1 0	
Address of page directory[1]	Ignored					P C D	P W T	Ignored	CR3
Bits 31:22 of address of 4MB page frame / Reserved (must be 0) / Bits 39:32 of address[2] / P A T	Ignored	G	1	D	A	P C D	P W T	U / S R / W	PDE: 4MB page
Address of page table	Ignored	0	I g n	A		P C D	P W T	U / S R / W 1	PDE: page table
Ignored								0	PDE: not present
Address of 4KB page frame	Ignored	G	P A T	D	A	P C D	P W T	U / S R / W	PTE: 4KB page
Ignored								0	PTE: not present

Figure 4-4. Formats of CR3 and Paging-Structure Entries with 32-Bit Paging

NOTES:
1. CR3 has 64 bits on processors supporting the Intel-64 architecture. These bits are ignored with 32-bit paging.
2. This example illustrates a processor in which MAXPHYADDR is 36. If this value is larger or smaller, the number of bits reserved in positions 20:13 of a PDE mapping a 4-MByte page will change.

图 29-1

大部分操作系统使用的都是 4KB 的页框大小，Linux-0.11 也是，所以我们只看 4KB 页大小时的情况即可。

一个由程序员给出的逻辑地址，**要先经过分段机制的转换变成线性地址，再经过分页机制的转换变成物理地址**。图29-2给出了线性地址到物理地址，也就是**分页机制**的转换过程。

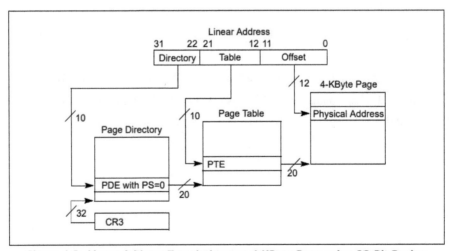

Figure 4-2. Linear-Address Translation to a 4-KByte Page using 32-Bit Paging

图 29-2

这里的 PDE 就是页目录表，PTE 就是页表，刚刚说过了。在手册接下来的 Table 4-5 和 Table 4-6 中，详细解释了页目录表和页表数据结构各字段的含义。

Table 4-5 是页目录表，如图29-3所示。

Table 4-5. Format of a 32-Bit Page-Directory Entry that References a Page Table

Bit Position(s)	Contents
0 (P)	Present; must be 1 to reference a page table
1 (R/W)	Read/write; if 0, writes may not be allowed to the 4-MByte region controlled by this entry (see Section 4.6)
2 (U/S)	User/supervisor; if 0, user-mode accesses are not allowed to the 4-MByte region controlled by this entry (see Section 4.6)
3 (PWT)	Page-level write-through; indirectly determines the memory type used to access the page table referenced by this entry (see Section 4.9)
4 (PCD)	Page-level cache disable; indirectly determines the memory type used to access the page table referenced by this entry (see Section 4.9)
5 (A)	Accessed; indicates whether this entry has been used for linear-address translation (see Section 4.8)
6	Ignored
7 (PS)	If CR4.PSE = 1, must be 0 (otherwise, this entry maps a 4-MByte page; see Table 4-4); otherwise, ignored
11:8	Ignored
31:12	Physical address of 4-KByte aligned page table referenced by this entry

图 29-3

Table 4-6 是页表，如图29-4所示。

Table 4-6. Format of a 32-Bit Page-Table Entry that Maps a 4-KByte Page

Bit Position(s)	Contents
0 (P)	Present; must be 1 to map a 4-KByte page
1 (R/W)	Read/write; if 0, writes may not be allowed to the 4-KByte page referenced by this entry (see Section 4.6)
2 (U/S)	User/supervisor; if 0, user-mode accesses are not allowed to the 4-KByte page referenced by this entry (see Section 4.6)
3 (PWT)	Page-level write-through; indirectly determines the memory type used to access the 4-KByte page referenced by this entry (see Section 4.9)
4 (PCD)	Page-level cache disable; indirectly determines the memory type used to access the 4-KByte page referenced by this entry (see Section 4.9)
5 (A)	Accessed; indicates whether software has accessed the 4-KByte page referenced by this entry (see Section 4.8)
6 (D)	Dirty; indicates whether software has written to the 4-KByte page referenced by this entry (see Section 4.8)
7 (PAT)	If the PAT is supported, indirectly determines the memory type used to access the 4-KByte page referenced by this entry (see Section 4.9.2); otherwise, reserved (must be 0)[1]
8 (G)	Global; if CR4.PGE = 1, determines whether the translation is global (see Section 4.10); ignored otherwise
11:9	Ignored
31:12	Physical address of the 4-KByte page referenced by this entry

图 29-4

它们几乎是一样的含义，我们只看页表就好了，看一些比较重要的位。

31:12 表示页的起始物理地址，加上线性地址的后 12 位偏移地址，就构成了最终要访问的内存的物理地址，这个就不说了。

第 0 位是 P，表示 Present，存在位。

第 1 位是 RW，表示读写权限，0 表示只读，那么此时不允许往这个页表示的内存范围内写数据。

第 2 位是 US，表示用户态还是内核态，0 表示内核态，那么此时不允许处于用户态的程序往这个内存范围内写数据。

在 Linux-0.11 的 head.s 里，初次为页表设置的值如下：

```
// boot/head.s
setup_paging:
    ...
    movl $pg0+7,_pg_dir      /* set present bit/user r/w */
    movl $pg1+7,_pg_dir+4       /* --------- " " --------- */
    movl $pg2+7,_pg_dir+8       /* --------- " " --------- */
    movl $pg3+7,_pg_dir+12      /* --------- " " --------- */
    movl $pg3+4092,%edi
    movl $0xfff007,%eax         /*  16MB - 4096 + 7 (r/w user,p) */
    std
1:  stosl
    ...
```

后三位都是 7，用二进制表示就是 111，即初始设置的 4 个页目录表和 1024 个页表，都是：

存在（1），可读写（1），用户态（1）

好了，储备知识就到这里。如果你没读懂，那只需要知道，页表当中有一位是表示读\写权限的，而 Linux-0.11 初始化时，把它设置为 1，表示可读写。

写时复制的本质

在调用 fork 函数生成新进程时，新进程与原进程会共享同一内存区域。只有当其中一个进程进行写操作时，系统才会为其另外分配内存页面。

如何解释这件事情呢，我们一点点来看。假设现在只有一个进程，叫进程 1，进程 1 通过自己的页表占用了一定范围的物理内存空间，如图29-5所示。

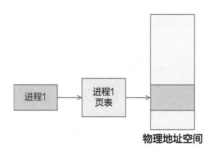

图 29-5

　　调用 fork 函数创建新进程时，原本页表和物理地址空间里的内容都要进行复制，因为进程的内存空间是要隔离的，如图29-6所示。

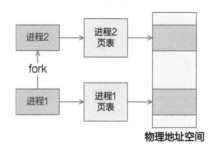

图 29-6

　　但 fork 函数认为，复制物理地址空间里的内容比较费时，**所以姑且先只复制页表，物理地址空间的内容先不复制**。当然，这需要两个页表将两个进程的不同线性地址空间映射到同一块物理地址空间，这并不难，如图29-7所示。

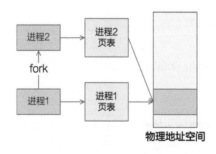

图 29-7

　　如果只有读操作，那就完全没有影响，使用者并不在乎是否真的复制物理地址空间里的内容使其内存隔离。**但如果有写操作，那就不得不把物理地址空间里的值复制一**

份，来保证进程间的内存隔离，如图29-8所示。

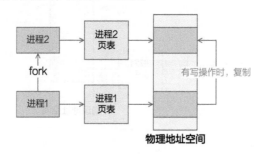

图 29-8

有写操作时，再复制物理内存，就叫**写时复制**。

看看代码是怎么写的

存在上述现象，必然是在调用 fork 函数时，对**页表**做了"手脚"，现在知道为啥储备知识里讲页表结构了吧?

同时，只要有写操作，就会触发写时复制这个逻辑，这是怎么做到的呢? 答案是通过**中断**，具体是**缺页中断**。

好的，先来看 fork。

fork 的细节很多，具体可以看第26回和第27回的内容，这里只看其中关键的复制页表的代码:

```
// mm/memory.c
int copy_page_tables(...) {
    ...
    // 源页表和新页表一样
    this_page = *from_page_table;
    ...
    // 将源页表和新页表均置为只读
    this_page &= ~ ;
    *from_page_table = this_page;
    ...
}
```

还记得知识储备当中的页表结构吧，这里就是把 R/W 位置 0 了，用 fork 图表示则如图29-9所示。

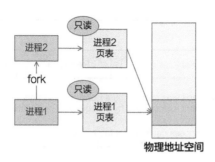

图 29-9

那么此时，再次对这块物理地址空间进行写操作时，就不被允许了。但不允许并不是真的不允许，对这个只读内存区域进行写操作时，CPU 会触发一个**缺页中断**，具体是**0x14** 号中断，至于中断处理程序里边怎么处理，CPU 并不在乎，那就可以由操作系统实现者自由发挥了。

Linux-0.11 的缺页中断处理函数的开头是用汇编语言写的，看着太闹心了。这里我选 Linux-1.0 的代码给大家看，逻辑是一样的：

```
void do_page_fault(..., unsigned long error_code) {
    ...
    if (error_code & )
        do_wp_page(error_code, address, current, user_esp);
    else
        do_no_page(error_code, address, current, user_esp);
    ...
}
```

可以看出，根据中断异常码 **error_code** 的不同，有不同的应对逻辑。那触发缺页中断的异常码都有哪些呢？在 Intel CPU手册 Volume 3的4.7节中给出了具体信息，如图 29-10所示。

可以看到，当 error_code 的第 0 位，也就是存在位为 0 时，会走 do_no_page 逻辑，其余情况，均走 do_wp_page 逻辑。

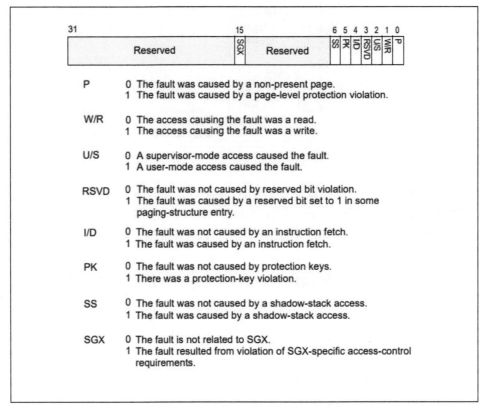

Figure 4-12. Page-Fault Error Code

图 29-10

执行 fork 函数的时候只是将读写位变成了只读，存在位仍然是 1 没有动，所以会走 do_wp_page 逻辑。

```
void do_wp_page(unsigned long error_code,unsigned long address) {
    // 后面这一大段计算了 address 在页表项的指针
    un_wp_page((unsigned long *)
        (((address>>10) & 0xffc) + (0xfffff000 &
        *((unsigned long *) ((address>>20) &0xffc)))));
}

void un_wp_page(unsigned long * table_entry) {
    unsigned long old_page,new_page;
    old_page = 0xfffff000 & *table_entry;
    // 只被引用一次，说明没有被共享，那只改读写属性就行了
    if (mem_map[MAP_NR(old_page)]== ) {
```

```
        *table_entry |= 2;
        invalidate();
        return;
    }
    // 被引用多次，就需要复制页表了

    new_page=get_free_page();
    mem_map[MAP_NR(old_page)]--;
    *table_entry = new_page | 7;
    invalidate();
    copy_page(old_page,new_page);
}

// 刷新页变换高速缓冲宏函数
#define invalidate() \
__asm__("movl %%eax,%%cr3"::"a" (0))
```

　　我用图29-11直接说明这段代码的细节。刚刚 fork 完一个进程后，情况是下面这个样子的，对吧？

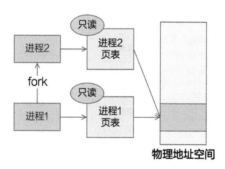

图 29-11

　　此时我们对这个物理空间范围写一个值，就会触发上述函数。假设这个写操作是进程 2 触发的，根据代码描述，现在这个物理空间被引用了大于 1 次，即是被共享的，所以要复制页面。

```
new_page=get_free_page();
```

　　并且更改页面只读属性为可读写。

```
*table_entry = new_page | 7;
```

　　这两行代码产生的效果如图29-12所示。

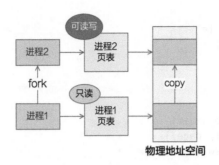

图 29-12

是不是很简单。那此时如果进程 1 再写呢？那么引用次数就等于 1 了，只需要更改页属性，不用进行页面复制操作。

```
if (mem_map[MAP_NR(old_page)]==1) ...
```

效果如图29-13所示。

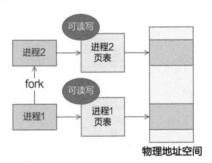

图 29-13

就这么简单！是不是从细节上看，和你原来理解的写时复制稍有不同？

写时复制的原理讲完了。不过你有没有注意到，在缺页中断的处理过程中，除了写时复制原理的 **do_wp_page** 函数外，还有一个 do_no_page函数，是在页表项的存在位 P 为 0 时触发的。

这个和**进程按需加载到内存**有关，这部分的故事，会在后面介绍 shell 进程的加载与执行时给大家讲解，大家就跟着我的节奏，慢慢读这个故事即可，不要着急。

欲知后事如何，且听下回分解。

第 30 回
番外篇——你管这破玩意儿叫文件系统

30

假设你手里有一块硬盘，大小为 1TB。你还有一堆文件，如图30-1所示。

图 30-1

这些文件在硬盘看来，就是一堆二进制数据而已，如图30-2所示。

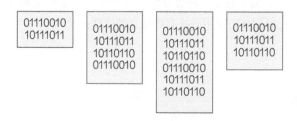

图 30-2

你准备把这些文件存储在硬盘上，并在需要的时候读取出来。

要设计怎样的软件，才能更方便地在硬盘中读写这些文件呢？

1. 分块

首先我不想和复杂的扇区、设备驱动等细节打交道，因此我先实现一个简单的功能，将硬盘按逻辑分成一个个**块**，并可以以块为单位进行读写。

每个块就定义为两个物理扇区的大小，即1024B，就是1KB。

硬盘太大不好分析，我们就假设硬盘只有1MB，那么这块硬盘则有1024个块，如图30-3所示。

我们开始存文件啦！准备一个文件，如图30-4所示。

图 30-3   图 30-4

随便选个块放进去，3号块吧，如图30-5所示。

图 30-5

成功！首战告捷！

2. 位图

再存一个文件！

诶，发现问题了，万一这个文件也存到了3号块，不是把原来的文件覆盖了吗？不行，要有一个地方记录现在可使用的块有哪些，像这样：

块0：未使用

块1：未使用

块2：未使用

块3：已使用

块4：未使用

……

块1023：未使用

那我们就用 0 号块来记录所有块的使用情况吧！怎么记录呢？

位图！用一位来表示其中一个块是使用（1）还是未使用（0），如图30-6所示。

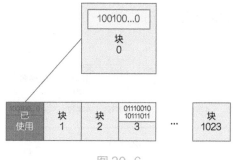

图 30-6

给块 0 起个名字，叫**块位图**，之后这个块 0 就专门用来记录所有块的使用情况，不再用来存具体文件了，如图30-7所示。

| 块位图
0 | 块
1 | 块
2 | 01110010
10111011
3 | ... | 块
1023 |

图 30-7

当我们再存入一个新文件时，只需要在块位图中找到第一个为 0 的位，就可以找到第一个还未被使用的块，将文件存入。同时，别忘了把块位图中的相应位置 1。

完美！

3. inode

下面，我们尝试读取这个文件。

咦，又遇到问题了，我怎么找到刚刚的文件呢？根据块号吗？这就像你去书店找书，店员让你提供书的编号，而不是书名，显然不合理。因此我们给每个文件起一个名字，叫**文件名**，通过它来寻找这个文件。

那必然要有一个地方，记录文件名与块号的对应关系，像这样：

- 葵花宝典 .txt：3 号块
- 数学期末复习资料 .mp4：5 号块
- 低并发编程的秘密 .pdf：10 号块
- ……

别急，既然都要选一个地方记录文件名称了，不妨多记录一点儿我们关心的信息吧，比如文件大小、文件创建时间、文件权限等。

这些自然也要保存在硬盘上。我们选择用一个固定大小的空间来表示这些信息，多大空间呢？128 字节吧，如图30-8所示。

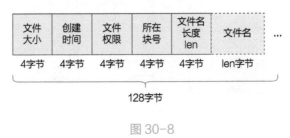

图 30-8

为什么是 128 字节呢？我乐意。

我们将这 128 字节的结构，叫作一个 inode。

之后，每存入一个新的文件，不但要占用一个块来存放这个文件本身，还要占用一个 inode 来存放文件的这些**元信息**，并且这个 inode 的**所在块号**这个字段，就指向这个文件所在的块号，如图30-9所示。

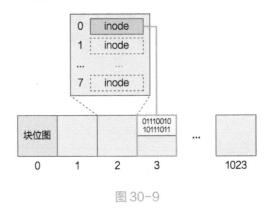

图 30-9

如果一个 inode 为 128 字节，那么一个块就可以容纳 8 个 inode，我们可以将这些 inode 编上号，如图30-10所示。

如果你觉得 inode 数不够，也可以用两个或者多个块来存放 inode 信息，但这样用于存放数据的块就少了，这就看你自己的平衡了，如图30-11所示。

同样，和块位图管理块的使用情况一样，我们也需要一个 **inode 位图**，来管理 inode 的使用情况。我们就把 inode 位图，放在 1 号块吧！

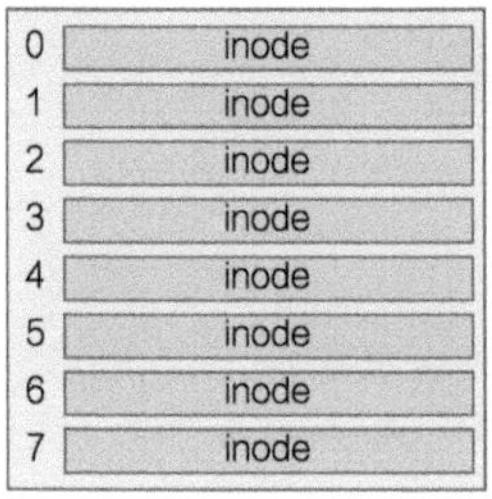

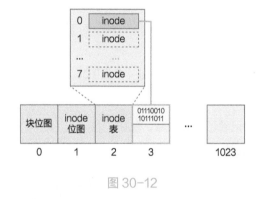

图 30-10 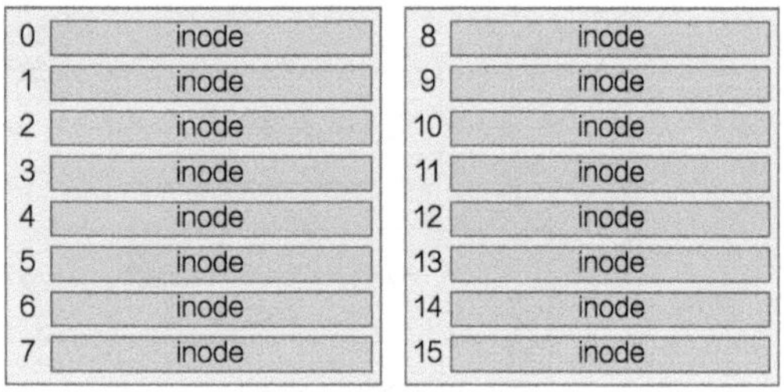　　　　　　　　　　　　　　　图 30-11

同时，我们把 inode 信息放在 2 号块，一共存 8 条 inode，这样我们的 2 号块就叫作 **inode 表**。

现在，我们的文件系统结构变成图30-12这个样子了。

图 30-12

注意：块位图管理的是可用的块，每一位代表一个块的使用与否；inode 位图管理的是一条一条的 inode，并不是 inode 所占用的块，比如图30-12中有 8 条 inode，则 inode 位图中就有 8 位用来管理它们的使用与否。

4. 间接索引

现在，我们的文件很小，一个块就能容下。

但如果需要两个块、三个块、四个块呢?

很简单，我们只需要采用**连续存储法**，而 inode 则只记录文件的第一个块，以及后面还需要多少块。

这种办法的缺点就是：容易留下大大小小的**空洞**，新的文件到来以后，难以找到合适的空白块，空间会被浪费，如图30-13所示。

图 30-13

看来这种方式不行，那该怎么办呢？

既然在 inode 中记录了文件所在的块号（参见图30-8），为什么不扩展一下，多记录几块呢？

原来在 inode 中只记录了一个块号，现在扩展一下，记录 8 个块号，如图30-14所示，而且这些块**不需要连续**。

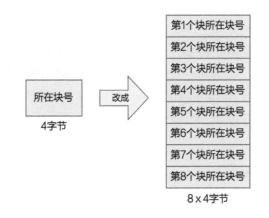

图 30-14

嗯，这是个可行的办法！

但是这也仅仅能表示 8 个块，能记录的最大文件是 8KB（记住，一个块是 1KB），现在的文件轻轻松松就超过这个限制了，这怎么办？

很简单，我们可以让其中一个块作为**间接索引**，如图30-15所示。

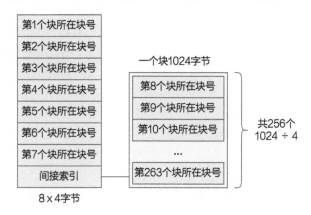

图 30-15

这样瞬间就有 263 个块（多了 256 – 1 个块）可用了，这种索引叫**一级间接索引**。

如果还不够，就再弄一个块作为一级间接索引，或者作为二级间接索引（二级间接索引则可以多出 256 × 256 – 1 个块）。

我们的文件系统，暂且先只弄一个一级间接索引。硬盘一共才 1024 个块，一个文件占 263 个块够大了。

好了，现在我们已经可以保存很大的文件了，并且可以通过文件名和文件大小，将它们准确读取出来啦！

5. 超级块与块描述符

但我们要精益求精，再想想这个文件系统有什么毛病。

比如，inode 数量不够时，我们是怎么得知的呢？是不是需要在 inode 位图中找，找不到了才知道不够用了？

同样，对于块数量不够时，也是如此。

要是有个全局的地方，来记录这一切就好了，也方便随时调整，比如这样：

- inode 数量
- 空闲 inode 数量
- 块数量

- 空闲块数量

那我们就再占用一个块来存储这些数据吧！由于它们看起来像是站在"上帝视角"来描述这个文件系统的，所以我们把它放在最开始的块上，并把它叫作**超级块**，现在的布局如图30-16所示。

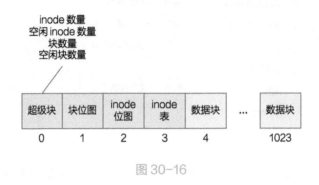

图 30-16

我们继续精益求精。

现在，**块位图**、**inode位图**、**inode表**，固定地占据着块 1、块 2、块 3 这三个位置。假如之后 inode 的数量很多，使得 inode 表或者 inode 位图需要占据多个块，怎么办？或者，块的数量增多（硬盘本身大了，或者每个块变小了），块位图需要占据多个块，怎么办？

程序是死的，你不告诉它哪个块表示什么，它可不会自己猜。

很简单，与超级块记录信息一样，这些信息也选择一个块来记录，就不怕了。那我们就选择紧跟在超级块后面的 1 号块来记录这些信息吧，并称之为**块描述符**，如图30-17所示。当然，这些所在块号只是记录起始块号，块位图、inode 位图、inode 表分别都可以占用多个块。

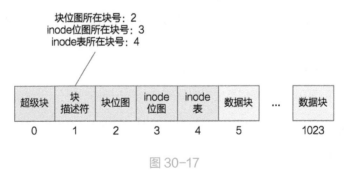

图 30-17

好了，大功告成！

6. 文件分类

现在，我们再尝试存入一批文件：

- 葵花宝典 .txt
- 数学期末复习资料 .mp4
- 赘婿 1.mp4
- 赘婿 2.mp4
- 赘婿 3.mp4
- 赘婿 4.mp4
- 低并发编程的秘密 .pdf

这些文件都是平铺开的，能不能拥有**层级关系**呢？比如这样：

- 葵花宝典 .txt
- 数学期末复习资料 .mp4
- 赘婿
  - 赘婿 1.mp4
  - 赘婿 2.mp4
  - 赘婿 3.mp4
  - 赘婿 4.mp4
- 低并发编程的秘密 .pdf

我们将"葵花宝典.txt"这种称为**普通文件**，将"赘婿"这种称为**目录文件**，如果要访问赘婿1.mp4，那完整文件名要写成：赘婿/赘婿1.mp4。

如何做到这一点呢？那我们又得把 inode 结构拿出来说说了，见图30-18。

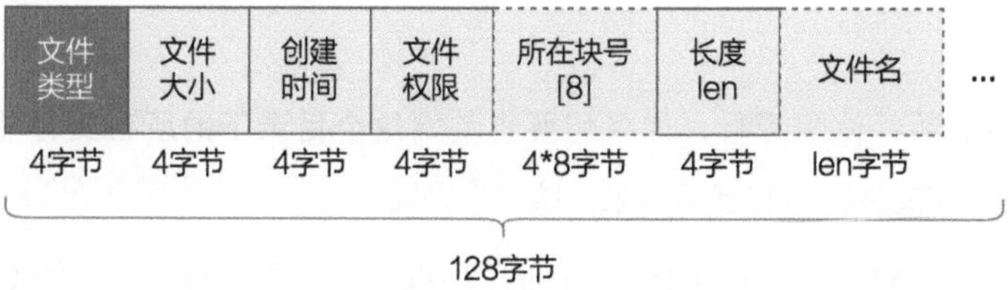

文件类型	文件大小	创建时间	文件权限	所在块号[8]	长度len	文件名	...
4字节	4字节	4字节	4字节	4*8字节	4字节	len字节	

128字节

图 30-18

此时需要一个属性来区分这个文件是普通文件，还是目录文件。

缺什么就补什么嘛，我们已经很熟悉了，专门加 4 字节，来表示**文件类型**，如图30-18所示。

如果是**普通文件**，则这个 inode 所指向的数据块仍然和之前一样，就是文件本身原封不动的内容。

但如果是**目录文件**，则这个 inode 所指向的数据块，就需要被重新规划了。

这个数据块里应该是什么样子呢？可以是一个一个指向不同 inode 的紧挨着的结构，比如图30-19这样。

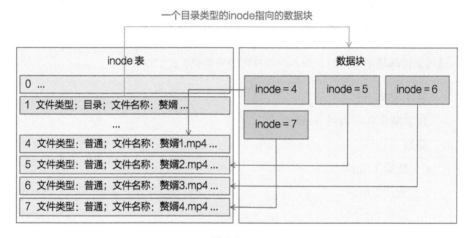

图 30-19

先通过**"赘婿"**这个目录文件找到所在的数据块。再根据这个数据块里的一个个带有 inode 信息的结构，找到这个目录下的所有文件。

完美！

7. 文件名

不过这样的话，你想想看，如果想要查赘婿**这个目录下的所有文件**（比如 ll 命令），将文件名和文件类型都展示出来，该怎么办呢？

需要把一个个结构指向的 inode 从 inode 表中取出，再把文件名和文件类型取出，这很浪费时间。而让用户看到一个目录下的所有文件，又是一个极其常见的操作。所以，不如把文件名和文件类型这种常见的信息，放在数据块的结构里吧，如图30-20所示。

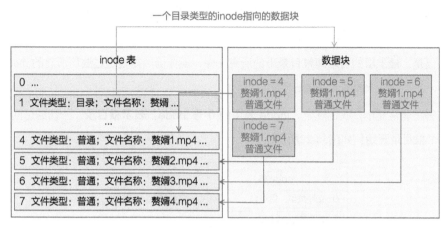

图 30-20

同时，inode 结构中的文件名，好像就没什么用了，这种变长的东西放在这种定长的结构中本身就很讨厌，早就想给它去掉了。而且还能给其他信息省下空间，比如文件所在块的数组，就能再多几个了。

太好了，去掉它！如图30-21所示。大功告成，现在我们就可以将文件分门别类放进不同目录了，还可以在目录下创建目录，无限"套娃"！

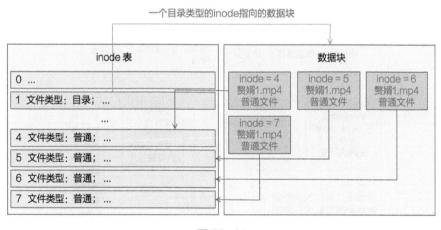

图 30-21

8. 根目录

现在的文件系统，已经比较完善了，只是还有一点儿不够完美。

我们访问到一个目录，可以很舒服地看到目录里的文件，然后再根据名称访问这个目录下的文件或者目录，整个过程都是一个套路。

但是，最上层的目录即**根目录**下的所有文件，现在仍然需要通过遍历所有的 inode 来获得，能不能和上面的套路统一呢？

答案非常简单，我们规定，**inode 表中的 0 号 inode，表示根目录**，一切的访问，就从这个根目录开始！如图30-22所示。

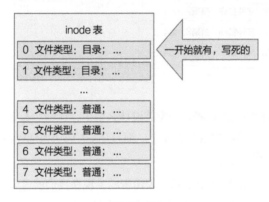

图 30-22

好了，这回没有然后了！现在来欣赏一下我们的文件系统架构，如图30-23所示。

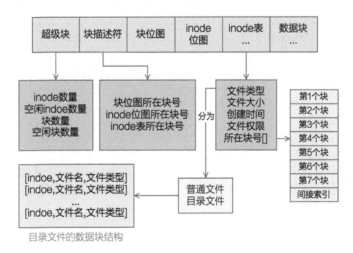

图 30-23

你是不是觉得这没啥了不起。但这个破玩意儿，就叫文件系统。

这个文件系统，和 Linux 上的经典文件系统 **ext2** 基本相同。图30-24是我画的 ext2 文件系统的结构（字段部分只画了核心字段）。

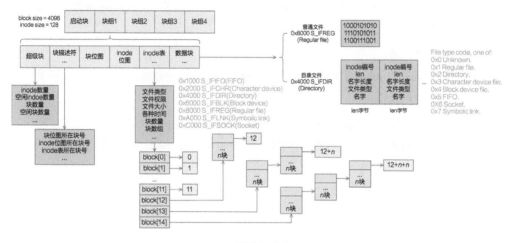

图 30-24

二者的主要异同点如下：

- 超级块前面是启动块，这个是 PC 联盟给硬盘规定的 1KB 专属空间，任何文件系统都不能用它。

- ext2 文件系统首先将整个硬盘分为很多块组，但如果只有一个块组的话，和我们的文件系统整体结构就完全一样了，分别是超级块、块描述符、块位图、inode 位图、inode 表、数据块。

- ext2 文件系统的 inode 表中用 15 个块来定位文件，其中第 13 个块为一级间接索引、第 14 个块为二级间接索引、第 15 个块为三级间接索引。

- ext2 文件系统的文件类型分得更多，还有常见的如块设备文件、字符设备文件、管道文件、socket 文件等。

- ext2 文件系统的超级块、块描述符、inode 表中记录的信息更多，但核心信息和我们的文件系统一样，而且这些字段在后续的 ext3 和 ext4 中不断增加，保持向前兼容。

- ext2 文件系统的 2 号 inode 为根目录，而我们的系统是 0 号 inode 为根目录，这个很随意，你设计一个文件系统定一个 187 号 inode 为根目录也可以。

如果你想了解 ext2 文件系统的全部细节，有四种方式：

- 看源码，Linux-1.0 后的源码都有 ext2 文件系统的实现，源码是最准确的。
- 看官方文档。
- 看优质博客。
- 用 Linux 的 mke2fs 命令生成一个 ext2 文件系统的磁盘镜像，然后一字节一字节分析其格式。

如果看源码和官方文档毫不吃力，我当然主推这两个，因为毕竟是一手资料。但大多数人可能无法做到，有时也不是很有必要，因此也可以看一些优质的博客。

第 3 部分总结与回顾

至此，第3部分讲述的一个新进程的诞生，就全部结束啦！恭喜你又渡过了一道难关！

整个第3部分，用前4回的内容讲述了**进程调度机制**，又用后3回内容讲述了 fork 函数的全部细节。我们一起来回顾一下。

进程调度机制

前4回内容循序渐进地讲述了进程调度机制的设计思路和细节。

- 第 21 回 | 第 3 部分全局概述
- 第 22 回 | 从内核态切换到用户态
- 第 23 回 | 如果让你来设计进程调度
- 第 24 回 | 从一次定时器滴答来看进程调度

进程调度的始作俑者，就是那个每 10ms 触发一次的定时器滴答。

而这个滴答将会给 CPU 产生一个**时钟中断**信号。

而这个中断信号会使 CPU 查找中断向量表，找到操作系统写好的一个时钟中断处理函数 do_timer。

do_timer 会首先将当前进程的 counter 变量减1，如果 counter 此时仍然大于 0，则就此结束。

但如果 counter 等于 0 了，就开始进行进程的调度。

进程调度就是找到所有处于 RUNNABLE 状态的进程，并找到一个 counter 值最大的进程，把它丢进 switch_to 函数的入参里。

switch_to 这个终极函数，会保存当前进程上下文，恢复要跳转到的这个进程的上下文，同时使得 CPU 跳转到这个进程的偏移地址处。

接着，这个进程就舒舒服服地运行了起来，等待着下一次**时钟中断**的来临。

聊完进程调度机制，我们再来回顾一下 fork 函数的原理。

fork

后3回内容讲述了 fork 函数的全部细节。

- 第 25 回丨通过 fork 看一次系统调用
- 第 26 回丨fork 函数中进程基本信息的复制
- 第 27 回丨透过 fork 来看进程的内存规划

用一张图来表示的话，如图1所示。

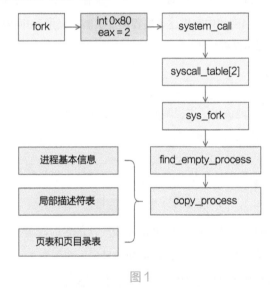

图1

其中 **copy_process** 是复制进程的关键，总共分三步。

第一步，先原封不动地复制了 task_struct，随后重新复制一些基本信息，包括元信息和一些寄存器的信息。

第二步，LDT 的复制和改造，使得进程 0 和进程 1 分别被映射到不同的线性地址空间。

第三步，页表的复制，使得进程 0 和进程 1 又从不同的线性地址空间被映射到了相同的物理地址空间。同时，将新老进程的页表都变成只读状态，为后面写时复制的缺页中断做准备。

整个核心函数 copy_process 的代码如下。

```
// kernel/fork.c
int copy_process(int nr, ...) {
    struct task_struct p = (struct task_struct *) get_free_page();
    task[nr] = p;
    *p = *current;
    p->state = TASK_UNINTERRUPTIBLE;
    p->pid = last_pid;
    p->counter = p->priority;
    ..
    p->tss.edx = edx;
    p->tss.ebx = ebx;
    p->tss.esp = esp;
    ...
    copy_mem(nr,p);
    ...
    set_tss_desc(gdt+(nr<<)+FIRST_TSS_ENTRY,&(p->tss));
    set_ldt_desc(gdt+(nr<<)+FIRST_LDT_ENTRY,&(p->ldt));
    p->state = TASK_RUNNING;
    return last_pid;
}
```

这里还有一个没有提到的小细节。我们注意到，在第 5 行的地方将进程 1 的状态 state 设置为了 TASK_UNINTERRUPTIBLE，使其不会被 CPU 调度。

而所有复制工作完成后，又将进程 1 的状态 state 设置为了 TASK_RUNNING，允许被 CPU 调度。

看到这个 TASK_RUNNING 状态的变更，也标志着进程 1 的初步建立工作圆满结束，可以达到运行在 CPU 上的标准了！

第 4 部分展望

回顾完第 3 部分的全部内容后，我们接下来对第 4 部分的内容进行展望。我们回到之前的 main 函数，你是不是都快忘记它长什么样子了？哈哈。

```
// init/main.c
void main(void) {
    ...
    mem_init(main_memory_start,memory_end);
    trap_init();
    blk_dev_init();
    chr_dev_init();
    tty_init();
    time_init();
    sched_init();
    buffer_init(buffer_memory_end);
    hd_init();
    floppy_init();
    sti();
    move_to_user_mode();
    if (!fork()) {
        init();
    }
    for(;;)
        pause();
}
```

看，fork 函数的下一行代码，是 init，这个函数便是进程 1 中真正要做的事情。

虽然就一行代码，但这里的事情可多了，我们先看一下整体结构。我已经把单纯的日志打印和错误校验逻辑去掉了。

```
// init/main.c
void init(void) {
    int pid,i;
    setup((void *) &drive_info);
    (void) open("/dev/tty0",O_RDWR,0);
    (void) dup(0);
    (void) dup(0);
    if (!(pid=fork())) {
        open("/etc/rc",O_RDONLY,0);
        execve("/bin/sh",argv_rc,envp_rc);
    }
    if (pid>0)
        while (pid != wait(&i))
            /* nothing */;
    while (1) {
        if (!pid=fork()) {
            close(0);
            close(1);
            close(2);
            setsid();
            (void) open("/dev/tty0",O_RDWR,0);
            (void) dup(0);
            (void) dup(0);
            _exit(execve("/bin/sh",argv,envp));
        }
        while (1)
            if (pid == wait(&i))
                break;
        sync();
    }
    _exit(0);  /* NOTE! _exit, not exit() */
}
```

是不是看着还挺复杂？**不过还好，我们几乎已经把计算机体系结构和操作系统的设计思想，通过前面的源码阅读，不知不觉建立起来了。**

接下来的工作，就是基于这些建立好的能力，站在巨人的肩膀上，做些更牛的事情！到底是什么事情呢？说到底其实就是最终建立好一个可以与用户终端进行交互的 shell 程序，无限等待用户输入命令并执行命令，仅此而已。

当然，要想达到这样一个效果，还有很长的路要走，这就是第4部分要讲的故事了！

欲知后事如何，且听第 4 部分的分解。

展
望

第 4 部分
shell 程序的到来

第 31 回

拿到硬盘信息

在第3部分中，讲述了进程 0 调用 fork 函数创建了一个新的进程 —— 进程 1 的过程。

```c
// init/main.c
void main(void) {
    ...
    move_to_user_mode();
    if (!fork()) {
        init();
    }
    for(;;) pause();
}
```

由于 fork 函数一调用，就又多出了一个进程，子进程（进程 1）会返回 0，父进程（进程 0）返回子进程的 ID，所以 init 函数只有进程 1 才会执行。

这就引出了第 4 部分的内容，**shell 程序的到来**。而整个第 4 部分的故事，就是这个 init 函数做的事情。

```c
// init/main.c
void init(void) {
    int pid,i;
    setup((void *) &drive_info);
    (void) open("/dev/tty0",O_RDWR,0);
    (void) dup(0);
    (void) dup(0);
    if (!(pid=fork())) {
```

```
        open("/etc/rc",O_RDONLY,0);
        execve("/bin/sh",argv_rc,envp_rc);
    }
    if (pid>0)
        while (pid != wait(&i))
            /* nothing */;
    while (1) {
        if (!pid=fork()) {
            close(0);close(1);close(2);
            setsid();
            (void) open("/dev/tty0",O_RDWR,0);
            (void) dup(0);
            (void) dup(0);
            _exit(execve("/bin/sh",argv,envp));
        }
        while (1)
            if (pid == wait(&i))
                break;
        sync();
    }
    _exit(0);   /* NOTE! _exit, not exit() */
}
```

是不是看着还挺复杂的？不过别急，先只讲第 3 行代码 **setup** 中的一部分，硬盘信息的获取。

```
struct drive_info { char dummy[32]; } drive_info;

// drive_info = (*(struct drive_info *)0x90080);

// init/main.c
void init(void) {
    setup((void *) &drive_info);
    ...
}
```

先看入参。drive_info 是来自内存 0x90080 的数据，这部分是第5回中的 setup.s 程序将硬盘 1 的参数信息放在这里的，包括柱面数、磁头数、扇区数等信息。

setup 是一个系统调用，会通过中断最终调用 sys_setup 函数。关于系统调用的原理，在第25回已经讲得很清楚了，此处不再赘述。

所以直接看 sys_setup 函数，我仍然是对代码做了少许的简化，去掉了日志打印和错误判断分支，并且仅当作只有一块硬盘，去掉了一层 for 循环。

```
// kernel/blk_drv/hd.c
int sys_setup(void * BIOS) {

    hd_info[0].cyl = *(unsigned short *) BIOS;
    hd_info[0].head = *(unsigned char *) (2+BIOS);
    hd_info[0].wpcom = *(unsigned short *) (5+BIOS);
    hd_info[0].ctl = *(unsigned char *) (8+BIOS);
    hd_info[0].lzone = *(unsigned short *) (12+BIOS);
    hd_info[0].sect = *(unsigned char *) (14+BIOS);
    BIOS += 16;

    hd[0].start_sect = 0;
    hd[0].nr_sects =
        hd_info[0].head * hd_info[0].sect * hd_info[0].cyl;

    struct buffer_head *bh = bread(0x300, 0);
    struct partition *p = 0x1BE + (void *)bh->b_data;
    for (int i=1;i<5;i++,p++) {
        hd[i].start_sect = p->start_sect;
        hd[i].nr_sects = p->nr_sects;
    }
    brelse(bh);

    rd_load();
    mount_root();
    return (0);
}
```

好，我们一点点看。先看第一部分，硬盘基本信息的赋值操作。

```
// kernel/blk_drv/hd.c
int sys_setup(void * BIOS) {
    hd_info[0].cyl = *(unsigned short *) BIOS;
    hd_info[0].head = *(unsigned char *) (2+BIOS);
    hd_info[0].wpcom = *(unsigned short *) (5+BIOS);
    hd_info[0].ctl = *(unsigned char *) (8+BIOS);
    hd_info[0].lzone = *(unsigned short *) (12+BIOS);
    hd_info[0].sect = *(unsigned char *) (14+BIOS);
    BIOS += 16;
    ...
}
```

前面讲过，入参 BIOS 是来自内存 0x90080 的数据，这里是硬盘 1 的参数信息，包括柱面数、磁头数、扇区数等信息。所以，一开始先往 **hd_info** 数组的 0 索引处存上这些信息，即硬盘 1 的参数信息被记录在这里。

这个数组的结构是 hd_i_struct，硬盘的参数信息就被记录在这样一个结构上：

```
struct hd_i_struct {
    // 磁头数、每磁道扇区数、柱面数、写前预补偿柱面号、磁头着陆区柱面号、控制字节
    int head,sect,cyl,wpcom,lzone,ctl;
};
struct hd_i_struct hd_info[] = {};
```

用图表示的话就是图31-1的样子。

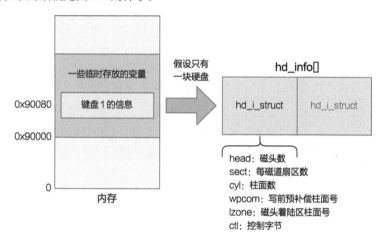

图 31-1

我们继续看硬盘分区表的设置：

```
static struct hd_struct {
    long start_sect;
    long nr_sects;
} hd[ ] = {}

// kernel/blk_drv/hd.c
int sys_setup(void * BIOS) {
    ...
    hd[ ].start_sect = ;
    hd[ ].nr_sects =
        hd_info[ ].head * hd_info[ ].sect * hd_info[ ].cyl;
    struct buffer_head *bh = bread(0x300, );
    struct partition *p = 0x1BE + (void *)bh->b_data;
    for (int i= ;i< ;i++,p++) {
        hd[i].start_sect = p->start_sect;
        hd[i].nr_sects = p->nr_sects;
    }
```

```
    brelse(bh);
    ...
}
```

只看最终效果，就是给 hd 数组的5项赋上了值，如图31-2所示。

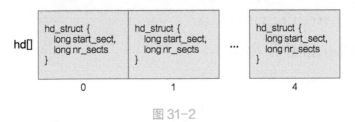

图 31-2

这表示硬盘的分区信息，每个分区用 **start_sect** 和 **nr_sects**，也就是开始扇区和总扇区数来记录。

这些信息是从哪里获取的呢？是从硬盘的第一个扇区的 **0x1BE** 偏移处获取的，这里存储着该硬盘的分区信息，只要把这个地方的数据拿到就可以了。而 bread 函数就是干这事的，从硬盘读取数据：

```
struct buffer_head *bh = bread(0x300, 0);
```

第一个参数 0x300 是第一块硬盘的主设备号，表示要读取的块设备是硬盘 1。第二个参数 0 表示读取第一个块，一个块的大小为 1024B，也就是连续读取硬盘开始处 0 ~ 1024B的数据。

拿到这部分数据后，再去 0x1BE 偏移处，就得到了分区信息：

```
struct partition *p = 0x1BE + (void *)bh->b_data;
```

就是图31-3所示的这么点儿事。

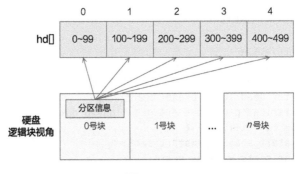

图 31-3

至于如何从硬盘中读取指定位置（块）的数据，也就是 **bread** 函数的内部实现，那是相当复杂的，涉及与缓冲区配合的部分，还有读写请求队列的设置及中断。

当然，这个函数就是经典的问题，涉及**从硬盘中读取数据的原理**，但这些都不影响主流程，因为仅仅是把硬盘某位置的数据读到内存而已，这里先不去深入细节，细节部分将在第 5 部分展开说明。目前我们已经把硬盘的基本信息存入 hd_info[]，把硬盘的分区信息存入 hd[] 了，继续往下看：

```
// kernel/blk_drv/hd.c
int sys_setup(void * BIOS) {
    ...
    rd_load();
    mount_root();
    return (0);
}
```

以上代码就剩两个函数了。其中 **rd_load** 是当有 ramdisk 时，也就是虚拟内存盘时，才会执行。虚拟内存盘是通过软件将一部分内存（RAM）模拟为硬盘来使用的一种技术，一种小玩法而已，我们就先当作没有，否则很影响看主流程的心情。**mount_root** 直译过来就是**加载根**，再多说几个字是**加载根文件系统**，有了它之后，操作系统才能从一个根开始找到所有存储在硬盘中的文件，所以它是文件系统的基石，很重要。

所谓的加载根文件系统，就是把硬盘中的数据加载到内存里，以文件系统的数据格式来解读这些信息。

所以为了加载根文件系统，第一，需要硬盘本身就有文件系统的信息，硬盘不能是裸盘，这个不归操作系统管，你为了启动我的 Linux-0.11，必须拿来一块做好了文件系统的硬盘；第二，需要将硬盘的数据读取到内存，那就必须知道硬盘的参数信息，这就是本回所做的事情的意义。

欲知后事如何，且听下回分解。

第 32 回

加载根文件系统

上回书说到，我们已经把硬盘的基本信息（磁头数、柱面数、扇区数等）存入 hd_info[]，把硬盘的分区信息存入 hd[]，并且留了个读取硬盘数据的 bread 函数没有讲，等主流程讲完再展开这些函数的细节。

这些都是 setup 函数里做的事情，也就是进程 0 fork 出的进程 1 所执行的第一个函数。

本回来说说 setup 函数中最后一个函数 mount_root：

```
// kernel/blk_drv/hd.c
int sys_setup(void * BIOS) {
    ...
    mount_root();
}
```

mount_root 的作用是**加载根文件系统**，下面进入该函数内部看看。

```
// fs/super.c
void mount_root(void) {
    int i,free;
    struct super_block * p;
    struct m_inode * mi;

    for(i=0;i<64;i++)
        file_table[i].f_count=0;

    for(p = &super_block[0] ; p < &super_block[8] ; p++) {
        p->s_dev = 0;
        p->s_lock = 0;
        p->s_wait = NULL;
```

```
}
p=read_super( );
mi=iget( , );

mi->i_count += ;
p->s_isup = p->s_imount = mi;
current->pwd = mi;
current->root = mi;
free= ;
i=p->s_nzones;
while (-- i >= )
    if (!set_bit(i& ,p->s_zmap[i>> ]->b_data))
        free++;

free= ;
i=p->s_ninodes+ ;
while (-- i >= )
    if (!set_bit(i& ,p->s_imap[i>> ]->b_data))
        free++;
}
```

第
32
回

从整体上说，它就是要把硬盘中的数据，以文件系统的格式进行解读，加载到内存中设计好的数据结构里，如图32-1所示。这样操作系统就可以通过内存中的数据，以文件系统的方式访问硬盘中的一个个文件了。

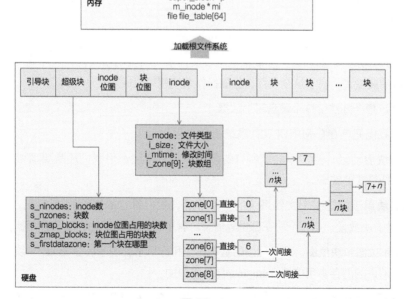

图 32-1

那其实搞清楚两件事情即可：

第一，硬盘中的文件系统格式是怎样的？

第二，内存中用于文件系统的数据结构有哪些？

我们一个个来讲。

硬盘中的文件系统格式是怎样的

首先硬盘中的文件系统，无非就是硬盘中的一堆数据，我们按照一定格式去解析罢了。Linux-0.11 中的文件系统是 MINIX 文件系统，它就像图32-2这个样子。

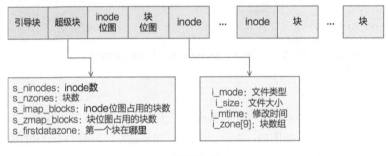

图 32-2

每一个块结构的大小是 1024B，也就是 1KB，硬盘里的数据就按照这个结构，被妥善地安排在硬盘里。

可是硬盘中凭什么就有了这些信息呢？这就是鸡生蛋还是蛋生鸡的问题了。你可以先写一个操作系统，然后给一个硬盘做某种文件系统类型的格式化，这样就得到一个有文件系统的硬盘了，有了这个硬盘，你的操作系统就可以成功启动了。

总之，想个办法给这个硬盘写上数据。

现在我们简单看看 MINIX 文件系统的格式。

引导块启动区，当然不一定所有的硬盘都有启动区，但我们还是要预留出这个位置，以保持格式的统一。

超级块用于描述整个文件系统的整体信息，我们看它的字段就知道了，有后面的 inode 数量、块数量、第一个块在哪里等信息。有了它，整个硬盘的布局就清晰了。

inode 位图和块位图，就是位图的基本操作和作用了，表示后面 inode 和块的使用情况，和之前讲的内存占用位图 mem_map[] 是类似的。

再往后，inode 存放着每个文件或目录的元信息和索引信息，元信息就是文件类型、文件大小、修改时间等，索引信息就是大小为 9 的 i_zone[9] 块数组，表示这个文件或目录的具体数据占用了哪些块。

其中在块数组里，0~6 表示直接索引，7 表示一次间接索引，8 表示二次间接索引。当文件比较小时，比如只占用 2 个块就够了，那就只需要 zone[0] 和 zone[1] 两个直接索引即可，如图32-3所示。

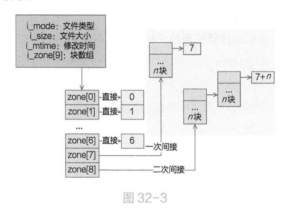

图 32-3

再往后，就都是存放具体文件或目录实际信息的**块**了。如果是一个普通文件类型的 inode 指向的块，那里面就直接是文件的二进制信息。如果是一个目录类型的 inode 指向的块，那里面存放的就是这个目录下的文件和目录的 inode 索引以及文件或目录名称等信息。

好了，文件系统格式就简单说明完毕，MINIX 文件系统已经过时，你可以阅读第30回来全面了解一个 ext2 文件系统的来龙去脉，基本思想都是一样的。

内存中用于文件系统的数据结构有哪些

赶紧回过头来看我们的代码，是如何加载以这样一种格式存放在硬盘里的数据，以被我们的操作系统所管控的。

```
struct file {
    unsigned short f_mode;
    unsigned short f_flags;
    unsigned short f_count;
    struct m_inode * f_inode;
    off_t f_pos;
};
```

```
// fs/super.c
void mount_root(void) {
    for(i= ;i<  ;i++)
        file_table[i].f_count= ;
    ...
}
```

首先，把 64 个 file_table 里的 f_count 清零。

这个 file_table 表示进程所使用的文件，进程每使用一个文件，都需要被记录在这里，包括文件类型、文件 inode 索引信息等，而这个 f_count 表示被引用的次数，此时还没有引用，所以设置为零。

而这个 file_table 的索引（当然准确地说是进程的 filp 索引），就是我们通常说的文件描述符。比如以下命令。

```
echo "hello" > 0
```

就表示把 hello 输出到 0 号文件描述符。

0 号文件描述符是哪个文件呢？就是 file_table[0] 所表示的文件。

这个文件在哪里呢？注意 file 结构里有个 f_inode 字段，通过 f_inode 即可找到它的 inode 信息，inode 信息包含了一个文件所需要的全部信息，包括文件的大小、文件的类型、文件所在的硬盘块号，有这个所在硬盘块号，就足以找到这个文件了。

接着看。

```
struct super_block super_block[ ];
// fs/super.c
void mount_root(void) {
    ...
    struct super_block * p;
    for(p = &super_block[ ] ; p < &super_block[ ] ; p++) {
        p->s_dev = ;
        p->s_lock = ;
        p->s_wait = NULL;
    }
    ...
}
```

又是对一个数组 super_block 做清零工作。

这个 super_block 存在的意义是，操作系统与一个设备以文件形式进行读写访问时，就需要把这个设备的超级块信息放在这里，如图32-2所示。

这样通过这个超级块，就可以掌控这个设备的文件系统全局了。

果然，接下来的操作，就是将硬盘的超级块信息读入内存：

```
// fs/super.c
void mount_root(void) {
    ...
    p=read_super();
    ...
}
```

read_super 就是读取硬盘中的超级块。

接下来，读取根 inode 信息。

```
struct m_inode * mi;
// fs/super.c
void mount_root(void) {
    ...
    mi=iget(0,1);
    ...
}
```

然后把该 inode 设置为当前进程（也就是进程 1）的当前工作目录和根目录：

```
// fs/super.c
void mount_root(void) {
    ...
    current->pwd = mi;
    current->root = mi;
    ...
}
```

然后记录块位图信息：

```
// fs/super.c
void mount_root(void) {
    ...
    i=p->s_nzones;
    while (-- i >= 0)
        set_bit(i&8191, p->s_zmap[i>>13]->b_data);
    ...
}
```

最后记录 inode 位图信息：

```
// fs/super.c
void mount_root(void) {
    ...
    i=p->s_ninodes+1;
    while (-- i >= 0)
        set_bit(i&8191, p->s_imap[i>>13]->b_data);
}
```

好了，大功告成。其实整体上就是把硬盘中文件系统的各种信息搬到内存中。本回开头的那张图非常直观地展示了这一部分做的事情。

有了内存中的这些结构，就可以顺着根 inode，找到所有的文件了。

至此，加载根文件系统的 mount_root 函数全部结束。同时，我们回到全局视野，发现 setup 函数也一并结束了：

```
// init/main.c
void main(void) {
    ...
    move_to_user_mode();
    if (!fork()) {
        init();
    }
    for(;;) pause();
}

void init(void) {
    setup((void *) &drive_info);
    ...
}

// kernel/blk_drv/hd.c
int sys_setup(void * BIOS) {
    ...
    mount_root();
}
```

setup 的主要工作就是**加载根文件系统**。

我们继续往下看 init 函数：

```
// init/main.c
void init(void) {
    setup((void *) &drive_info);
    (void) open("/dev/tty0",O_RDWR,0);
    (void) dup(0);
```

```
    (void) dup(0);
}
```

看到这里相信你也明白了。之前 setup 函数的一番"折腾",加载了根文件系统,顺着根 inode 可以找到所有文件,就是为了下一行 open 函数可以通过文件路径,从硬盘中把一个文件的信息方便地拿到。

在这里,调用 open 打开了一个 /dev/tty0 文件,然后又通过两次调用 dup 复制了该文件描述符。那我们接下来的焦点就在于这个 /dev/tty0 是什么。

欲知后事如何,且听下回分解。

第 33 回
打开终端设备文件

33

书接上回，上回书咱们说到，经过 setup 函数的一番"折腾"，加载了根文件系统，顺着根 inode 可以找到所有文件，为后续工作奠定了基础。

而有了这个功能后，下一行 open 函数可以通过文件路径，从硬盘中把一个文件的信息方便地拿到。

```
// init/main.c
void init(void) {
    setup((void *) &drive_info);
    (void) open("/dev/tty0",O_RDWR,0);
    (void) dup(0);
    (void) dup(0);
}
```

那我们接下来的焦点就在这个 open 函数及它要打开的文件 /dev/tty0，还有后面的两个 dup 上。

open 函数会触发 0x80 中断，最终调用 sys_open 这个系统调用函数，相信你对此已经很熟悉了。

```
// fs/open.c
struct file file_table[64] = {0};
int sys_open(const char * filename,int flag,int mode) {
    struct m_inode * inode;
    struct file * f;
    int i,fd;
    mode &= 0777 & ~current->umask;
```

```
for(fd=  ; fd<   ; fd++)
    if (!current->filp[fd])
        break;
if (fd>=   )
    return -EINVAL;
current->close_on_exec &= ~(  <<fd);

f=  +file_table;
for (i=   ; i<    ; i++,f++)
    if (!f->f_count) break;
if (i>=   )
    return -EINVAL;

(current->filp[fd]=f)->f_count++;

i = open_namei(filename,flag,mode,&inode);

if (S_ISCHR(inode->i_mode))
    if (MAJOR(inode->i_zone[ ])==  ) {
        if (current->leader && current->tty<  ) {
            current->tty = MINOR(inode->i_zone[ ]);
            tty_table[current->tty].pgrp = current->pgrp;
        }
    } else if (MAJOR(inode->i_zone[ ])==  )
        if (current->tty<  ) {
            iput(inode);
            current->filp[fd]=NULL;
            f->f_count=  ;
            return -EPERM;
        }
if (S_ISBLK(inode->i_mode))
    check_disk_change(inode->i_zone[ ]);

f->f_mode = inode->i_mode;
f->f_flags = flag;
f->f_count =  ;
f->f_inode = inode;
f->f_pos =  ;
return (fd);
}
```

这么大一段代码！别怕，我们来慢慢分析，我先用图33-1来描述这一大段代码的
作用。

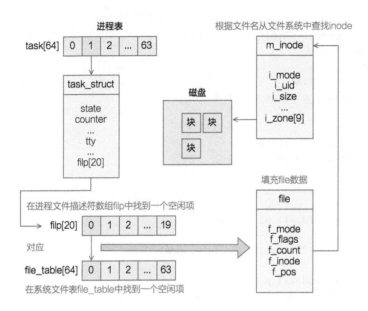

图 33-1

第一步，在进程文件描述符数组 filp 中找到一个空闲项。还记得进程的 task_struct 结构吧，其中有一个 filp 数组的字段，就是我们常说的文件描述符数组，在这里先找到一个空闲项，将空闲地方的索引值设为 fd。

```
// fs/open.c
int sys_open(const char * filename,int flag,int mode) {
    ...
    for(int fd=0 ; fd<20; fd++)
        if (!current->filp[fd])
            break;
    if (fd>=20 )
        return -EINVAL;
    ...
}
```

由于此时当前进程，也就是进程 1，还没有打开过任何文件，所以 0 号索引处就是空闲的，fd 自然就等于 0。

第二步，在系统文件表 file_table 中找到一个空闲项。

```
// fs/open.c
int sys_open(const char * filename,int flag,int mode) {
    int i;
```

```
    ...
    struct file * f= +file_table;
    for (i=0 ; i<64 ; i++,f++)
        if (!f->f_count) break;
    if (i>=64)
        return -EINVAL;
    ...
}
```

　　注意，进程的 filp 数组大小是 20，系统的 file_table 大小是 64，可以得出，每个进程最多打开 20 个文件，整个系统最多打开 64 个文件。

　　第三步，将进程的文件描述符数组项和系统的文件表项对应起来。代码中就是一个赋值操作。

```
// fs/open.c
int sys_open(const char * filename,int flag,int mode) {
    ...
    current->filp[fd] = f;
    ...
}
```

　　第四步，根据文件名从文件系统中查找inode。其实相当于找到了这个 tty0 文件对应的 inode 信息。

```
// fs/open.c
int sys_open(const char * filename,int flag,int mode) {
    ...
    // filename = "/dev/tty0"
    // flag = O_RDWR 读写
    // 不是创建新文件，所以 mode 没用
    // inode 是返回参数
    open_namei(filename,flag,mode,&inode);
    ...
}
```

　　接下来判断 tty0 这个 inode 是否是字符设备，如果是字符设备文件，那么如果设备号是 4，则设置当前进程的 tty 号为该 inode 的子设备号。并设置当前进程tty 对应的tty 表项的父进程组号等于进程的父进程组号。

　　这里我们暂不展开讲。

　　第五步，填充 file 数据。其实就是初始化这个 f，包括刚刚找到的 inode 值。最后将 fd 的值返回给上层文件描述符，也就是零。

```
// fs/open.c
int sys_open(const char * filename,int flag,int mode) {
    ...
    f->f_mode = inode->i_mode;
    f->f_flags = flag;
    f->f_count = 1;
    f->f_inode = inode;
    f->f_pos = 0;
    return (fd);
    ...
}
```

最后再回过头看图33-1那张流程图，是不是就有感觉了？

其实打开一个文件，即刚刚的 open 函数，就是在上述操作后，返回一个 int 型的数值 fd，称作文件描述符，之后就可以对这个文件描述符进行读写了。

之所以可以这么方便，是由于通过这个文件描述符，最终能够找到其对应文件的 inode 信息，有了这个信息，就能够找到它在磁盘文件中的位置（当然，文件还分为常规文件、目录文件、字符设备文件、块设备文件、FIFO 特殊文件等，这个之后再说），进行读写。

比如**读函数**的系统调用入口：

```
// fs/read_write.c
int sys_read (unsigned int fd, char *buf, int count) {
    ...
}
```

写函数的系统调用入口：

```
// fs/read_write.c
int sys_write (unsigned int fd, char *buf, int count) {
    ...
}
```

入参都有 int 型的文件描述符 fd，就是刚刚调用 open 时返回的，就这么简单。

好，我们回过头看这段代码：

```
// init/main.c
void init(void) {
    setup((void *) &drive_info);
    (void) open("/dev/tty0",O_RDWR,0);
```

```
    (void) dup( );
    (void) dup( );
}
```

上一回中讲了 setup 函数加载根文件系统的过程。这一回利用之前 setup 加载过的根
文件系统，通过 open 函数，根据文件名找到并打开了一个文件。打开文件，返回给上层
的是一个文件描述符，然后操作系统底层进行了一系列精巧的构造，使得一个进程可以
通过文件描述符 fd，找到对应文件的 inode 信息。

好了，我们接着再往下看两行代码。接下来是两个一模一样的 dup 函数，这是什么
意思呢？

其实，刚刚的 open 函数返回的是 0 号 fd，这个作为**标准输入设备**。

接下来的 dup 函数为 1 号 fd 赋值，这个作为**标准输出设备**。

再接下来的 dup 函数为 2 号 fd 赋值，这个作为**标准错误输出设备**。

熟不熟悉？这就是 Linux 中常见的 stdin、stdout、stderr。

那这个 dup 函数又是什么工作原理呢？非常简单，首先仍然是通过系统调用方式，
调用 sys_dup 函数。

```
// fs/fcntl.c
int sys_dup(unsigned int fildes) {
    return dupfd(fildes, );
}

// fd 是要复制的文件描述符
// arg 是指定新文件描述符的最小数值
static int dupfd(unsigned int fd, unsigned int arg) {
    ...
    while (arg <    )
        if (current->filp[arg])
            arg++;
        else
            break;
    ...
    (current->filp[arg] = current->filp[fd])->f_count++;
    return arg;
}
```

我仍然是把一些错误校验的旁路逻辑去掉了。

那这个函数的逻辑就非常简单了，**就是从进程的 filp 数组中找到下一个空闲项，然
后把要复制的文件描述符 fd 的信息，全部复制到这里**。

根据上下文可知，这一步其实就是把 0 号文件描述符复制到 1 号文件描述符，那么 0 号和 1 号文件描述符，就可以通过一条路找到最终 tty0 这个设备文件的 inode 信息了，如图33-2所示。

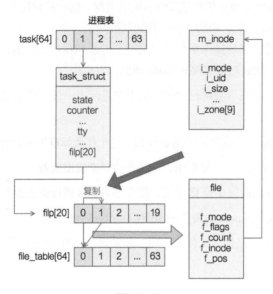

图 33-2

那下一个 dup 调用就自然也理解了吧，直接再来一张图，如图33-3所示。

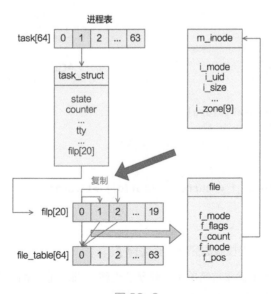

图 33-3

进程 1 的 init 函数的前4行就讲完了，此时进程 1 已经比进程 0 多了与**外设交互的能力**，具体来说是 tty0 这个外设（也是一个文件，因为 Linux 下一切皆文件）交互的能力，这句话怎么理解呢？什么叫多了这个能力？

因为进程调用 fork 出自己的子进程的时候，这个 filp 数组也会被复制，那么当进程 1 调用 fork 出进程 2 时，进程 2 也会拥有这样的映射关系，也可以操作 tty0 这个设备，这就是"能力"二字的体现。

而进程 0 是不具备与外设交互的能力的，因为它并没有打开任何文件，filp 数组也就没有任何作用。

进程 1 刚刚创建的时候，fork 出进程 0，所以也不具备这样的能力，而通过 setup 加载根文件系统，open 打开 tty0 设备文件等代码，使得进程 1 具备了与外设交互的能力，同时也使得之后从进程 1 fork 出的进程 2 也天生拥有和进程 1 同样的与外设交互的能力。

好了，本节就讲到这里，再往后看两行代码找找感觉。

```c
// init/main.c
void init(void) {
    setup((void *) &drive_info);
    (void) open("/dev/tty0",O_RDWR,0);
    (void) dup(0);
    (void) dup(0);
    printf("%d buffers = %d bytes buffer space\n\r",NR_BUFFERS, \
        NR_BUFFERS*BLOCK_SIZE);
    printf("Free mem: %d bytes\n\r",memory_end-main_memory_start);
}
```

接下来的两行是打印语句，其实就是基于刚刚打开并创建的 0, 1, 2 三个文件描述符而做出的操作。

前面也说了，1 号文件描述符被当作标准输出，那进入 printf 的实现看看有没有用到它。

```c
// init/main.c
static int printf(const char *fmt, ...) {
    va_list args;
    int i;
    va_start(args, fmt);
```

```
    write( ,printbuf,i=vsprintf(printbuf, fmt, args));
    va_end(args);
    return i;
}
```

看，中间有个 write 函数，传入了 1 号文件描述符作为第一个参数。

细节先不展开，这里知道它肯定是顺着这个描述符寻找到了相应的 tty0，也就是终端控制台设备，并输出在屏幕上。我们赶紧看看实际上有没有输出。

执行 bochs 启动 Linux-0.11 看效果，如图33-4所示。

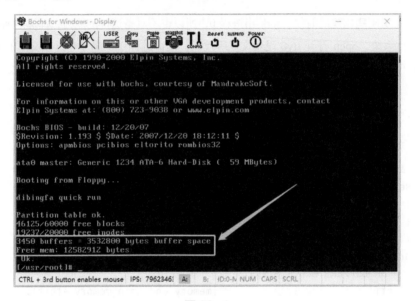

图 33-4

看到了吧，真的输出了，你偷偷改一下这里的源码，再看看输出有没有变化吧！

经过本回的讲解，init 函数后面又要 fork 子进程了，也标志着进程 1 的工作基本结束了，准确地说是能力建设的工作结束了，接下来就是控制流程和创建新的进程了。

欲知后事如何，且听下回分解。

第 34 回
进程 2 的创建

书接上回，上回书咱们说到，进程 1 通过 open 函数建立了与外设交互的能力，具体来讲其实就是打开了 tty0 这个设备文件，并绑定了标准输入 0、标准输出 1 和标准错误输出 2 这三个文件描述符。

同时我们看到源码中用 printf 函数，调用 write 函数，向 1 号文件描述符输出了字符串的效果。

到此为止，标志着进程 1 的工作基本结束了，准确地说是能力建设的工作结束了，接下来就是**控制流程**和**创建新的进程**了，我们继续往下看。

```c
// init/main.c
void init(void) {
    ...
    if (!(pid=fork())) {
        close(0);
        open("/etc/rc",O_RDONLY,0);
        execve("/bin/sh",argv_rc,envp_rc);
        _exit(2);
    }
    if (pid>0)
        while (pid != wait(&i))
            /* nothing */;
    while (1) {
        if (!(pid=fork())) {
            close(0);close(1);close(2);
            setsid();
            (void) open("/dev/tty0",O_RDWR,0);
            (void) dup(0);
```

```
        (void) dup(0);
        _exit(execve("/bin/sh",argv,envp));
    }
    while (1)
        if (pid == wait(&i))
            break;
    printf("\n\rchild %d died with code %04x\n\r",pid,i);
    sync();
  }
  _exit(0);   /* NOTE! _exit, not exit() */
}
```

别急，我们一点点看，我仍然是去掉了一些错误校验的旁路分支。

```
// init/main.c
void init(void) {
   ...
   if (!(pid=fork())) {
       close(0);
       open("/etc/rc",O_RDONLY,0);
       execve("/bin/sh",argv_rc,envp_rc);
       _exit(2);
   }
   ...
}
```

先看第一段，我们先尝试翻译一遍。

1. fork 一个新的子进程，此时就是进程 2 了。

2. 在进程 2 里**关闭**（close）0 号文件描述符。

3. 以只读形式**打开**（open）rc 文件。

4. **执行**（execve）sh 程序。

听起来还蛮合逻辑的，创建进程（fork）、关闭（close）、打开（open）、执行
（execve）四步走，接下来我们一点点拆解。

fork

fork 前面讲过了，就是将进程的 task_struct 结构进行复制，比如进程 0 复制（fork）
出进程 1 的时候，如图34-1所示。

之后，新进程再重写一些基本信息，包括元信息和 tss 里的寄存器信息。再之后，用
copy_page_tables 复制了页表（这里涉及写时复制的伏笔）。

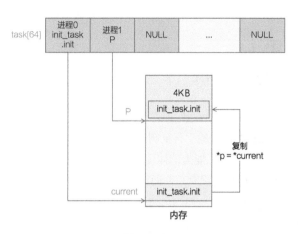

图 34-1

比如进程 0 复制出进程 1 的时候，页表是这样复制的，如图34-2所示。

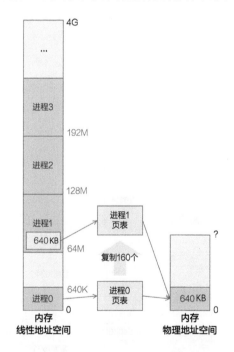

图 34-2

而这里的进程 1 复制（fork）出进程 2，也是同样的流程，不同之处在于两点细节：

第一点，进程 1 打开了三个文件描述符并指向了 tty0，这也被复制到进程 2 了，具体说来就是进程结构 task_struct 里的 filp[] 数组被复制了一份。

```
// include/linux/sched.h
struct task_struct {
    ...
    struct file *filp[NR_OPEN];
    ...
};
```

而进程 0 fork 出进程 1 时是没有复制这部分信息的，因为进程 0 没有打开任何文件。这也是刚刚讲的与外设交互能力的体现，即进程 0 没有与外设交互的能力，进程 1 有，其实就是这个 filp 数组里有没有东西而已。

第二点，进程 0 复制进程 1 时页表的复制只有 160 项，也就是映射 640KB，而之后进程的复制，都是复制 1024 项，也就是映射 4MB 空间。

```
// mm/memory.c
int copy_page_tables(unsigned long from,unsigned long to,long size) {
    ...
    nr = (from==0)?0xA0:1024;
    ...
}
```

整体来看如图34-3所示。

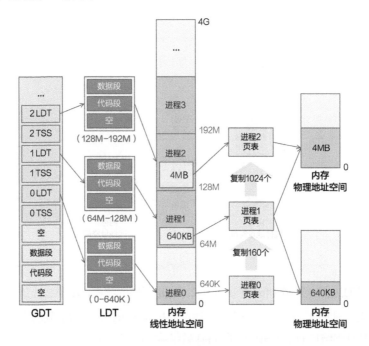

图 34-3

除此之外，就没有其他区别了。

close

好了，我们继续看 close。

```
// init/main.c
void init(void) {
   ...
   if (!(pid=fork())) {
       close(0);
       open("/etc/rc",O_RDONLY,0);
       execve("/bin/sh",argv_rc,envp_rc);
       _exit(0);
   }
   ...
}
```

fork 完之后，后面 if 语句里面的代码都是进程 2 在执行了。

close(0) 就是**关闭 0 号文件描述符**，也就是进程 1 复制过来的打开了 tty0 并作为标准输入的文件描述符，那么此时 0 号文件描述符就空出来了。

下面是 close 对应的系统调用函数，很简单。

```
// fs/open.c
int sys_close(unsigned int fd) {
   ...
   current->filp[fd] = NULL;
   ...
}
```

open

接下来，open 函数以只读形式打开了一个名为 /etc/rc 的文件，刚好占据了 0 号文件描述符的位置。

```
// init/main.c
void init(void) {
   ...
   if (!(pid=fork())) {
       ...
```

```
        open("/etc/rc",O_RDONLY, );
        ...
    }
    ...
}
```

这个 rc 文件表示配置文件，具体什么内容，取决于你的硬盘里这个位置放了什么内容，与操作系统内核无关，所以我们暂且不用管。

此时，进程 2 与进程 1 几乎完全一样，只不过进程 2 通过执行 close 和 open 操作，将原来进程 1 指向标准输入的 0 号文件描述符，重新指向了 /etc/rc 文件。

到目前为止，进程 2 与进程 1 的区别，仅仅是将 0 号文件描述符重新指向了 /etc/rc 文件，没什么其他区别。

而这个 rc 文件是干什么的，现在还不用管，肯定是后面 sh 程序要用到的，到时候再讲。

execve

接下来进程 2 就将变得不一样了，它会通过一个经典的，也是最难理解的 execve 函数调用，使自己摇身一变，成为 /bin/sh 程序继续运行，这就是下一回的重点！

```
// init/main.c
void init(void) {
    ...
    if (!(pid=fork())) {
        ...
        execve("/bin/sh",argv_rc,envp_rc);
        ...
    }
    ...
}
```

以上代码包含着操作系统究竟是如何加载并执行一个程序的原理，包括如何从文件系统中找到这个文件，如何解析一个可执行文件（在现代的 Linux 里称作 ELF 可执行文件），如何将可执行文件中的代码和数据加载到内存并运行。

加载到内存并运行又包含着虚拟内存等相关的知识。所以这里的知识很深，了解了这个函数，再加上 fork 函数，基本就可以把操作系统全部核心逻辑都串起来了。

欲知后事如何，且听下回分解。

第 35 回
execve 加载并执行
shell 程序

书接上回，上回书咱们说到，进程 1 再次通过 fork 函数创建了进程 2，且进程 2 通过 close 和 open 函数，将 0 号文件描述符指向的标准输入 /dev/tty0 更换为指向 /etc/rc 文件，此时进程 2 和进程 1 几乎是完全一样的。

但接下来进程 2 就将变得不一样了，它会通过一个经典的，也是最难理解的 execve 函数调用，使自己摇身一变，成为 /bin/sh 程序继续运行！

我们先打开 execve，看一下它的调用链。

```
static char * argv_rc[] = { "/bin/sh", NULL };
static char * envp_rc[] = { "HOME=/", NULL };

// 调用方
execve("/bin/sh",argv_rc,envp_rc);

// 宏定义
_syscall3(int,execve,const char *,file,char **,argv,char **,envp)

// 通过系统调用进入这里
EIP = 0x1C
_sys_execve:
    lea EIP(%esp),%eax
    pushl %eax
    call _do_execve
    addl $ ,%esp
    ret
```

```
// 最终执行的函数
int do_execve(
        unsigned long * eip,
        long tmp,
        char * filename,
        char ** argv,
        char ** envp) {
    ...
}
```

在第25回已经详细分析了整个调用链中的栈以及参数传递的过程，所以这里不再赘述，直接把参数传过来的样子写出来。

- eip 调用方触发系统调用时由 CPU 压入栈空间中的 eip 的指针。
- tmp 是一个无用的占位参数。
- filename 是"/bin/sh"。
- argv 是 { "/bin/sh", NULL }。
- envp 是 { "HOME=/", NULL }。

好了，接下来我们看看整个 do_execve 函数，它非常非常长！我先把整个结构列出来。

```
// fs/exec.c
int do_execve(...) {
    // 检查文件类型和权限等
    ...
    // 将文件的第一块数据读取到缓冲区
    ...
    // 如果是脚本文件，走这里
    if（脚本文件判断逻辑）{
        ...
    }
    // 如果是可执行文件，走这里
    // 一堆校验可执行文件是否能执行的判断
    ...
    // 进程管理结构的调整
    ...
    // 释放进程占用的页面
    ...
    // 调整线性地址空间、参数列表、堆栈地址等
    ...
```

```
// 设置 eip 和 esp, 这里是 execve 变身大法的关键!
eip[ ] = ex.a_entry;
eip[ ] = p;
return  ;
...
}
```

整理起来的步骤就是:

1 检查文件类型和权限等。

2 将文件的第一块数据读取到缓冲区。

3 脚本文件与可执行文件的判断。

4 校验可执行文件是否能执行。

5 进程管理结构的调整。

6 释放进程占用的页面。

7 调整线性地址空间、参数列表、堆栈地址等。

8 设置 eip 和 esp, 完成摇身一变。

如果去掉一些逻辑校验和判断, 核心逻辑就是**加载文件、调整内存、开始执行**三个步骤, 由于这些部分的内容已经非常复杂了, 所以我们就去掉那些逻辑校验的部分, 直接挑主干逻辑进行讲解, 以便带大家认清 execve 的本质。

读取文件开头 1KB 的数据

先根据文件名, 找到并读取文件里的内容。

```
// fs/exec.c
int do_execve(...) {
  ...
  // 根据文件名 /bin/sh 获取 inode
  struct m_inode * inode = namei(filename);
  // 根据 inode 读取文件第一块数据 (1024KB)
  struct buffer_head * bh = bread(inode->i_dev,inode->i_zone[ ]);
  ...
}
```

很简单, 就是读取了文件 (/bin/sh) 的第一个块, 也就是**1KB**的数据, 在第32回讲过文件系统的结构, 所以代码里的 inode -> i_zone[0] 刚好是文件开头的 1KB 数据。

现在这 1KB 的数据，就已经在内存中了，但还没有解析。

将这 1KB 的数据解析为 exec 结构

接下来的工作就是解析它，本质上就是按照指定的数据结构来解读罢了。

```
// fs/exec.c
int do_execve(...) {
    ...
    struct exec ex = *((struct exec *) bh->b_data);
    ...
}
```

先从刚刚读取文件返回的缓冲头指针中取出数据部分 bh -> b_data，也就是文件前 1024B，此时还是一段读不懂的二进制数据。

然后按照 exec 这个结构对其进行解析，它便有了生命。

```
struct exec {
    // 魔数
    unsigned long a_magic;
    // 代码区长度
    unsigned a_text;
    // 数据区长度
    unsigned a_data;
    // 未初始化数据区长度
    unsigned a_bss;
    // 符号表长度
    unsigned a_syms;
    // 执行开始地址
    unsigned a_entry;
    // 代码重定位信息长度
    unsigned a_trsize;
    // 数据重定位信息长度
    unsigned a_drsize;
};
```

上面的代码就是 exec 结构，这是 a.out 格式文件的头部结构，现在的 Linux 已经弃用了这种古老的格式，改用 ELF 格式，但大体的思想是一致的。

这个结构里的字段表示什么，等后面用到了再讲，你可以先通过注释自己体会一下。

判断是脚本文件还是可执行文件

我们写一个 Linux 脚本文件的时候，通常可以看到前面有这么一段内容，即所谓的 Sha-Bang。

```
#!/bin/sh
#!/usr/bin/python
```

你有没有想过为什么我们通常可以直接执行这样的文件？其实逻辑就在下面这段代码里。

```
// fs/exec.c
int do_execve(...) {
    ...
    if ((bh->b_data[0] == '#') && (bh->b_data[1] == '!') {
        ...
    }
    brelse(bh);
    ...
}
```

可以看到，这里很简单粗暴地判断前面两个字符是不是 #!，如果是，就走**脚本文件**的执行逻辑。

当然，我们现在的 /bin/sh 是个**可执行的二进制文件**，不符合这样的条件，所以这个 if 语句里面的内容也可以不看，直接看外面，执行可执行二进制文件的逻辑。

第一步就是 brelse 释放这个缓冲块，因为已经把这个缓冲块内容解析成 exec 结构保存到程序的栈空间里了，那么这个缓冲块就可以被释放，用作其他读取磁盘时的缓冲区。

我们继续往下看。

准备参数空间

执行 /bin/sh 时，还给它传了 argc 和 envp 参数，就是通过下面这一系列代码来实现的。

```
#define PAGE_SIZE 4096
#define MAX_ARG_PAGES 32

// fs/exec.c
```

```
int do_execve(...) {
    ...
    // p = 0x1FFFC = 128K - 4
    unsigned long p = PAGE_SIZE * MAX_ARG_PAGES - 4;
    ...
    // p = 0x1FFF5 = 128K - 4 - 7
    p = copy_strings(envc,envp,page,p, );
    // p = 0x1FFED = 128K - 4 - 7 - 8
    p = copy_strings(argc,argv,page,p, );
    ...
    // p = 0x3FFFFED = 64M - 4 - 7 - 8
    p += change_ldt(ex.a_text,page)-MAX_ARG_PAGES*PAGE_SIZE;
    // p = 0x3FFFFD0
    p = (unsigned long) create_tables((char *)p,argc,envc);
    ...
    // 设置栈指针
    eip[ ] = p;
}
```

准备参数空间的过程，同时也伴随着一个表示地址的 unsigned long p 的计算轨迹。这里有点儿难以理解，别急，我们一点点分析就会恍然大悟。

开头一行计算出的 p 值为

p = 4096 × 32 - 4 = 0x20000 - 4 = 128K - 4

为什么是这个数呢？这块讲完你就会知道，p的值表示**参数表**，每个进程的参数表大小为 **128KB**，在每个进程地址空间的**末端**。

前面讲过，**每个进程通过不同的局部描述符在线性地址空间划分出不同的空间，一个进程占 64MB**，我们单独把这部分表达出来，如图35-1所示。

参数表大小为 128KB，就表示每个进程的线性地址空间的末端的 128KB，是为参数表保留的，目前这个 p 就指向了参数表的开始处（偏移 4B），如图35-2所示。

接下来的两个 **copy_strings** 函数就是往这个参数表里存放信息，不过具体存放的只是字符串常量值的信息，随后它们将被引用，有点儿像 Java 里 class 文件的字符串常量池的思想。

```
// fs/exec.c
int do_execve(...) {
    ...
    // p = 0x1FFF5 = 128K - 4 - 7
    p = copy_strings(envc,envp,page,p, );
    // p = 0x1FFED = 128K - 4 - 7 - 8
    p = copy_strings(argc,argv,page,p, );
    ...
}
```

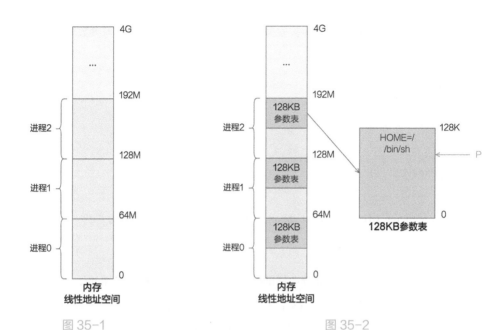

图 35-1 　　　　　　　　　　　　　　　　　　　　　图 35-2

具体说来，envp 表示字符串参数"HOME=/"，argv 表示字符串参数"/bin/sh"，两个 copy_strings 就表示把这个字符串参数往参数表里存，相应地，指针 p 也往下移动（共移动了 7 + 8 = 15B），和压栈的效果是一样的。

当然，这只是示意图，实际上这些字符串都是紧挨着的，我们通过 debug 查看参数表位置处的内存便可以看到真正存放的方式，如图35-3所示。

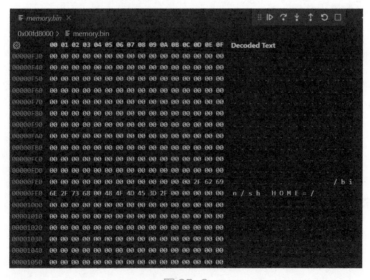

图 35-3

可以看到，两个字符串乖乖地被安排在了参数表内存处，且参数与参数之间用 00，也就是 NULL 分隔。

接下来是**更新局部描述符**。

```
#define PAGE_SIZE 4096
#define MAX_ARG_PAGES 32

// fs/exec.c
int do_execve(...) {
    ...
    // p = 0x3FFFFED = 64M - 4 - 7 - 8
    p += change_ldt(ex.a_text,page)-MAX_ARG_PAGES*PAGE_SIZE;
    ...
}
```

很简单，就是根据 ex.a_text 修改局部描述符中的**代码段限长** code_limit，其他没动。

ex 结构里的 a_text 是生成 /bin/sh 这个 a.out 格式的文件时，写在头部的值，用来表示代码段的长度。至于具体是怎么生成的，我们无须关心。

由于这个函数的返回值是数据段限长，也就是 **64MB**，所以最终的 p 值被调整为每个进程的线性地址空间视角下的地址偏移（如图35-4所示），大家可以仔细想想是怎么算的。

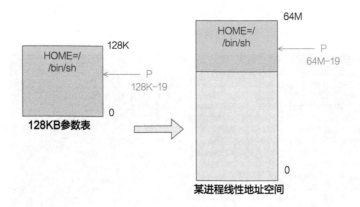

图 35-4

接下来就是真正**构造参数表**的环节了。

```
#define PAGE_SIZE 4096
#define MAX_ARG_PAGES 32
```

```
// fs/exec.c
int do_execve(...) {
    ...
    // p = 0x3FFFFD0
    p = (unsigned long) create_tables((char *)p,argc,envc);
    ...
}
```

　　刚刚仅仅是往参数表里丢入了需要的字符串常量值信息，现在需要真正把参数表构建起来。我们展开 **create_tables函数**。

```
// fs/exec.c
/*
 * create_tables() parses the env- and arg-strings in new user
 * memory and creates the pointer tables from them, and puts their
 * addresses on the "stack", returning the new stack pointer value.
 */
static unsigned long * create_tables(char * p,int argc,int envc) {
    unsigned long *argv,*envp;
    unsigned long * sp;

    sp = (unsigned long *) (0xfffffffc & (unsigned long) p);
    sp -= envc+ ;
    envp = sp;
    sp -= argc+ ;
    argv = sp;
    put_fs_long((unsigned long)envp,--sp);
    put_fs_long((unsigned long)argv,--sp);
    put_fs_long((unsigned long)argc,--sp);
    while (argc-->0) {
        put_fs_long((unsigned long) p,argv++);
        while (get_fs_byte(p++)) /* nothing */ ;
    }
    put_fs_long(0,argv);
    while (envc-->0) {
        put_fs_long((unsigned long) p,envp++);
        while (get_fs_byte(p++)) /* nothing */ ;
    }
    put_fs_long(0,envp);
    return sp;
}
```

　　可能稍稍有点儿"烧脑"，不过如果你一行一行仔细分析，不难分析出其实就是把参数表空间变成了图35-5这样。

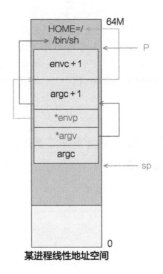

图 35-5

最后，将 sp 返回给 p，这个 p 将作为一个新的栈顶指针，给即将要完成替换的 /bin/sh 程序，也就是下面的代码。

```
// fs/exec.c
int do_execve(...) {
    ...
    // 设置栈指针
    eip[ ] = p;
}
```

为什么这样操作就可以达到更换栈顶指针的作用呢？我们结合更换代码指针 PC 来进行讲解。

设置 eip 和 esp，完成摇身一变

下面这两行就是 execve 完成摇身一变的关键，解释了它为什么能做到变成一个新程序开始执行的关键密码。

```
// fs/exec.c
int do_execve(unsigned long * eip, ...) {
    ...
    eip[ ] = ex.a_entry;
    eip[ ] = p;
```

```
    ...
}
```

什么叫一个新程序开始执行呢?

其实本质上就是,**代码指针 eip 和栈指针 esp 指向了一个新的地方**。

代码指针 eip 决定了 CPU 将执行哪一段指令,栈指针 esp 决定了 CPU 压栈操作的位置,以及读取栈空间数据的位置,在高级语言视角下就是**局部变量**以及**函数调用链的栈帧**。

所以这两行代码,第一行重新设置了**代码指针eip**的值,指向 /bin/sh 这个 a.out 格式文件的头结构 exec 中的 a_entry 字段,表示该程序的入口地址。

第二行重新设置了**栈指针esp**的值,指向了我们经过一路计算得到的 p,也就是图35-6中 sp 的值。将这个值作为新的栈顶十分合理。

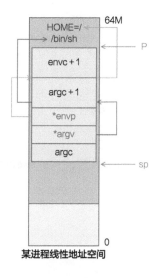

图 35-6

eip 和 esp 都设置好了,那么程序摇身一变的工作自然就结束了,非常简单。

至于为什么往 eip 的 0 和 3 索引位置写入数据,就可以达到替换 eip 和 esp 的目的,那就要先看看这个 eip 变量是怎么来的了。

计算机的世界没有魔法

还记得 execve 的调用链吗?千万别忘了,我们这个 **do_execve** 函数,是通过一开始的 execve 函数触发了**系统调用**来到 do_execve 函数这里的。

系统调用是一种**中断**，前面说过，中断时 CPU 会给栈空间压入一定的信息，这部分信息是 Intel CPU手册里规定死的，如图35-7所示。

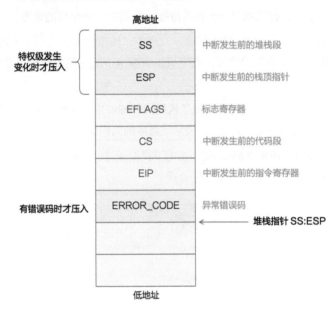

图 35-7

然后，进入中断以后，通过系统调用进入 _sys_execve 这里。

```
// kernel/system_call.s
EIP = 0x1C
_sys_execve:
    lea EIP(%esp),%eax
    pushl %eax
    call _do_execve
    addl $4,%esp
    ret
```

看到没，在真正调用 do_execve 函数时，**_sys_execve** 这段代码偷偷地插入了一个小步骤，就是把当前栈顶指针 esp 偏移到 EIP 处的地址值当作第一个参数 unsigned long * eip 传入了。

而偏移 EIP 处的位置，恰好就是中断时压入的 EIP 的值的位置，表示中断发生前的指令寄存器的值。

所以 eip[0] 就表示栈空间里的 EIP 位置，eip[3] 就表示栈空间里的 ESP 位置，如图35-8所示。

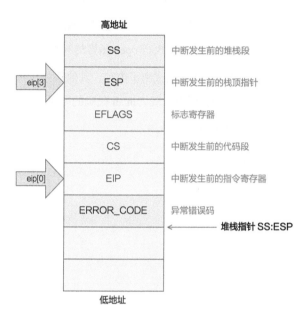

图 35-8

由于我们现在处于中断状态，所以**中断返回**后，也就是 do_execve 这个函数执行 return 之后，就会寻找中断返回前的这几个值（包括 eip 和 esp）进行恢复。这里有疑惑的读者，可以看第1部分的"扩展阅读：什么是中断"和"扩展阅读：什么是软中断"。

所以如果把这个栈空间里的 eip 和 esp 进行替换，换成执行 /bin/sh 所需要的 eip 和 esp，那么中断返回的**"恢复"**工作，就犹如**"跳转"**到一个新程序那里，其实是我们欺骗了 CPU，达到了 execve 这个函数的魔法效果。

所以，**计算机的世界里根本没有魔法**，就是通过一点点细节完成的，只是大部分人都不愿意花时间去细究这些细节罢了。

至此，execve 函数就彻底结束了，它的返回意味着接下来将执行 /bin/sh 这个可执行文件里的代码。至于 /bin/sh 文件是怎么构造出来的，那就是 gcc 编译和链接做的事了，而且 Linux-0.11 所用的可执行文件格式 a.out，已经被现在的 ELF 格式所取代，那就更不在我们研究的范畴内了。

第
35
回

　　不过有两个问题：

　　第一，/bin/sh 是躺在磁盘里的可执行文件，并不是 Linux 内核里的代码，所以其实那里面是什么，我们在 Linux-0.11 源码里是找不到的。也就是说，如果磁盘里并没有 /bin/sh 这个文件，Linux-0.11 是启动不起来的，在执行 open 函数的时候就会报错宕机了。

　　第二，我们只将 /bin/sh 文件的头部加载到了内存，其他部分并没有任何代码完成加载这个操作，那接下来跳转到一个并没有加载 /bin/sh 代码的内存时，会发生什么呢？

　　带着这两个疑问，期待后续的章节吧！

　　欲知后事如何，且听下回分解。

书接上回，上回书咱们说到，进程 2 通过execve函数，将自己摇身一变成为/bin/sh
程序，也就是shell程序开始执行。

```
// init/main.c
void init(void) {
    ...
    if (!(pid=fork())) {
        close( );
        open("/etc/rc",O_RDONLY, );
        execve("/bin/sh",argv_rc,envp_rc);
        _exit( );
    }
    ...
}
```

那么此时进程 2 就是 shell 程序了。再进一步讲，相当于之前的进程 1 通过 fork +
execve 这两个函数的组合，创建了一个新的进程去加载并执行了 shell 程序。

在 Linux 里执行一个程序，比如在命令行中的 ./xxx，其内部实现逻辑都是 fork +
execve 这个原理。

当然，此时仅仅是通过 execve，使得下一条 CPU 指令将会执行到 /bin/sh 程序所在的
内存起始位置，也就是 /bin/sh 头部结构中 a_entry 所描述的地址，如图36-1所示。但有
个问题，我们仅仅将 /bin/sh 文件的头部加载到了内存，其他部分并没有进行加载，那怎
么执行到的 /bin/sh 的程序指令呢？

我们就带着这个问题，开始今天的探索。

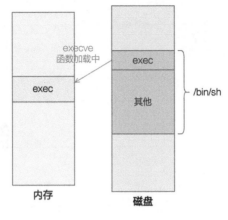

图 36-1

跳转到一个不存在的地址会发生什么

/bin/sh 这个文件并不是 Linux-0.11 源码里的内容，Linux-0.11只管按照 a.out 这种格式去解读它，跳转到 a.out 格式头部数据结构 exec.a_entry 所指向的内存地址去执行指令。

所以这个 a_entry 的值是多少，完全取决于硬盘中 /bin/sh 这个文件是怎么构造的，简单点儿，就假设它为 0，这表示随后的 CPU 将跳转到 0 地址处执行。

当然，这个 0 仅仅表示逻辑地址，既没有进行分段，也没有进行分页。

之前说过无数次了，Linux-0.11 的每个进程是通过不同的局部描述符在线性地址空间中瓜分出不同的空间，一个进程占 64MB。由于我们现在所处的代码属于进程 2，所以逻辑地址 0 通过分段机制映射到线性地址空间，就是 0x8000000，表示 128M 位置处。

好，128M 这个线性地址，随后将会通过分页机制的映射转化为物理地址，这才定位到最终的真实物理内存。

可是，128M 这个线性地址并没有页表映射它，也就是因为上面说的，除了 /bin/sh 文件的头部加载到内存，其他部分并没有进行加载操作。

再准确点说，是 0x8000000 这个线性地址的访问，遇到了页表项的存在位 P 等于 0 的情况。

一旦遇到这种情况，CPU 会触发一个中断：页错误（Page-Fault），这在 Intel CPU 手册 Volume 3 的 4.7 节给出了以下信息，如图36-2所示。

4.7 PAGE-FAULT EXCEPTIONS

Accesses using linear addresses may cause **page-fault exceptions** (#PF; exception 14). An access to a linear address may cause a page-fault exception for either of two reasons: (1) there is no translation for the linear address; or (2) there is a translation for the linear address, but its access rights do not permit the access.

As noted in Section 4.3, Section 4.4.2, and Section 4.5, there is no translation for a linear address if the translation process for that address would use a paging-structure entry in which the P flag (bit 0) is 0 or one that sets a reserved bit. If there is a translation for a linear address, its access rights are determined as specified in Section 4.6.

When Intel® Software Guard Extensions (Intel® SGX) are enabled, the processor may deliver exception 14 for reasons unrelated to paging. See Section 33.3, "Access-control Requirements" and Section 33.20, "Enclave Page Cache Map (EPCM)" in Chapter 33, "Enclave Access Control and Data Structures." Such an exception is called an **SGX-induced page fault**. The processor uses the error code to distinguish SGX-induced page faults from ordinary page faults.

图 36-2

当然，Page-Fault 在很多情况下都会被触发，具体是因为什么触发的，CPU 会帮我们保存在中断的出错码 Error Code 里，这在随后的 Figure 4-12 中给出了详细的出错码说明，如图36-3所示。

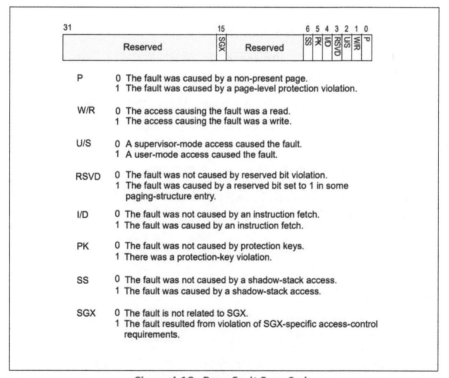

Figure 4-12. Page-Fault Error Code

图 36-3

这块之所以讲得这么详细，是因为我想让大家知道一切的原理都有一手资料的来源，这些一手资料写得非常详细和友好，大家完全不必道听途说，也不必毫无头绪地搜索网上的博客。

当然，与本节相关的，就是这个**存在位 P**。当触发 Page-Fault 中断后，就会进入 Linux-0.11 源码中的 **page_fault** 函数，由于 Linux-0.11 的 page_fault 是用汇编语言写的，很不直观，这里我选 Linux-1.0 的代码给大家看，逻辑是一样的。

```
// mm/memory.c
void do_page_fault(..., unsigned long error_code) {
    ...
    if (error_code & 1)
        do_wp_page(error_code, address, current, user_esp);
    else
        do_no_page(error_code, address, current, user_esp);
    ...
}
```

根据 **error_code** 的不同，有不同的逻辑。

刚刚讲了，这个中断是由于 0x8000000 这个线性地址的访问，遇到了页表项的**存在位 P** 等于 0 的情况，所以 error_code 的第 0 位就是 0，会走 **do_no_page** 逻辑。

之前在第3部分的第29回讲了 **do_wp_page**，这是在 P=1 时的逻辑，那一节的结尾讲过，后面会把页表项的存在位 P 为 0 时触发的 do_no_page 逻辑讲给大家，这不就来了吗。

do_wp_page 叫**页写保护中断**，do_no_page 叫**缺页中断**。

好了，我们用了很大篇幅说明白了跳转到一个 P=0 的地址会发生什么，接下来就具体看 do_no_page 函数的逻辑。

缺页中断 do_no_page

先来看它的代码：

```
// mm/memory.c
// address 缺页产生的线性地址 0x8000000
void do_no_page(unsigned long error_code,unsigned long address) {
    int nr[4];
    unsigned long tmp;
    unsigned long page;
```

```
    int block,i;

    address &= 0xfffff000;
    tmp = address - current->start_code;
    if (!current->executable || tmp >= current->end_data) {
        get_empty_page(address);
        return;
    }
    if (share_page(tmp))
        return;
    if (!(page = get_free_page()))
        oom();
/* remember that 1 block is used for header */
    block = 1 + tmp/BLOCK_SIZE;
    for (i= ; i<  ; block++,i++)
        nr[i] = bmap(current->executable,block);
    bread_page(page,current->executable->i_dev,nr);
    i = tmp + 4096 - current->end_data;
    tmp = page + 4096 ;
    while (i-- > 0) {
        tmp--;
        *(char *)tmp = 0;
    }
    if (put_page(page,address))
        return;
    free_page(page);
    oom();
}
```

　　仍然去掉一些不重要的分支，假设跳转不会超过数据末端 end_data，也没有共享内存页面，申请空闲内存时也不会因内存不足产生 oom 等，将程序简化如下：

```
// mm/memory.c
// address 缺页产生的线性地址 0x8000000
void do_no_page(unsigned long address) {
    // 线性地址的页面地址 0x8000000
    address &= 0xfffff000;
    // 计算相对于进程基址的偏移 0
    unsigned long tmp = address - current->start_code;
    // 寻找空闲的一页内存
    unsigned long page = get_free_page();
    // 计算这个地址在文件中的哪个数据块 1
    int block = 1 + tmp/BLOCK_SIZE;
    // 1 个数据块 1024B，所以一页内存需要读 4 个数据块
    int nr[4];
```

```
for (int i=0 ; i<4 ; block++,i++)
    nr[i] = bmap(current->executable,block);
bread_page(page,current->executable->i_dev,nr);
...
// 完成页表的映射
put_page(page,address);
}
```

这就简单多了，我们还是一点点看。

首先，缺页产生的线性地址，之前假设过了，是 0x8000000，也就是进程 2 自己的线性地址空间的起始处 128M 这个位置。

由于我们的页表映射是以页为单位的，所以首先计算出 address 所在的页，其实就是完成一次 **4KB 的对齐**：

```
// mm/memory.c
// address 缺页产生的线性地址 0x8000000
void do_no_page(unsigned long address) {
    // 线性地址的页面地址 0x8000000
    address &= 0xfffff000;
    ...
}
```

此时 address 对齐后仍然是 0x8000000。

这个地址是整个线性地址空间的地址，但对于进程 2 自己来说，需要计算出相对于进程 2 的偏移地址，也就是去掉进程 2 的段基址部分：

```
// mm/memory.c
// address 缺页产生的线性地址 0x8000000
void do_no_page(unsigned long address) {
    ...
    // 计算相对于进程基址的偏移 0
    unsigned long tmp = address - current->start_code;
    ...
}
```

这里的 current->start_code 就是进程 2 的段基址，也是 128M。所以偏移地址 tmp 计算后等于 0，这和我们之前假设的 a_entry = 0 是一致的。

接下来很简单，就是寻找一个空闲页：

```
// mm/memory.c
// address 缺页产生的线性地址 0x8000000
```

```
void do_no_page(unsigned long address) {
    ...
    // 寻找空闲的一页内存
    unsigned long page = get_free_page();
    ...
}
```

这个**get_free_page**是用汇编语言写的，其实就是去**mem_map[]**中寻找一个值为 0 的位置，这就表示找到了空闲内存。

忘记这部分的读者，可以看一下第13回，之前建立的一些初始化的数据结构就用上了，如图36-4所示。

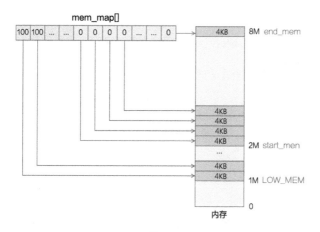

图 36-4

找到一页物理内存后，当然是把硬盘中的数据加载进来，下面的代码就是完成这项工作：

```
// mm/memory.c
// address 缺页产生的线性地址 0x8000000
void do_no_page(unsigned long address) {
    ...
    // 计算这个地址在文件中的哪个数据块
    int block = 1 + tmp/BLOCK_SIZE;
    // 一个数据块 1024B，所以一页内存需要读 4 个数据块
    int nr[4];
    for (int i=0 ; i<4 ; block++,i++)
        nr[i] = bmap(current->executable,block);
    bread_page(page,current->executable->i_dev,nr);
    ...
}
```

　　从硬盘的哪个位置开始读呢？首先，内存地址 0，应该就对应着这个文件 0 号数据块，当然由于 /bin/sh 这个 a.out 格式的文件使用了 1 个数据块作为头部 exec 结构，所以我们**跳过头部**，从文件 1 号数据块开始读。

　　读多少块呢？因为硬盘中的 1 个数据块为 1024B，而一页内存为 4096B，所以要读 4块，这就是 nr[4] 的缘故。

　　之后读取数据主要涉及两个函数，**bmap** 负责将相对于文件的数据块转换为相对于整个硬盘的数据块，比如这个文件的第 1 块数据，可能对应在整个硬盘的第 24 块的位置。

　　bread_page 就是将连续 4 个数据块读取到 1 页内存的函数，这个函数的原理就复杂了，之后第5部分会讲这块内容，但站在用户层的效果很好理解，就是把硬盘数据复制到内存罢了。

　　好了，现在硬盘上所需要的内容已经被读入物理内存了。

　　最后一步完成**页表的映射**：

```
// mm/memory.c
// address 缺页产生的线性地址 0x8000000
void do_no_page(unsigned long address) {
    ...
    // 完成页表的映射
    put_page(page,address);
}
```

　　这是因为此时仅仅申请了物理内存页，并且把硬盘数据复制了进来，但并没有把这个物理内存页和线性地址空间的内存页进行映射，也就是没建立相关的**页表**，如图36-5所示。

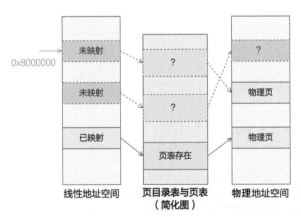

图 36-5

由于 Linux-0.11 使用的是二级页表，建立页表的映射，实际上就是写入**页目录项**和**页表项**的过程，我把 put_page 函数简化了一下，只考虑页目录项还不存在的场景。

```
// mm/memory.c
unsigned long put_page(unsigned long page,unsigned long address) {
    unsigned long tmp, *page_table;
    // 找到页目录项
    page_table = (unsigned long *) ((address>>20) & 0xffc);
    // 写入页目录项
    tmp = get_free_page();
    *page_table = tmp| ;
    // 写入页表项
    page_table = (unsigned long *) tmp;
    page_table[(address>>12) & 0x3ff] = page | ;
    return page;
}
```

大家可以结合页目录表和页表的数据结构看一下，很简单，就是一个计算过程。

关于页目录表和页表这些分页相关的知识，可以回顾之前的 第9回，这里不再赘述。

缺页中断返回

好了，以上就是整个缺页中断处理的过程，本质上就是加载硬盘对应位置的数据，然后建立页表的过程。再回过头看整个代码，是不是清晰了不少？

好，那我们再往上看，之前是在进程 2 执行了 execve 函数，将程序替换成 /bin/sh，也就是 shell 程序：

```
// init/main.c
void init(void) {
    ...
    if (!(pid=fork())) {
        close( );
        open("/etc/rc",O_RDONLY, );
        execve("/bin/sh",argv_rc,envp_rc);
        _exit( );
    }
    ...
}
```

execve 函数返回后，CPU 就跳转到 /bin/sh 程序的第一行开始执行，但由于跳转到的线性地址不存在，所以引发了**缺页中断**，把硬盘里 /bin/sh 所需要的内容加载到了内存，此时缺页中断返回。

返回后，CPU 会再次尝试跳转到 0x8000000 这个线性地址，此时由于缺页中断的处理结果，**使得该线性地址已有对应的页表进行映射**，所以顺利地映射到了物理地址，也就是 /bin/sh 的代码部分（从硬盘加载过来的），那接下来终于可以执行 /bin/sh 程序，也就是 shell 程序了。

那这个 shell 程序到底是什么呢？它的代码并不在 Linux-0.11 的源码里，所以我们的重点将不是分析它的源码，仅仅了解它的原理即可。

欲知后事如何，且听下回分解。

第 37 回
shell 程序跑起来了

书接上回，上回书咱们说到，Linux 通过缺页中断处理过程，将 /bin/sh 的代码从硬盘加载到内存，此时便可以正式执行 shell 程序了。

这个 shell 程序，也就是 Linux-0.11 中要执行的这个 /bin/sh 程序，它的源码并没有体现在 Linux-0.11 源码中。也可以说，不论这个 /bin/sh 是什么文件，哪怕只是个 Hello World 程序，Linux-0.11 在启动过程中也会傻傻地去执行它。

但同时，shell 又是一个我们再熟悉不过的东西了。在我的腾讯云服务器上（用 Termius 连接），它是图37-1所示这个样子的。

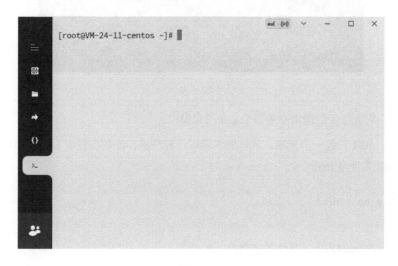

图 37-1

在我的 Ubuntu 16.04 虚拟机上,它是图37-2所示这个样子的。

图 37-2

在我的 macOS 笔记本电脑中,它是图37-3所示这个样子的。

图 37-3

没错,它就是我们通常说的那个命令行黑窗口。

当然,shell 只是一个标准,具体的实现可以有很多,比如在我的 Ubuntu 16.04 上,具体的 shell 实现是 bash。

```
flash:~$ echo $SHELL
/bin/bash
```

而在我的 macOS上,具体的实现是 zsh。

```
~ echo $SHELL
/bin/zsh
```

当然，默认的 shell 实现也可以手动进行设置并更改。

还有个有意思的事，shell 前面的提示符，是否可以修改呢？

在我的腾讯云服务器上，提示符是：

```
[root@VM-24-11-centos ~]#
```

在我的 Ubuntu 虚拟机上，提示符是：

```
flash:~$
```

在我的 macOS 笔记本电脑中更简单，提示符是：

```
~
```

我现在觉得我那个腾讯云服务器上的提示符太长了，怎么办？我们先查看变量 PS1 的值：

```
[root@VM-24-11-centos ~]# echo $PS1
[\u@\h \W]\$
```

然后，直接把这个值给改了：

```
[root@VM-24-11-centos ~]# echo $PS1
[\u@\h \W]\$
[root@VM-24-11-centos ~]# PS1=[ 呵呵呵 ]
[ 呵呵呵 ]
```

可以看到神奇的事情发生了，前面的提示符变成了我们自己定义的样子。

其实我就想说，shell 程序也仅仅是个程序而已，它的输出、它的输入、它的执行逻辑，是完全可以通过阅读程序源码知道的，和一个普通的程序并没有任何区别。

好了，接下来我们就来阅读 shell 程序的源码，只需找到它的一个具体实现即可。但是 bash、zsh 等实现都过于复杂，很多东西对于我们的学习来说完全没必要。

所以这里我通过一个非常非常精简的 shell 实现，即 **xv6** 里的 shell 实现，来进行讲解。

xv6 是一个非常经典且简单的操作系统，是由麻省理工学院为操作系统工程的课程开发的一个用于**教学的操作系统**，所以非常适合学习操作系统。

而在它的源码中，又恰好实现了一个简单的 shell 程序，所以阅读它的代码，对我们来说，简直再合适不过了（如图37-4所示）。

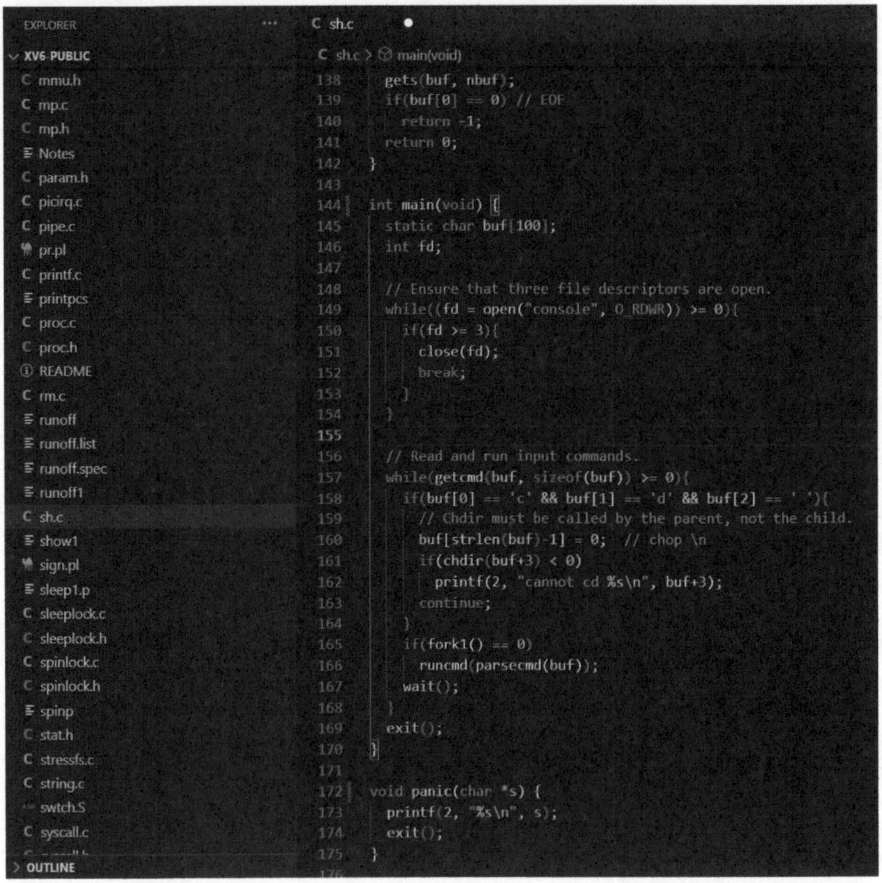

图 37-4

看到没，甚至在这么一张小小的截图里，已经可以完整展示 sh.c 全部的 main 函数代码了。

但我仍然十分贪婪，即便是这么短的代码，我也帮你把一些多余的校验逻辑去掉，再去掉关于 cd 命令的特殊处理分支，来一个最干净的版本。

```c
// xv6-public sh.c
int main(void) {
    static char buf[100];
    // 读取命令
    while(getcmd(buf, sizeof(buf)) >= 0){
```

```
        // 创建新进程
        if(fork() == 0)
            // 执行命令
            runcmd(parsecmd(buf));
        // 等待进程退出
        wait();
    }
}
```

看，shell 程序变得异常简单了！

总的来说，shell 程序就是个死循环，它永远不会自己退出，除非我们手动终止这个 shell 进程。

在死循环里面，shell 就是不断读取（fetch）用户输入的命令，创建一个新的进程（fork），在新进程里执行（runcmd）刚刚读取到的命令，最后等待（wait）进程退出，再次进入读取下一条命令的循环中。

由此你是不是也感受到了 xv6 源码的简单之美，真的是见名知意，当你跟我走完这趟 Linux-0.11 之旅后，再去阅读 xv6 的源码你会觉得非常轻松，因为 Linux-0.11 的很多地方都用了非常冷僻的编码技巧，使得理解起来很困难，谁让 Linus 这么特立独行呢。

之前说过 shell 就是不断 fork + execve 完成执行一个新程序的功能的，那 execve 在哪儿呢？

那就要看执行命令的 runcmd 代码了。

```
void runcmd(struct cmd *cmd) {
    ...
    struct execcmd ecmd = (struct execcmd*)cmd;
    ...
    exec(ecmd->argv[0], ecmd->argv);
    ...
}
```

这里我又省略了很多代码，比如遇到管道命令 PIPE，遇到命令集合 LIST 时的处理逻辑，我们仅仅看单纯执行一条命令的逻辑。

可以看到，就是简简单单调用了 exec 函数，这个 exec 是 xv6 代码里的名字，在 Linux-0.11 里就是第35回讲过的 execve 函数。

shell 执行一个我们所指定的程序，就和我们在 Linux-0.11 里通过 fork + execve 函数执行了 /bin/sh 程序是一个道理。

你看，一旦懂了 fork 和 execve 函数，shell 程序的原理你就直接秒懂了。而对于 fork 和 execve 函数的原理，如果你非常熟练地掌握中断、虚拟内存、文件系统、进程调度等更为底层的基础知识，其实也不难理解。

所以，根基真的很重要，本回已经到操作系统启动流程的最后环节了，如果你现在感觉十分混乱，最好的办法就是，不断去啃之前那些你认为"无聊的""没用的"章节。

好了，shell 就讲到这里，毕竟我们要讲的是 Linux-0.11 核心流程，不必过多深入 shell 这个应用程序。

接下来有个问题，shell 程序执行了，操作系统就结束了吗？

欲知后事如何，且听下回分解。

第 38 回
操作系统启动完毕！

书接上回，上回书咱们说到一个 shell 程序的执行原理。至此，我们的操作系统终于将控制权转交给了 shell，由 shell 程序和我们人类进行友好的交互。

其实到这里，操作系统的使命就基本结束了。此时我想到了之前有人问过我的一个问题，他说为什么现在的计算机开机后和操作系统启动前，还隔着好长一段时间，这段时间运行的代码是什么？

在我的继续追问下才知道，他说的操作系统启动，是我们看到了诸如 Windows 登录画面的时候，如图38-1所示。

图 38-1

这个登录画面就和 Linux-0.11 里的这个 shell 程序一样，已经可以说标志着操作系统启动完毕了，处于通过 shell 不断接收用户命令并执行命令的死循环过程。

甚至在 Linux-0.11 里根本找不到 shell 的源码，说明 Linux-0.11 并没有认为 shell 是操作系统的一部分，它只是个普通的用户程序，和你在操作系统里自己写个 Hello World 编译成 a.out 执行一样。在执行这个 shell 程序前已经可以认为操作系统启动完毕。

操作系统就是初始化了一堆数据结构进行管理，并且提供了一揽子**系统调用**接口供上层的应用程序调用，仅此而已。再多做点事就是提供一些常用的用户程序，但这不是必需的。

上一回我留了一个问题，shell 程序执行了，操作系统就结束了吗？此时我们不妨从宏观视角来看一下当前的进度，如图38-2所示。

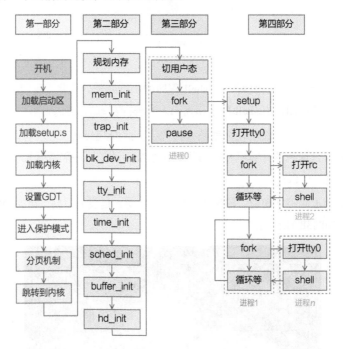

图 38-2

看最右边蓝色部分的流程即可。

先建立操作系统的一些最基本的环境与管理结构，然后由进程 0 fork 出处于用户态执行的进程 1，进程 1 加载了文件系统并打开终端文件，紧接着就 fork 出了进程 2，进程 2 通过 execve 函数将自己替换成 shell 程序。

通过看代码可知，其实我们此时处于一个以 rc 为标准输入的 shell 程序。

```
// init/main.c
void main(void) {
```

```
    ...
    if (!fork()) {
        init();
    }
    for(;;) pause();
}

void init(void) {
    ...
    // 一个以 rc 为标准输入的 shell
    if (!(pid=fork())) {
        ...
        open("/etc/rc",O_RDONLY,0);
        execve("/bin/sh",argv_rc,envp_rc);
    }
    // 等待这个 shell 结束
    if (pid>0)
        while (pid != wait(&i))
    ...
    // 大的死循环，不再退出了
    while (1) {
        // 一个以 tty0 终端为标准输入的 shell
        if (!(pid=fork())) {
            ...
            (void) open("/dev/tty0",O_RDWR,0);
            execve("/bin/sh",argv,envp);
        }
        // 这个 shell 退出了，继续进大的死循环
        while (1)
            if (pid == wait(&i))
                break;
        ...
    }
}
```

shell 程序有个特点，就是如果标准输入为一个普通文件，比如 /etc/rc，那么文件被读取后就会使 shell 进程退出，如果是字符设备文件，比如由我们用键盘输入的 /dev/tty0，则不会使 shell 进程退出。这就使得标准输入为 /etc/rc 文件的 shell 进程在读取完 /etc/rc 这个文件并执行文件里的命令后，就退出了。

所以，这个 /etc/rc 文件可以写一些你觉得在正式启动大死循环的 shell 程序之前，要做的一些事，比如启动一个登录程序，让用户输入用户名和密码。

好了，那作为这个 shell 程序的父进程，也就是进程 0，在检测到 shell 进程退出后，就会继续往下走。

```
// init/main.c
void init(void) {
    ...
    // 一个以 rc 为标准输入的 shell
    ...
    // 等待这个 shell 结束
    if (pid>0)
        while (pid != wait(&i))
    ...
    // 大的死循环, 不再退出
    while (1) {
        ...
    }
}
```

下面的 **while(1)** 死循环里的代码和创建第一个 shell 进程的代码几乎一样。

```
// init/main.c
void init(void) {
    ...
    // 大的死循环, 不再退出
    while (1) {
        // 一个以 tty0 终端为标准输入的 shell
        if (!(pid=fork())) {
            ...
            (void) open("/dev/tty0",O_RDWR,0);
            execve("/bin/sh",argv,envp);
        }
        // 这个 shell 退出了, 继续大的死循环
        while (1)
            if (pid == wait(&i))
                break;
        ...
    }
}
```

只不过它的标准输入被替换成了 **tty0**，也就是接收来自键盘的输入。

这个 shell 程序不会退出，它会不断接收我们从键盘输入的命令，然后通过 fork+execve 函数执行这些命令，这在上一回讲过了。当然，如果这个 shell 进程也退出了，那么操作系统也不会跳出这个大循环，而是继续重试。

整个操作系统到此为止，看起来就是这个样子：

```c
// init/main.c
void main() {
    // 初始化环境
    ...
    // 外层操作系统大循环
    while(1) {
        // 内层 shell 程序小循环
        while(1) {
            // 读取命令 read
            ...
            // 创建进程 fork
            ...
            // 执行命令 execve
            ...
        }
    }
}
```

当然，这只是表层的过程。

除此之外，这里所有的键盘输入、系统调用、进程调度，都需要**中断**来驱动，所以我们说**操作系统就是一个中断驱动的死循环**，就是这个道理。

好了，到此为止，操作系统终于启动完毕，达到了怠速的状态，它本身设置好了一堆中断处理程序，随时等待着中断的到来，同时它运行了一个 shell 程序用来接收我们普通用户的命令，以对人类友好的方式进行交互。完美！

欲知后事如何，且听下回分解。

第
38
回

第 39 回

番外篇——调试 Linux 最早期的代码

Linux-0.11 是 Linux 最早期的代码，非常适合作为第一款深入探索操作系统原理的代码。

但同时，Linux-0.11 因为很多古老工具链的缺失，以及一些过时的文件格式，比如 a.out，导致成功编译并运行它十分困难，更别说进行源码级别的调试了。

要想成功调试 Linux-0.11，需要进行很多改造，并依赖一些古老的工具链，对于仅仅是将 Linux-0.11 作为研究操作系统的手段的我们，无须花费精力自己去改造它，踩各种坑。

所以这里我就分享一下我调试 Linux-0.11 的一种方式，那我们开始吧！

整体思路和效果

我用的方式是，在 Windows 系统环境中，搞一个 Ubuntu 16.04 的虚拟机，在里面用 qemu 启动一个开启了调试的 Linux-0.11 系统，然后用本机的 vscode remote ssh 连接到虚拟机，并开启 gdb 调试，最终的效果如图39-1所示。

这是最舒服的方式，因为 vscode 是本机的，完全不受虚拟机的影响，这也是我调试其他代码时比较喜欢的方式。

如果你有自己的豪华服务器，虚拟机也可以换成服务器，这样不但编译速度快，不影响自己计算机的性能，同时也可以不受终端的影响，在家在公司都可以随时调试。

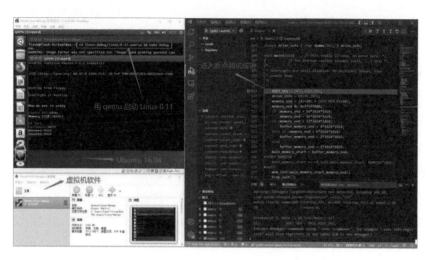

图 39-1

当然，如果你不需要这么直观，vscode 这一步也可以换成 gdb 命令行，在虚拟机里直接执行 gdb 相关命令即可，如图39-2所示。

图 39-2

下面我们就一步步来实现这个效果。

第一步：配置虚拟机

我用的虚拟机软件是Oracle VM VirtualBox Version 6.0.8 Edition。

官网是：ubuntu官网

下载页面是：

https://www.virtualbox.org/wiki/Download_Old_Builds_6_0

我这个版本的直接下载地址是：

https://download.virtualbox.org/virtualbox/6.0.8/VirtualBox-6.0.8-130520-Win.exe

安装的操作系统镜像是ubuntu-16.04.7-desktop-amd64。

官网是：ubuntu官网

下载页面是：

https://releases.ubuntu.com/xenial/

我这个版本的直接下载地址是：

https://releases.ubuntu.com/xenial/ubuntu-16.04.7-desktop-amd64.iso

这个就不详细展开讲解了，最终达到图39-3所示的效果就行。

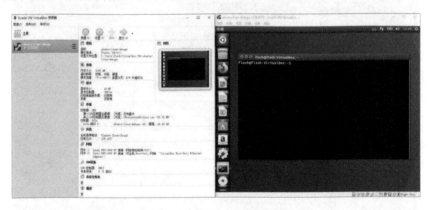

图 39-3

第二步：安装 qemu

qemu 是模拟器，简单理解就是和虚拟机一样，是用来当作真机启动 Linux-0.11 的。

在这个 Ubuntu 虚拟机里直接按照官方教程下载 qemu：

sudo apt-get install qemu

下载好后，输入 qemu-，按两下 Tab 键，查看所支持的体系结构，如图39-4所示。

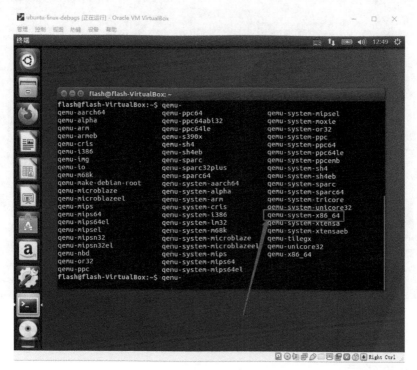

图 39-4

看到有 qemu-system-x86_64 即可，稍后会用这个来模拟启动 Linux-0.11。

第三步：下载并运行可调试的 Linux-0.11 源码

这一步直接下载官网上的 Linux 源码是不行的，因为它依赖好多古老的工具链。

一般是参考了赵炯老师为我们修改好的 Linux-0.11 源码，用现代的工具链即可构建，造福了广大热爱 Linux 内核的开发者，我们直接拿来使用即可。

在赵炯老师准备好的源码的基础上，很多人又进行了二次改造，使其可以一键 qemu 或 bochs 启动，这里我选择了仓库：

https://github.com/yuan-xy/Linux-0.11

直接把源码下载下来，进入根目录，输入命令 make start 就可以把 Linux-0.11 运行起来了，如图39-5所示。

第
39
回

图 39-5

如果想调试，那么就以 debug 形式启动，输入命令 **make debug**，它会卡住不动，如图39-6所示。

图 39-6

此时你就可以通过 gdb 进行调试了。

再开一个窗口，输入命令 gdb tools/system。

然后再输入 target remote :1234。

这样就可以愉快地进行 gdb 调试了，如图39-7所示。

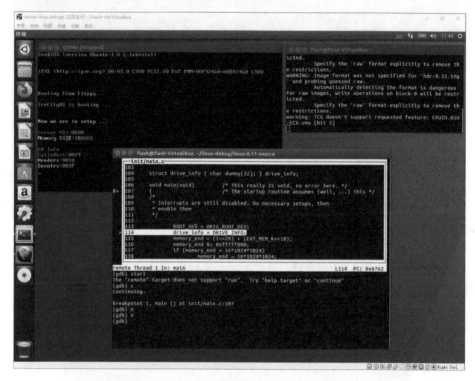

图 39-7

具体 gdb 怎么用，这里就不展开讲解了。

第四步：通过 vscode 远程调试

当然，你也可以在虚拟机里用 vscode 进行本地调试，但我觉得不够方便。

所以，在本机的 Windows 里安装好 vscode，下载 remote-ssh 插件，如图39-8所示。

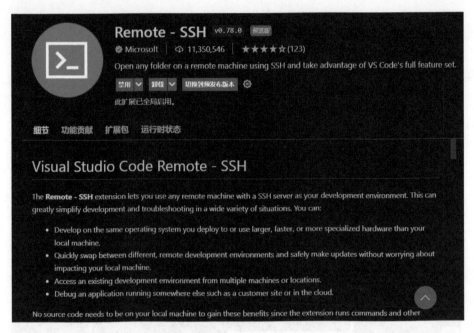

图 39-8

下载好后按下 **Ctrl + P组合键**，输入 **>remote-ssh**，找到 **Connect to Host**命令，如图39-9所示。

图 39-9

按照它提示的格式输入你的虚拟机 **IP** 和用户名，随后输入密码，即可远程连接到虚拟机。

之后在菜单栏依次选择**运行→启用调试**，在弹出的 **launch.json** 中做如图39-10所示的配置。

图 39-10

```json
{
    "version": "0.2.0",
    "configurations": [
        {
            "name": "(gdb) Launch",
            "type": "cppdbg",
            "request": "launch",
            "program": "${workspaceFolder}/tools/system",
            "miDebuggerServerAddress": "127.0.0.1:1234",
            "args": [],
            "stopAtEntry": false,
            "cwd": "${workspaceFolder}",
            "environment": [],
            "externalConsole": false,
            "MIMode": "gdb"
        }
    ]
}
```

配置好后保存，在 main 函数里打个断点，再次点击菜单栏的**运行→启用调试**命令，可以发现调试成功，如图39-11所示。

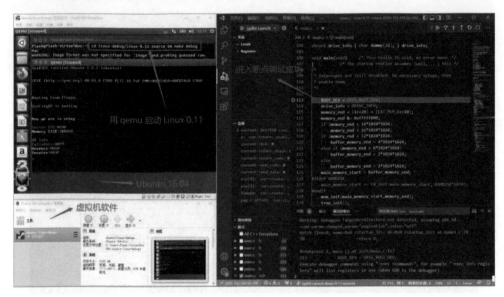

图 39-11

当然，记得每次在 vscode 中调试前，在虚拟机里先把 Linux-0.11 跑起来，就是执行命令 make debug。

这一步也可以配置到 vscode 里，但这一步没多少工作量，而且也不方便直观看到虚拟机里的行为，我就没做。

这就是我调试 Linux-0.11 的其中一种办法，当然每个人可能都有自己喜欢的方式，只要适合自己就好。

第 40 回
番外篇——为什么有些技术原理
你怎么看也看不懂

不知道你有没有过这样的感受，就是特别想弄懂一个技术原理，翻来覆去找了好多资料、书籍、视频，但就是怎么看也看不懂，就像一直在原地打转一样，非常痛苦。

写这部分内容是因为，之前我在根据 Linux-0.11 源码尝试弄懂 execve 的原理的时候，就是这种感受。我无数次静下心来，硬着头皮看它的源码，看讲解它的书籍，看那些用"通俗"的语言解读它的视频，但就是一直原地打转，不知道是哪里卡住了，就是捋不顺它的原理。

也正因为这个心病，我才决定写 Linux-0.11 源码解读的系列文章，这样可以逼迫我夯实前面的细节，说不定对理解它有帮助呢。

历时几个月，我终于写到了 execve 的原理，也就是第35回的内容。也不知道是什么魔力，我这几个月完全没有再盯着 execve 的原理去看，但当我再次尝试理解它的时候，我已经没有之前那种障碍了，而是比较顺畅地根据源码、书籍等资料，把它的原理搞懂了。

这就很奇怪，**为什么我看专门讲它的文章和资料无法理解它，反而看了与它不直接相关的内容倒使我最终很轻松地把它弄懂了呢？**

现在想想，其实 execve 本身并不复杂，它就是将中断、内存管理、文件系统、进程管理、可执行文件结构等多种底层知识结合起来的产物。所以，我看不懂 execve 实际上是因为我对底层的那些细节不熟悉而间接导致的。

比如它的 EIP 和 ESP 的重置就是利用中断返回指令的效果实现的，假如对中断压栈过程和栈空间布局不熟悉，那这部分的代码就像天书一样。但要是熟悉的话，就像小儿书那样易懂了。而这些知识，和 execve 本身又无直接关系。

所以，为什么有些技术原理你怎么看也看不懂，我猜大部分是和我这种情况类似的。**就是和这个技术本身无关，而是你的支撑这个技术背后的底层技术，也就是你的内功不过关。**

当然，你说我就为了搞懂一个 execve，花了这么长时间把底层知识搞清楚，是不是太浪费时间了？以前我也是这么认为的，但现在我发现，一直原地打转才是浪费时间，有些技术债是必须"浪费"很多时间去还的。而你花时间去搞明白这些你觉得"没什么用"的底层知识后，就会发现它们真的很有用，能够帮助你"秒懂"好多原来怎么看也看不懂的技术。

无论花多少时间在**操作系统、组成原理、数据结构、网络**这些方面，都不会白白浪费，这些知识也不会过时，放心去研究吧！当然，同时也要记得实践，记得去拓宽自己的视野，其实实践和技术视野也是会反哺到你的技术原理理解上的。

第 4 部分总结与回顾

整个操作系统终于通过4部分讲解的过程，完成了它的启动，达到了一个怠速状态，留下了一个 shell 程序等待用户指令的输入并执行，如图38-2所示。

具体来说是这样的：

通过第1部分完成了执行 main 函数前的准备工作，如加载内核代码，开启保护模式，开启分页机制等工作，对应内核源码中 boot 文件夹里的三个汇编文件 bootsect.s、setup.s和head.s。

通过第2部分完成了内核中各种管理结构的初始化，如内存管理结构初始化 mem_init，进程调度管理结构初始化 shed_init 等，对应 main 函数中的 xxx_init 系列函数。

第3部分讲述了 fork 函数的原理，也就是进程 0 创建进程 1 的过程，对应 main 函数中的 fork 函数。

第4部分讲述了从加载根文件系统到最终创建出与用户交互的 shell 进程的过程，对应 main 函数中的 init 函数。

至此操作系统启动完毕，达到怠速状态。

纵观整个操作系统的源码，前4部分对应的代码如下，这就是启动流程中的全部代码了。

```
--- 第 1 部分 进入内核前的苦力活 ---
bootsect.s
setup.s
head.s

// init/main.c
void main(void) {
--- 第 2 部分 "大战" 前期的初始化工作 ---
```

```
    mem_init(main_memory_start,memory_end);
    trap_init();
    blk_dev_init();
    chr_dev_init();
    tty_init();
    time_init();
    sched_init();
    buffer_init(buffer_memory_end);
    hd_init();
    floppy_init();
    sti();
--- 第 3 部分  一个新进程的诞生 ---
    move_to_user_mode();
    if (!fork()) {
--- 第 4 部分  shell 程序的到来 ---
        init();
    }
    for(;;) pause();
}
......
```

具体展开第4部分，首先通过第31回讲解的"拿到硬盘信息"和第32回讲解的"加载根文件系统"使得内核具有了以**文件系统**的形式管理硬盘中数据的能力，如图32-1所示。

接下来在第33回讲到使用刚刚建立好的文件系统能力，打开了 /dev/tty0 这个终端设备文件，此时内核便具有了**与外设交互的能力**，具体体现为调用 printf 函数可以往屏幕上打印字符串了，如图33-1所示。

接下来，在第34回讲到利用刚刚建立好的文件系统，以及进程 1 与外设交互的能力，创建出了进程 2，此时进程 2 与进程 1 一样也具有与外设交互的能力，这为后面 shell 程序的创建打好了基础，如图34-3所示。

然后，进程 2 摇身一变，在第35回讲到利用 execve 函数使自己变成了 shell 程序，配合第34回调用 fork 函数创建的进程 2 的过程，这就是 Linux 里经典的 **fork + execve** 函数。

execve 函数摇身一变的关键，其实就是改变了栈空间中的 **EIP** 和 **ESP** 的值，使得中断返回后的地址被程序进行了"魔改"，改到了 shell 程序加载到的内存地址上，如图35-8所示。

此时，execve 系统调用的中断返回后，指向了 shell 程序所在的内存地址起始处，就

要开始执行 shell 程序了。但此时 shell 程序还没有从硬盘加载到内存呢，所以此时会触
发**缺页中断**，将硬盘中的 shell 程序（除 exec 头部的其他部分）按需加载到内存，这就是
第36回讲述的过程，如图36-1所示。

这回，终于可以开始执行 **shell** 程序了，在第37回中以 xv6 源码中超级简单的 shell
程序源码为例，讲解了 shell 程序的原理。

shell 程序就是不断读取用户输入的命令，创建一个新的进程并执行刚刚读取到的命
令，最后等待进程退出，再次进入读取下一条命令的循环。

```c
// xv6-public sh.c
int main(void) {
    static char buf[100];
    // 读取命令
    while(getcmd(buf, sizeof(buf)) >= 0){
        // 创建新进程
        if(fork() == 0)
            // 执行命令
            runcmd(parsecmd(buf));
        // 等待进程退出
        wait();
    }
}
```

shell 程序是个死循环，我们再回过头来看操作系统的死循环。

在第38回中给出了整个操作系统的启动代码。

```c
// init/main.c
void main() {
    // 初始化环境
    ...
    // 外层操作系统大循环
    while(1) {
        // 内层 shell 程序小循环
        while(1) {
            // 读取命令 read
            ...
            // 创建进程 fork
            ...
            // 执行命令 execve
            ...
        }
    }
}
```

可以看出，不仅 shell 程序是个死循环，整个操作系统也是个死循环。

除此之外，这里所有的键盘输入、系统调用、进程调度，都需要中断来驱动，之所以说**操作系统就是一个中断驱动的死循环**，就是这个道理。

到此为止，操作系统终于启动完毕，达到了怠速的状态，它本身设置好了一堆中断处理程序，随时等待中断的到来进行处理，同时它运行了一个 shell 程序用来接收我们普通用户的命令，以对人类友好的方式进行交互。

前4个部分，终于把整个操作系统的启动流程讲清楚了，如果你已经像过电影般把整个启动流程清晰地印在脑子里，相信你已经不再恐惧操作系统源码了。

但理解操作系统不单单是启动流程这个视角，还需要**内存管理、文件系统加载、进程调度、设备管理、系统调用**等操作系统提供的功能这些视角。启动流程是一次性的，而这些功能是持续不断的，用户程序不断通过系统调用和操作系统提供的这些功能，完成自己想要让计算机帮忙做的事情。

所以接下来的第5部分，我打算用一条 shell 命令的执行过程，把操作系统的这些模块和所提供的功能讲清楚。因为一条 shell 命令的执行，包括了内存管理、文件系统、进程调度、设备管理、中断控制、特权级切换等各方面的内容，实在是把它们都串起来的好办法。

欲知后事如何，且听下回分解。

第 5 部分
一条 shell 命令的执行

第 41 回
一条 shell 命令的
执行过程概述

第5部分，**一条 shell命令的执行**，来啦！

这部分要讲什么呢？很简单。

新建一个非常简单的info.txt文件。

```
name:flash
age:28
language:java
```

在命令行输入一条十分简单的命令。

```
[root@linux0.11] cat info.txt | wc -l
3
```

这条命令的意思是读取info.txt文件，输出它的行数。

第5部分，就是抽丝剥茧般地解释这条命令，从你敲击键盘的那一刻开始，一直到它将3这个数字输出到屏幕为止的全部过程。

当你阅读完这部分的内容后，会有一种所有知识都被串起来的畅快感。因为前4部分已经把操作系统启动流程的全部秘密讲出来了，而在启动过程中必然伴随着系统各个模块的运作，而第5部分正是想通过这一条命令的执行过程来解读系统各模块的原理与协作方式。

比如在启动过程中，进程0创建进程1调用init进行初始化的过程，就需要 fork函数的支持，这也就涉及了进程调度模块，如图41-1所示。

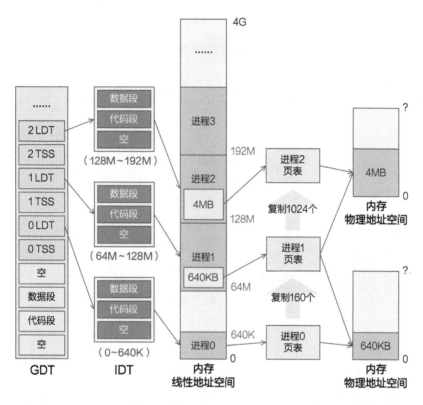

图 41-1

再比如在加载根文件系统并打开/dev/tty0等文件时，就需要文件系统的支持，比较常见的函数是open、close、read、write等，如图41-2所示。

再比如加载并执行shell程序的时候，是通过execve配合fork函数来实现的，这里又涉及内存管理系统与中断机制，当然，这两项在任何地方都有体现。

这里的有些部分讲解得较为详细，比如进程调度这块，在启动流程中就直接调用fork函数，如果不讲清楚，理解启动流程将会受阻。

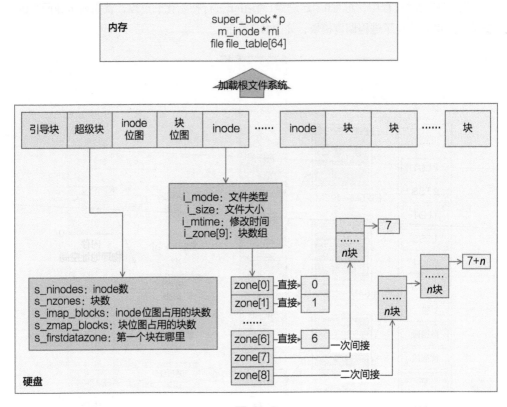

图 41-2

有些部分的讲解就没有那么详细了，因为不影响启动流程的理解，比如将数据从硬盘读取到内存，其实中间涉及文件系统这个抽象层下方的块设备驱动程序，这部分非常复杂，不但层次较多，且涉及阻塞与唤醒等操作。

所以将数据从硬盘读取到内存这块就没有展开太多，因为这一过程，如果不考虑细节，是非常容易理解的，所以就没有在启动流程里展开讲，以免影响大家对主流程的整体把控。

不过不用担心，整个第5部分，将会通过这一条命令的执行过程，将操作系统各模块的核心细节都展开讲解。

一条命令的执行，可以说调用了操作系统所有模块的运作，从键盘输入命令到shell进程读取到这个命令，就涉及文件系统及其下方的字符设备驱动程序，如图41-3所示。

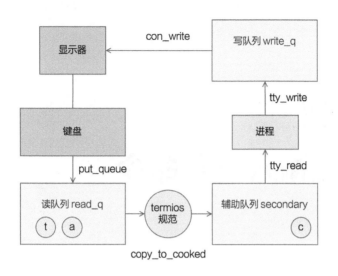

图 41-3

此外还有字符设备队列读取时的阻塞与唤醒机制，如图41-4所示。

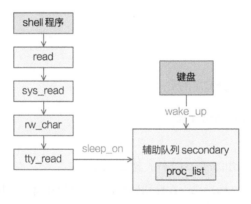

图 41-4

当你通过前4部分理解了操作系统启动流程，再继续通过第5部分理解了一条命令的执行流程，那么你对操作系统的原理就真的不会再畏惧了，因为操作系统一共就做两件事，一件是把自己启动起来，另一件是不断接收用户的命令并且执行它，就这么简单。

好的，那就让我们看看，这条命令的执行，到底经历了些什么吧！

第 42 回
用键盘输入一条命令

42

首先回顾第41回提到的任务。新建一个非常简单的info.txt文件。

```
name:flash
age:28
language:java
```

在命令行输入一条十分简单的命令。

```
[root@linux0.11] cat info.txt | wc -l
3
```

这条命令的意思是读取info.txt文件，输出它的行数。

先从最初始的状态开始说起。在最初始的状态，计算机屏幕上只有这样一段话：

```
[root@linux0.11]
```

然后，我们按下 c 键，将会变成这样：

```
[root@linux0.11] c
```

我们再按下 a 键：

```
[root@linux0.11] ca
```

接下来，我们再依次按下 t、空格、i 等键，才变成了这样：

```
[root@linux0.11] cat info.txt | wc -l
```

下面就要解释这个看起来十分"正常"的过程。凭什么我们按下键盘上的按键后，屏幕上就会出现如此的变化呢？我们先从按下键盘上的 c 键开始说起。

首先，得益于第16回中讲述的一行代码：

```
// console.c
void con_init(void) {
    ...
    set_trap_gate(0x21,&keyboard_interrupt);
    ...
}
```

成功地将键盘中断绑定在了keyboard_interrupt这个中断处理函数上，也就是说，当我们按下键盘上的 c 键时，CPU的中断机制将会被触发，最终执行到这个keyboard_interrupt函数。

我们深入keyboard_interrupt函数一探究竟：

```
// keyboard.s
keyboard_interrupt:
    ...
    // 读取键盘扫描码
    inb $0x60,%al
    ...
    // 调用对应按键的处理函数
    call *key_table(,%eax,4)
    ...
    // 0 作为参数，调用 do_tty_interrupt
    pushl $0
    call do_tty_interrupt
    ...
```

很简单，首先通过IO端口操作，从键盘读取了刚刚产生的键盘扫描码，就是刚刚按下 c 键的时候产生的键盘扫描码。

随后，在key_table中寻找不同按键对应的不同处理函数，比如普通的一个字母对应的字符c的处理函数为do_self，该函数会将扫描码转换为ASCII码，并将自己放入一个队列，稍后再说这部分的细节。

接下来，就是调用do_tty_interrupt函数，见名知意，这是处理终端的中断处理函数，注意这里传递了一个参数0。

我们接着探索，打开 do_tty_interrupt函数：

```
// tty_io.c
void do_tty_interrupt(int tty) {
    copy_to_cooked(tty_table+tty);
}

void copy_to_cooked(struct tty_struct * tty) {
    ...
}
```

这个函数几乎什么都没做，将keyboard_interrupt函数执行时传入的参数0，作为tty_table的索引，找到tty_table中的第0项作为下一个函数的入参，仅此而已。

tty_table是**终端设备表**，在Linux-0.11中定义了三项，分别是**控制台、串行终端1和串行终端2**：

```
// tty.h
struct tty_struct tty_table[] = {
    {
        {...},
        0,              /* initial pgrp */
        0,              /* initial stopped */
        con_write,
        {0,0,0,0,""},        /* console read-queue */
        {0,0,0,0,""},        /* console write-queue */
        {0,0,0,0,""}         /* console secondary queue */
    },
    {...},
    {...}
};
```

往屏幕上输出内容的终端，就是0号索引位置处的控制台终端，所以我将另外两个终端定义的代码省略了。

tty_table终端设备表中的每一项结构，是tty_struct，用来描述一个终端的属性：

```
struct tty_struct {
    struct termios termios;
    int pgrp;
    int stopped;
    void (*write)(struct tty_struct * tty);
    struct tty_queue read_q;
    struct tty_queue write_q;
```

```
    struct tty_queue secondary;
};

struct tty_queue {
    unsigned long data;
    unsigned long head;
    unsigned long tail;
    struct task_struct * proc_list;
    char buf[TTY_BUF_SIZE];
};
```

第
42
回

说说其中较为关键的几个。

termios定义了终端的各种模式，包括读模式、写模式、控制模式等，详情后面再讲。

void (*write)(struct tty_struct * tty)是一个接口函数，在tty_table中也可以看出它被定义为了con_write，也就是说，今后我们调用这个0号终端的写操作时，将会调用的是这个con_write函数，这不就是接口思想吗？

还有三个队列分别为**读队列read_q**、**写队列write_q**及一个**辅助队列secondary**。

这些分别有什么用之后再说，跟着我接着看：

```
// tty_io.c
void do_tty_interrupt(int tty) {
    copy_to_cooked(tty_table+tty);
}

void copy_to_cooked(struct tty_struct * tty) {
    signed char c;
    while (!EMPTY(tty->read_q) && !FULL(tty->secondary)) {
        // 从 read_q 中取出字符
        GETCH(tty->read_q,c);
        ...
        // 这里省略了一大段行规则处理代码
        ...
        // 将处理后的字符放入 secondary
        PUTCH(c,tty->secondary);
    }
    wake_up(&tty->secondary.proc_list);
}
```

展开**copy_to_cooked**函数我们发现，一个大体的框架已经有了。

在copy_to_cooked函数里就是一个大循环，只要读队列read_q 不为空，且辅助队列

secondary 没有满，就不断从read_q中取出字符，经过一些处理，写入secondary队列，如图42-1所示。

图 42-1

否则，就唤醒等待这个辅助队列secondary的进程，之后怎么做由进程自己决定。

我们接着往下看，中间的一大段处理过程做了什么事情呢？这一大段有太多太多的if判断，但都围绕着同一个目的，我们举其中一个简单的例子。

```
#define IUCLC    0001000
#define _I_FLAG(tty,f)  ((tty)->termios.c_iflag & f)
#define I_UCLC(tty) _I_FLAG((tty),IUCLC)

void copy_to_cooked(struct tty_struct * tty) {
    ...
    // 这里省略了一大段行规则处理代码
    if (I_UCLC(tty))
        c=tolower(c);
    ...
}
```

简单来说，就是通过判断tty中的termios，来决定对读出的字符c做一些处理。在这里，就是判断termios中c_iflag的第4位是否为1，从而决定是否要将读出的字符c 由大写变为小写。

这个termios 定义了终端的**模式**：

```
struct termios {
    unsigned long c_iflag;          /* input mode flags */
    unsigned long c_oflag;          /* output mode flags */
    unsigned long c_cflag;          /* control mode flags */
    unsigned long c_lflag;          /* local mode flags */
    unsigned char c_line;           /* line discipline */
    unsigned char c_cc[NCCS];       /* control characters */
};
```

比如刚刚的是否要将大写变为小写，是否将回车符替换成换行符，是否接收键盘控制字符信号如 Ctrl + C等。

这些模式不是Linux-0.11凭空发明的，而是实现了POSIX.1中规定的**termios标准**，具体可以参见图42-2。

图 42-2

好了，我们目前可以总结出，用户按下键盘按键系统做了什么事情，见图42-3。

图 42-3

这里我们应该产生几个疑问。

一、读队列 read_q 里的字符是什么时候放进去的?

还记不记得前面讲的**keyboard_interrupt**函数，当时有一个函数没有展开讲。

```
// keyboard.s
keyboard_interrupt:
    ...
    // 读取键盘扫描码
    inb $0x60,%al
    ...
    // 调用对应按键的处理函数
    call *key_table(,%eax,4)
    ...
    // 0 作为参数, 调用 do_tty_interrupt
    pushl $0
    call do_tty_interrupt
    ...
```

正是这个key_table，我们将其展开：

```
// keyboard.s
key_table:
    .long none,do_self,do_self,do_self  /* 00-03 s0 esc 1 2 */
    .long do_self,do_self,do_self,do_self   /* 04-07 3 4 5 6 */
    ...
    .long do_self,do_self,do_self,do_self   /* 20-23 d f g h */
    ...
```

可以看出，普通的abcd这种字符，对应的处理函数是do_self，我们再继续展开：

```
// keyboard.s
do_self:
    ...
    // 扫描码转换为 ASCII 码
    lea key_map,%ebx
1: movb (%ebx,%eax),%al
    ...
    // 放入队列
    call put_queue
```

可以看到最后调用了put_queue函数，顾名思义，其作用是放入队列，看来我们要找到答案了，继续展开：

```
// tty_io.c
struct tty_queue * table_list[]={
    &tty_table[0].read_q, &tty_table[0].write_q,
    &tty_table[1].read_q, &tty_table[1].write_q,
    &tty_table[2].read_q, &tty_table[2].write_q
};

// keyboard.s
put_queue:
    ...
    movl table_list,%edx # read-queue for console
    movl head(%edx),%ecx
    ...
```

可以看出，put_queue正是操作了tty_table数组中的零号位置，也就是控制台终端tty的read_q队列，进行入队操作。

答案揭晓了，那我们的整体流程图也可以再丰富起来，如图42-4所示。

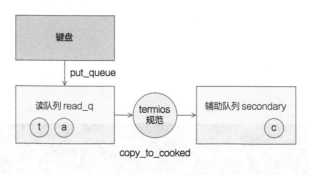

图 42-4

二、放入 secondary 队列之后呢?

按下键盘按键后,一系列代码将我们的字符放入了secondary队列,然后呢?

这就涉及上层进程调用终端的读函数,将这个字符取走了。上层经过库函数、文件系统函数等,最终会调用tty_read函数,将字符从secondary队列里取走。

```
// tty_io.c
int tty_read(unsigned channel, char * buf, int nr) {
    ...
    GETCH(tty->secondary,c);
    ...
}
```

取走后要干什么,那就是上层应用程序去决定的事情了。假如要写到控制台终端,那上层应用程序又会经过库函数、文件系统函数等层层调用,最终调用到tty_write函数。

```
// tty_io.
int tty_write(unsigned channel, char * buf, int nr) {
    ...
    PUTCH(c,tty->write_q);
    ...
    tty->write(tty);
    ...
}
```

这个函数首先会将字符c放入**write_q**这个队列,然后调用tty里设定的write函数。

终端控制台这个tty之前讲过,初始化的write函数是**con_write**,也就是console的写函数。

```
// console.c
```

```
void con_write(struct tty_struct * tty) {
    ...
}
```

这个函数在第16回提到了，最终会配合显卡，在屏幕上输出我们输入的字符，如图42-5所示。

图 42-5

那流程图又可以补充了，如图42-6所示。

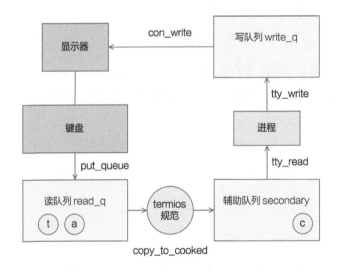

图 42-6

核心点就是三个队列**read_q**、**secondary**及**write_q**。

其中 read_q是用户从键盘按下按键后，进入键盘中断处理程序 keyboard_interrupt，最终通过put_queue函数将字符放入read_q这个队列。

　　secondary是read_q队列里的未处理字符，通过copy_to_cooked函数，经过一定的termios 规范处理，将处理过的字符放入secondary。（处理过的字符就是成"熟"的字符，所以叫cooked，是不是很形象？）

　　然后，进程通过tty_read从secondary里读字符，通过tty_write将字符写入write_q，最终write_q中的字符可以通过con_write这个控制台写函数，将字符打印在显示器上。

　　这就完成了从键盘输入到显示器输出的一个循环，也就是本回所讲的内容。

　　好了，现在我们已经成功做到可以把这样一个字符串输入并回显在显示器上了。

```
[root@linux0.11] cat info.txt | wc -l
```

　　那么接下来，shell程序具体是如何读入这个字符串，读入后又是怎么处理的呢？

　　欲知后事如何，且听下回分解。

第 43 回
shell 程序读取
你的命令

在上一回，我们详细解读了从键盘敲击出这个命令，到屏幕上显示出这个命令，中间发生的事情。

这一回，我们接着往下走，下一步就是，**shell程序如何读到你输入的这条命令**。

这里我们需要知道两件事情。

第一，我们从键盘输入的字符，此时已经到达了控制台终端tty结构中的secondary队列里。

第二，shell程序将通过上层的read函数调用，来读取这些字符。

```c
// xv6-public sh.c
int main(void) {
    static char buf[100];
    // 读取命令
    while(getcmd(buf, sizeof(buf)) >= 0){
        // 创建新进程
        if(fork() == 0)
            // 执行命令
            runcmd(parsecmd(buf));
        // 等待进程退出
        wait();
    }
}
```

```c
int getcmd(char *buf, int nbuf) {
    ...
    gets(buf, nbuf);
    ...
}

char* gets(char *buf, int max) {
    int i, cc;
    char c;

    for(i=0; i+1 < max; ){
        cc = read(0, &c, 1);
        if(cc < 1)
            break;
        buf[i++] = c;
        if(c == '\n' || c == '\r')
            break;
    }
    buf[i] = '\0';
    return buf;
}
```

第
43
回

看，shell程序会通过getcmd函数最终调用到read函数并一个字符一个字符地读入，直到读到了换行符（\n或\r）才返回。

读入的字符在buf里，遇到换行符后，这些字符将作为一个完整的命令，传入 runcmd 函数，真正执行这个命令。那我们接下来的任务就是，看一下这个read函数是怎样把之前从键盘输入并转移到secondary队列里的字符读出来的。

read函数是个用户态的库函数，最终会通过**系统调用**中断，执行**sys_read**函数。

```c
// read_write.c
// fd = 0, count = 1
int sys_read(unsigned int fd,char * buf,int count) {
    struct file * file = current->filp[fd];
    // 校验 buf 区域的内存限制
    verify_area(buf,count);
    struct m_inode * inode = file->f_inode;
    // 管道文件
    if (inode->i_pipe)
        return (file->f_mode&1)?read_pipe(inode,buf,count):-EIO;
    // 字符设备文件
    if (S_ISCHR(inode->i_mode))
        return rw_char(READ,inode->i_zone[0],buf,count,&file->f_pos);
    // 块设备文件
```

```
    if (S_ISBLK(inode->i_mode))
        return block_read(inode->i_zone[0],&file->f_pos,buf,count);
    // 目录文件或普通文件
    if (S_ISDIR(inode->i_mode) || S_ISREG(inode->i_mode)) {
        if (count+file->f_pos > inode->i_size)
            count = inode->i_size - file->f_pos;
        if (count<=0)
            return 0;
        return file_read(inode,file,buf,count);
    }
    // 不是以上几种，就报错
    printk("(Read)inode->i_mode=%06o\n\r",inode->i_mode);
    return -EINVAL;
}
```

我已经把关键地方标上了注释，不看细节的话整体结构特别清晰。

这个最上层的sys_read，把读取**管道文件、字符设备文件、块设备文件、目录文件**或**普通文件**，都放在了同一个函数里处理，这个函数作为所有读操作的统一入口，由此也可以看出Linux下一切皆文件的思想。

read的第一个参数是0，也就是0号文件描述符，之前我们在第4部分讲过，shell进程是由进程1 通过fork函数创建出来的，而进程1在调用init进行初始化的时候打开了/dev/tty0 作为0号文件描述符：

```
// main.c
void init(void) {
    setup((void *) &drive_info);
    (void) open("/dev/tty0",O_RDWR,0);
    (void) dup(0);
    (void) dup(0);
}
```

而这个/dev/tty0的文件类型，也就是其 inode结构中表示文件类型与属性的i_mode字段，表示为**字符型设备**，所以最终会走到**rw_char**这个子函数下，文件系统的第一层划分就走完了。

接下来我们看rw_char这个函数：

```
// char_dev.c
static crw_ptr crw_table[]={
    NULL,          /* nodev */
    rw_memory,     /* /dev/mem etc */
    NULL,          /* /dev/fd */
```

```
    NULL,        /* /dev/hd */
    rw_ttyx,     /* /dev/ttyx */
    rw_tty,      /* /dev/tty */
    NULL,        /* /dev/lp */
    NULL};       /* unnamed pipes */

int rw_char(int rw,int dev, char * buf, int count, off_t * pos) {
    crw_ptr call_addr;

    if (MAJOR(dev)>=NRDEVS)
        return -ENODEV;
    if (!(call_addr=crw_table[MAJOR(dev)]))
        return -ENODEV;
    return call_addr(rw,MINOR(dev),buf,count,pos);
}
```

根据dev这个参数，计算出主设备号为4，次设备号为0，所以将会走到rw_ttyx函数继续执行：

```
// char_dev.c
static int rw_ttyx(int rw,unsigned minor,char * buf,int count,
off_t * pos) {
    return ((rw==READ)?tty_read(minor,buf,count):
        tty_write(minor,buf,count));
}
```

根据rw == READ走到读操作分支**tty_read**，终于快和上一回的故事接上了。

以下是tty_read函数，我省略了一些关于信号和超时等非核心代码：

```
// tty_io.c
// channel=0, nr=1
int tty_read(unsigned channel, char * buf, int nr) {
    struct tty_struct * tty = &tty_table[channel];
    char c, * b=buf;
    while (nr>0) {
        ...
        if (EMPTY(tty->secondary) ...) {
            sleep_if_empty(&tty->secondary);
            continue;
        }
        do {
            GETCH(tty->secondary,c);
            ...
            put_fs_byte(c,b++);
```

```
        if (!--nr) break;
    } while (nr>0 && !EMPTY(tty->secondary));
    ...
}
...
return (b-buf);
}
```

入参有三个，非常简单。

channel为0，表示 tty_table里的控制台终端这个具体的设备。buf是我们要读取的数据复制到内存的位置指针，也就是用户缓冲区指针。nr为1，表示我们要读出 1 个字符。

整个函数，其实就是不断从secondary队列取出字符，然后放入buf 指所指向的内存。

如果要读取的字符数nr被减为0，说明已经完成了读取任务，或者说 secondary队列为空，说明不论你的任务是否完成都没有字符让你继续读了，此时调用sleep_if_empty将线程**阻塞**，等待被唤醒。

其中 GETCH 就是一个宏，改变 secondary队列的队头队尾指针，你自己写一个队列数据结构，也是这样的操作，此处不再展开讲解：

```
#define GETCH(queue,c) \
(void)({c=(queue).buf[(queue).tail];INC((queue).tail);})
```

同理，判空逻辑就更为简单了，就是判断队列头尾指针是否相撞：

```
#define EMPTY(a) ((a).head == (a).tail)
```

理解了这些小细节之后，再明白一行关键的代码，整个read到tty_read这条线就完全可以明白了。关键代码就是队列为空，即不满足继续读取条件的时候，让进程阻塞的sleep_if_empty：

```
sleep_if_empty(&tty->secondary);

// tty_io.c
static void sleep_if_empty(struct tty_queue * queue) {
    cli();
    while (!current->signal && EMPTY(*queue))
        interruptible_sleep_on(&queue->proc_list);
    sti();
}
```

```
}

// sched.c
void interruptible_sleep_on(struct task_struct **p) {
    struct task_struct *tmp;
    ...
    tmp=*p;
    *p=current;
repeat: current->state = TASK_INTERRUPTIBLE;
    schedule();
    if (*p && *p != current) {
        (**p).state=0;
        goto repeat;
    }
    *p=tmp;
    if (tmp)
        tmp->state=0;
}
```

其中关键的代码，就是将当前进程的状态设置为可中断等待：

```
current->state = TASK_INTERRUPTIBLE;
```

那么执行到进程调度程序时，当前进程将不会被调度，也就相当于阻塞了，不熟悉进程调度的读者可以复习第23回。

进程被调度了，什么时候被唤醒呢？

当我们再次按下键盘按键，使得 secondary 队列中有字符时，也就打破了为空的条件，此时就应该将之前的进程唤醒了，这在第42回讲过了。

```
// tty_io.c
void do_tty_interrupt(int tty) {
    copy_to_cooked(tty_table+tty);
}

void copy_to_cooked(struct tty_struct * tty) {
    ...
    wake_up(&tty->secondary.proc_list);
}
```

可以看到，在copy_to_cooked函数里，在将read_q队列中的字符处理后放入secondary队列中的最后一步，就是唤醒wake_up这个队列里的等待进程。

而 wake_up函数更为简单，就是修改一下状态，使其变成可运行的状态：

```
// sched.c
void wake_up(struct task_struct **p) {
    if (p && *p) {
        (**p).state=0;
    }
}
```

总体流程如图43-1所示。

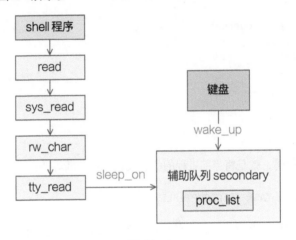

图 43-1

当然，进程的阻塞与唤醒是一个体系，还有很多细节，下一回再仔细展开这部分的内容。

欲知后事如何，且听下回分解。

第 44 回
进程的阻塞与唤醒

在上一回中，我们分析了shell进程是如何读取你的命令的，其中的sleep_on和wake_up是进程的阻塞与唤醒机制的实现，我们没有展开讲。这一回，就详细看看这块的逻辑。

首先，表示进程的数据结构是task_struct，其中有一个state字段表示进程的状态，它在Linux-0.11里有5种枚举值：

```
// shed.h
#define TASK_RUNNING 0          // 运行态
#define TASK_INTERRUPTIBLE 1      // 可中断等待状态。
#define TASK_UNINTERRUPTIBLE 2    // 不可中断等待状态
#define TASK_ZOMBIE 3          // 僵死状态
#define TASK_STOPPED 4          // 停止
```

当进程首次被创建时，也就是fork函数执行后，它的初始状态是0，也就是运行态。

```
// system_call.s
_sys_fork:
    ...
    call _copy_process
    ...

// fork.c
int copy_process(...) {
    ...
    p->state = TASK_RUNNING;
    ...
}
```

只有处于运行态的进程，才会被调度机制选中，送入CPU 开始执行。

```
// sched.c
void schedule (void) {
    ...
    if ((*p)->state == TASK_RUNNING && (*p)->counter > c) {
        ...
        next = i;
    }
    ...
    switch_to (next);
}
```

以上简单列出了关键代码，基本可以描绘进程调度的大体框架了，不熟悉的朋友还请回顾第23回。

所以，使得一个进程阻塞的函数非常简单，并不需要什么魔法，只需将其**state**字段，变成**非TASK_RUNNING**，也就是非运行态，即可让它暂时不被CPU调度，也就达到了阻塞的效果。

同样，唤醒也非常简单，就是再将对应进程的state字段变成TASK_RUNNING即可。

Linux-0.11中的阻塞与唤醒，就是通过sleep_on和wake_up函数实现的。

其中sleep_on函数将state变为TASK_UNINTERRUPTIBLE：

```
// sched.c
void sleep_on (struct task_struct **p) {
    struct task_struct *tmp;
    ...
    tmp = *p;
    *p = current;
    current->state = TASK_UNINTERRUPTIBLE;
    schedule();
    if (tmp)
        tmp->state = 0;
}
```

而 wake_up函数将state变回为TASK_RUNNING，也就是0：

```
// sched.c
void wake_up (struct task_struct **p) {
    (**p).state = 0;
}
```

是不是非常简单？

当然，sleep_on函数除了改变state状态，还有些难理解的操作，我们先试着来分析一下。

当首次调用sleep_on函数时，比如 tty_read 在secondary队列为空时调用sleep_on，传入的*p 为NULL，因为此时还没有等待 secondary这个队列的任务。

```
struct tty_queue {
    ...
    struct task_struct * proc_list;
};

struct tty_struct {
    ...
    struct tty_queue secondary;
};

int tty_read(unsigned channel, char * buf, int nr) {
    ...
    sleep_if_empty(&tty->secondary);
    ...
}

static void sleep_if_empty(struct tty_queue * queue) {
    ...
    interruptible_sleep_on(&queue->proc_list);
    ...
}
```

经过tmp = *p和*p = current两个赋值操作，此时：

```
tmp = NULL
*p = 当前任务
```

同时也使得 proc_list 指向了当前任务的task_struct，如图44-1所示。

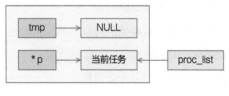

图 44-1

当有另一个进程调用tty_read读取了同一个tty的数据时，就需要再次调用sleep_on，此时携带的*p 就是一个指向了之前的"当前任务"的结构。

那么经过tmp = *p和*p = current两个赋值操作，会变成图44-2这样。

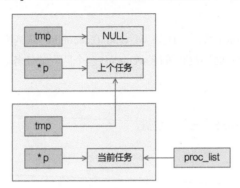

图 44-2

也就是说，通过每一个当前任务所在的代码块中的tmp变量，总能找到上一个正在同样等待一个资源的进程，因此也就形成了一个链表。

那么，当某进程调用了wake_up函数唤醒proc_list上指向的第一个任务时，该任务便会在sleep_on函数执行完schedule()后被唤醒并执行下面的代码，把 tmp 指针指向的上一个任务也同样唤醒：

```c
// sched.c
void sleep_on (struct task_struct **p) {
    struct task_struct *tmp;
    ...
    tmp = *p;
    *p = current;
    current->state = TASK_UNINTERRUPTIBLE;
    schedule();
    if (tmp)
        tmp->state = 0;
}
```

永远记住，唤醒其实就是把 state变成0而已。

而上一个进程被唤醒后，和这个被唤醒的进程一样，也会走过它自己的sleep_on函数的后半段，把它的上一个进程，也就是上上一个进程唤醒。

那么上上一个进程，又会唤醒上上上一个进程，上上上一个进程，又会……

看懂了吗，通过一个wake_up函数，以及上述这种tmp变量的巧妙设计，我们就能制造出唤醒的一连串连锁反应。

当然，唤醒后谁能优先抢到资源，那就要看调度的时机以及调度的机制了，对我们来说相当于听天由命了。

好了，现在我们的shell进程，通过read函数，中间经过层层封装，以及后面经过了阻塞与唤醒这一番折腾，终于把键盘输入的字符，成功从tty中的secondary队列，读取并存放于buf指向的内存地址处：

```
[root@linux0.11] cat info.txt | wc -l
```

接下来，就该解析并执行这条命令了，也就是以下函数中的runcmd命令。

```
// xv6-public sh.c
int main(void) {
    static char buf[100];
    // 读取命令
    while(getcmd(buf, sizeof(buf)) >= 0){
        // 创建新进程
        if(fork() == 0)
            // 执行命令
            runcmd(parsecmd(buf));
        // 等待进程退出
        wait();
    }
}
```

欲知后事如何，且听下回分解。

第 45 回
解析并执行 shell 命令

上一回讲述了进程在读取你的命令字符串时，可能经历的进程的阻塞与唤醒，即 Linux-0.11中的sleep_on与wake_up函数。

接下来，shell程序就该解析并执行这条命令了：

```c
// xv6-public sh.c
int main(void) {
    static char buf[100];
    // 读取命令
    while(getcmd(buf, sizeof(buf)) >= 0){
        // 创建新进程
        if(fork() == 0)
            // 执行命令
            runcmd(parsecmd(buf));
        // 等待进程退出
        wait();
    }
}
```

也就是上述函数中的runcmd命令。

首先，parsecmd函数会将读取到buf的字符串命令解析，生成一个cmd结构的变量，传入runcmd函数：

```c
// xv6-public sh.c
void runcmd(struct cmd *cmd) {
    ...
```

```
    switch(cmd->type) {
        ...
        case EXEC:
        ecmd = (struct execcmd*)cmd;
        ...
        exec(ecmd->argv[0], ecmd->argv);
        ...
        break;

        case REDIR: ...
        case LIST: ...
        case PIPE: ...
        case BACK: ...
    }
}
```

然后就如上述代码所示，根据cmd的type字段，来判断应该如何执行这个命令。比如最简单的，就是直接执行，即**EXEC**。

如果命令中有分号;，说明是多条命令的组合，那么就当作LIST拆分成多条命令依次执行。

如果命令中有竖线 |，说明是管道命令，那么就当作PIPE拆分成两个并发的命令，同时通过管道串联起输入端和输出端，来执行。

我们这个命令，很显然就是一个管道命令：

```
[root@linux0.11] cat info.txt | wc -l
```

管道理解起来非常简单，但是实现细节却略微复杂。

所谓管道，也就是上述命令中的|，实现的就是将**左边的程序的**输出（stdout）作为右边的程序的输入**（stdin）**，就这么简单。

那我们看看它是如何实现的。我们走到runcmd函数中的PIPE分支，也就是当解析出输入的命令是一个管道命令时，所应该做的处理：

```
// xv6-public sh.c
void runcmd(struct cmd *cmd) {
    ...
    int p[2];
    ...
    case PIPE:
        pcmd = (struct pipecmd*)cmd;
        pipe(p);
```

```
    if(fork() == 0) {
        close(1);
        dup(p[1]);
        close(p[0]);
        close(p[1]);
        runcmd(pcmd->left);
    }
    if(fork() == 0) {
        close(0);
        dup(p[0]);
        close(p[0]);
        close(p[1]);
        runcmd(pcmd->right);
    }
    close(p[0]);
    close(p[1]);
    wait(0);
    wait(0);
    break;
...
}
```

首先，我们构造了一个大小为2的数组p，然后作为pipe的参数传了进去。

这个pipe函数，最终会调用到系统调用函数**sys_pipe**，我们先不看代码，通过man page查看pipe的用法与说明，如图45-1所示。

```
DESCRIPTION        top
       pipe() creates a pipe, a unidirectional data channel that can be
       used for interprocess communication.  The array pipefd is used to
       return two file descriptors referring to the ends of the pipe.
       pipefd[0] refers to the read end of the pipe.  pipefd[1] refers
       to the write end of the pipe.  Data written to the write end of
       the pipe is buffered by the kernel until it is read from the read
       end of the pipe.  For further details, see pipe(7).
```

图 45-1

可以看到，pipe 就是创建一个管道，将传入数组p的p[0] 指向这个管道的读口，p[1] 指向这个管道的写口，画成图就是图45-2这样。

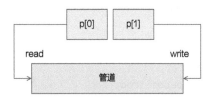

图 45-2

当然，这个管道的本质是一个**文件**，但是属于**管道类型的文件**，所以它的本质实际上是一块**内存**。

这块内存被当作管道文件对上层提供了像文件访问一样的读写接口，只不过其中一个进程只能读，另一个进程只能写，所以再次抽象一下就像管道一样，数据从一端流向了另一端。

你说它是内存也行，说它是文件也行，说它是管道也行，看你抽象到哪一层了。

回过头看程序：

```
// xv6-public sh.c
void runcmd(struct cmd *cmd) {
  ...
  int p[2];
  ...
  case PIPE:
      pcmd = (struct pipecmd*)cmd;
      pipe(p);
      if(fork() == 0) {
          close(1);
          dup(p[1]);
          close(p[0]);
          close(p[1]);
          runcmd(pcmd->left);
      }
      if(fork() == 0) {
          close(0);
          dup(p[0]);
          close(p[0]);
          close(p[1]);
          runcmd(pcmd->right);
      }
      close(p[0]);
      close(p[1]);
      wait(0);
      wait(0);
      break;
  ...
}
```

在调用完pipe 搞出了这样一个管道并绑定了p[0]和p[1]之后，又分别通过调用fork创建了两个进程，其中第一个进程执行了**管道左边的程序**，第二个进程执行了**管道右边的程序**。

由于创建的子进程会原封不动复制父进程打开的文件描述符，所以目前的状况如图45-3所示。

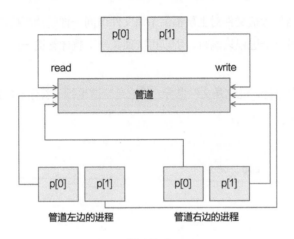

图 45-3

当然，由于每个进程，一开始都打开了0号标准输入文件描述符、1号标准输出文件描述符和2号标准错误输出文件描述符，所以目前把文件描述符都展开就是图45-4这个样子（父进程的就省略了）。

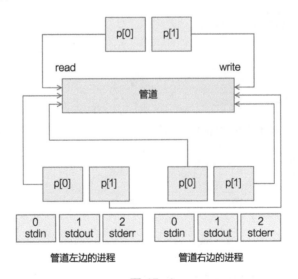

图 45-4

现在这个线条很乱，不过没关系，来看代码。左边进程随后进行了如下操作：

```
// fs/pipe.c
...
if(fork() == 0) {
    close(1);
    dup(p[1]);
    close(p[0]);
    close(p[1]);
    runcmd(pcmd->left);
}
...
```

即**关闭**（close）了1号标准输出文件描述符，**复制**（dup）了p[1]并填充在1号文件描述符上（因为刚刚关闭后空缺出来了），然后又把p[0]和p[1]都**关闭**（close）了。

你再读读这段话，最终的效果就是，将1号文件描述符，也就是标准输出，指向了p[1] 管道的写口，也就是p[1]原来指向的地方，如图45-5所示。

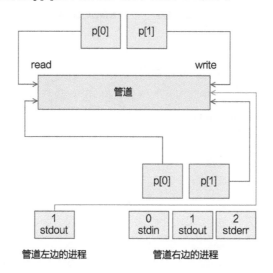

图 45-5

同理，右边进程也进行了类似的操作：

```
// fs/pipe.c
...
if(fork() == 0) {
    close(0);
    dup(p[0]);
    close(p[0]);
    close(p[1]);
```

```
    runcmd(pcmd->right);
}
...
```

只不过最终是将0号标准输入指向了管道的读口，如图45-6所示。

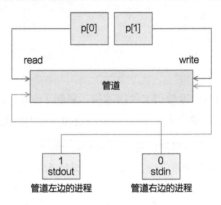

图 45-6

以上是两个子进程的操作，再看父进程：

```
// xv6-public sh.c
void runcmd(struct cmd *cmd) {
    ...
    pipe(p);
    if(fork() == 0) {...}
    if(fork() == 0) {...}
    // 父进程
    close(p[0]);
    close(p[1]);
    ...
}
```

你没有看错，**父进程仅仅是将p[0]和p[1]都关掉了**，也就是说，父进程执行的pipe，仅仅是为两个子进程申请的文件描述符，对于自己来说并没有用。

那么我们忽略父进程，最终，**其实就是创建了两个进程，左边的进程的标准输出指向了管道（写），右边的进程的标准输入指向了同一个管道（读）**，如图45-7所示。

图 45-7

而管道的本质就是一个文件，只不过是管道类型的文件，再深入一层就是一块内存。所以这一串操作，其实就是把两个进程的文件描述符指向一个文件罢了，就这么点儿事。

那么此时，再让我们看看sys_pipe函数的细节：

```
// fs/pipe.c
int sys_pipe(unsigned long * fildes) {
    struct m_inode * inode;
    struct file * f[2];
    int fd[2];

    for(int i=0,j=0; j<2 && i<NR_FILE; i++)
        if (!file_table[i].f_count)
            (f[j++]=i+file_table)->f_count++;
    ...
    for(int i=0,j=0; j<2 && i<NR_OPEN; i++)
        if (!current->filp[i]) {
            current->filp[ fd[j]=i ] = f[j];
            j++;
        }
    ...
    if (!(inode=get_pipe_inode())) {
        current->filp[fd[0]] = current->filp[fd[1]] = NULL;
        f[0]->f_count = f[1]->f_count = 0;
        return -1;
    }
    f[0]->f_inode = f[1]->f_inode = inode;
    f[0]->f_pos = f[1]->f_pos = 0;
    f[0]->f_mode = 1;        /* read */
    f[1]->f_mode = 2;        /* write */
    put_fs_long(fd[0], 0+fildes);
    put_fs_long(fd[1], 1+fildes);
    return 0;
}
```

不出所料，和**进程打开一个文件**的步骤是差不多的，图45-8是进程打开一个文件时的步骤。

而pipe函数与之相同的是，都是从进程中的**文件描述符表filp**数组和系统的**文件系统表file_table**数组中寻找空闲项并绑定。

不同的是，打开一个文件的前提是文件已经存在，根据文件名找到这个文件，并提取出它的inode信息，填充好 file数据。

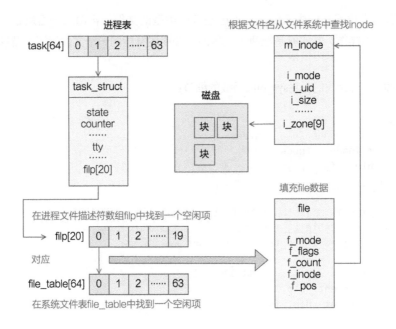

图 45-8

而pipe函数中并不是打开一个已存在的文件，而是**创建一个新的管道类型的文件**，具体是通过**get_pipe_inode**函数返回一个inode结构。然后，填充了两个file结构的数据，都指向了这个inode，其中一个的**f_mode**为1也就是写，另一个是2 也就是读（**f_mode** 为文件的操作模式属性，也就是RW位的值）。

创建管道的函数 get_pipe_inode的内容如下：

```c
// fs.h
#define PIPE_HEAD(inode) ((inode).i_zone[0])
#define PIPE_TAIL(inode) ((inode).i_zone[1])

// inode.c
struct m_inode * get_pipe_inode(void) {
    struct m_inode *inode = get_empty_inode();
    inode->i_size=get_free_page();
    inode->i_count = 2; /* sum of readers/writers */
    PIPE_HEAD(*inode) = PIPE_TAIL(*inode) = 0;
    inode->i_pipe = 1;
    return inode;
}
```

可以看出，正常文件的inode中的i_size表示文件大小，而管道类型文件的i_size表示供管道使用的这一页内存的起始地址。

管道的原理到这里就讲完了，最终就是实现了一个进程的输出指向了另一个进程的输入，如图45-9所示。

图 45-9

回到最开始的runcmd函数：

```
// xv6-public sh.c
void runcmd(struct cmd *cmd) {
    ...
    switch(cmd->type) {
        ...
        case EXEC:
        ecmd = (struct execcmd*)cmd;
        ...
        exec(ecmd->argv[0], ecmd->argv);
        ...
        break;

        case REDIR: ...
        case LIST: ...
        case PIPE: ...
        case BACK: ...
    }
}
```

展开每个switch 分支你会发现，不论是更换当前目录的REDIR也就是cd命令，还是用分号分隔开的LIST命令，还是前面讲到的PIPE命令，最终都会被拆解成一个个可以被解析为EXEC类型的命令。

EXEC类型的命令会执行到exec这个函数，在Linux-0.11中，最终会通过系统调用执行到sys_execve函数。

这个函数就是最终加载并执行具体程序的过程，在第35回和第36回中，我们已经讲过如何通过execve 加载并执行shell程序了，并且在加载 shell程序时，并不会立即将磁盘中的数据加载到内存，而是会在真正执行shell程序时，引发缺页中断，从而按需将磁盘中的数据加载到内存。

这个流程在本回不再赘述，不过当初在讲这块流程以及其他需要将数据从硬盘加载到内存的逻辑时，总是跳过这一步的细节。

那么下一回，就彻底把这个硬盘到内存的流程拆开来讲解！

欲知后事如何，且听下回分解。

第 46 回

读硬盘数据全流程

上一回解释了shell程序是如何解释并执行我们输入的命令的，并展开讲解了管道类型命令的原理。同时也说了，execve加载并执行shell程序略过了将数据从硬盘加载到内存的逻辑细节，那这一回就把它讲个透彻。

将硬盘中的数据读入内存，听起来是一件很简单的事情，但操作系统要考虑的问题很多。

如果让你来设计这个函数

我们先别急，一点点来，想想看，如果让你来设计这个函数，你会怎么做呢？

首先我们知道，通过第32回讲解的文件系统的建设和第33回讲解的打开一个文件的操作，已经可以很方便地通过一个**文件描述符fd**，找到存储在硬盘中的一个文件了，再具体一点儿就是知道这个文件在硬盘中的哪几个扇区中。

所以，设计这个函数第一个要指定的参数可以是fd，它仅仅是个数字。当然，之所以能这样方便，要感谢**文件系统建设**以及**打开文件**这两项工作。

之后，我们要告诉这个函数，把这个fd 指向的硬盘中的文件，复制到内存中的**哪个位置，复制多少**。

那更简单了，内存中的位置，我们用一个表示地址值的参数buf来表示，复制多少，用count来表示，单位是字节（B）。

那这个函数就可以设计为：

```
int sys_read(unsigned int fd,char * buf,int count) {
    ...
}
```

这是不是合情合理，无法反驳？

鸟瞰操作系统的读操作函数

实际上，上面刚刚设计出来的读操作函数，正是Linux-0.11 读操作的系统调用入口函数，在read_write.c这个文件里：

```
// read_write.c
int sys_read(unsigned int fd,char * buf,int count) {
    struct file * file;
    struct m_inode * inode;

    if (fd>=NR_OPEN || count<0 || !(file=current->filp[fd]))
        return -EINVAL;
    if (!count)
        return 0;
    verify_area(buf,count);
    inode = file->f_inode;
    if (inode->i_pipe)
        return (file->f_mode&1)?read_pipe(inode,buf,count):-EIO;
    if (S_ISCHR(inode->i_mode))
        return rw_char(READ,inode->i_zone[0],buf,count,&file->f_pos);
    if (S_ISBLK(inode->i_mode))
        return block_read(inode->i_zone[0],&file->f_pos,buf,count);
    if (S_ISDIR(inode->i_mode) || S_ISREG(inode->i_mode)) {
        if (count+file->f_pos > inode->i_size)
            count = inode->i_size - file->f_pos;
        if (count<=0)
            return 0;
        return file_read(inode,file,buf,count);
    }
    printk("(Read)inode->i_mode=%06o\n\r",inode->i_mode);
    return -EINVAL;
}
```

那我们分析这个函数就好了。

不过我先简化一下，去掉一些错误校验逻辑等旁路分支，并加上注释：

```
// read_write.c
int sys_read(unsigned int fd,char * buf,int count) {
    struct file * file = current->filp[fd];
    // 校验 buf 区域的内存限制
    verify_area(buf,count);
    struct m_inode * inode = file->f_inode;
    // 管道文件
    if (inode->i_pipe)
        return (file->f_mode& )?read_pipe(inode,buf,count):-EIO;
    // 字符设备文件
    if (S_ISCHR(inode->i_mode))
        return rw_char(READ,inode->i_zone[ ],buf,count,&file->f_pos);
    // 块设备文件
    if (S_ISBLK(inode->i_mode))
        return block_read(inode->i_zone[ ],&file->f_pos,buf,count);
    // 目录文件或普通文件
    if (S_ISDIR(inode->i_mode) || S_ISREG(inode->i_mode)) {
        if (count+file->f_pos > inode->i_size)
            count = inode->i_size - file->f_pos;
        if (count<= )
            return  ;
        return file_read(inode,file,buf,count);
    }
    // 不是以上几种，就报错
    printk("(Read)inode->i_mode=%06o\n\r",inode->i_mode);
    return -EINVAL;
}
```

这样，整个逻辑就非常清晰了。

由此也可以发现，操作系统源码的设计比我刚刚说的更通用，刚刚只让你设计了读取硬盘的函数，但其实在Linux下一切皆文件，所以这个函数将**管道文件**、**字符设备文件**、**块设备文件**、**目录文件**、**普通文件**分别指向了不同的具体实现。

这里我们仅关注最常用的，读取目录文件或普通文件，并且不考虑读取的字节数大于文件本身大小这种不合理情况。

再简化一下代码：

```
// read_write.c
int sys_read(unsigned int fd,char * buf,int count) {
    struct file * file = current->filp[fd];
    struct m_inode * inode = file->f_inode;
```

```
    // 校验 buf 区域的内存限制
    verify_area(buf,count);
    // 仅关注目录文件或普通文件
    return file_read(inode,file,buf,count);
}
```

太棒了！没剩多少了，我们来一个个击破！

第一步，根据文件描述符fd，在进程表里拿到file信息，进而拿到了inode信息。第二步，对buf区域的内存做校验。第三步，调用具体的file_read函数进行读操作。

就这三步，很简单吧！

在进程表filp中拿到file信息进而拿到inode信息这一步就不用多说了，这是在打开一个文件时，或者像管道文件一样创建一个管道文件时，就封装好file及它的inode信息的。

我们看接下来的两步。

对 buf 区域的内存做校验verify_area，这部分，说是校验，里面的一些细节需要关注：

```
// fork.c
void verify_area(void * addr,int size) {
    unsigned long start;
    start = (unsigned long) addr;
    size += start & 0xfff;
    start &= 0xfffff000;
    start += get_base(current->ldt[2]);
    while (size>0) {
        size -= 4096;
        write_verify(start);
        start += 4096;
    }
}
```

addr就是主调函数中的buf，size就是主调函数中的count。然后这里又将addr赋值给了start变量。所以，**start就表示要复制到的内存的起始地址，size就是要复制的字节数。**

这段代码很简单，但如果不了解内存的分段和分页机制，将会难以理解。

Linux-0.11是以4KB为一页单位来划分内存的，所以内存看起来就是一个个4KB的小格子，如图46-1所示。

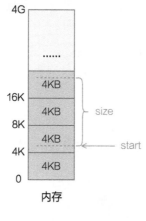

图 46-1

你看，假设要复制到的内存的起始地址start和要复制的字节数size如图46-1所示，那么开始的两行计算代码：

```c
// fork.c
void verify_area(void * addr,int size) {
    ...
    size += start & 0xfff;
    start &= 0xfffff000;
    ...
}
```

就是将start和size按页对齐，如图46-2所示。

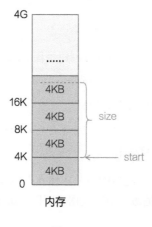

图 46-2

然后，又由于每个进程有不同的数据段基址，所以还要加上它：

```
// fork.c
void verify_area(void * addr,int size) {
    ...
    start += get_base(current->ldt[2]);
    ...
}
```

具体说来就是加上当前进程的局部描述符表中的数据段的段基址，如图46-3所示。

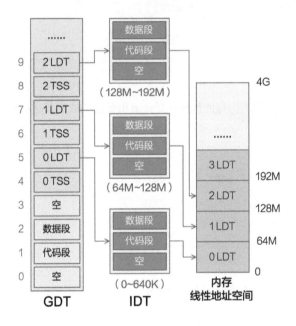

图 46-3

每个进程的局部描述符表，是由Linux创建进程时的代码给规划好的。具体说来，就是如图46-3所示，每个进程的线性地址范围是

（进程号）×64M ～（进程号 +1）×64M

而对于进程本身来说，都以为自己是从零号地址开始往后的64M，所以传入的start值也是以零号地址为起始地址算出来的。

但现在经过系统调用进入sys_write后会切换为内核态，内核态访问数据会通过**基地址为0的全局描述符表中的数据段**来访问数据。所以，start要加上它自己进程的数据段基址才对。

再之后，就是对这些页进行具体的验证操作：

```
// fork.c
void verify_area(void * addr,int size) {
    ...
    while (size>0) {
        size -= 4096;
        write_verify(start);
        start += 4096;
    }
}
```

也就是图46-4所示的这些页。

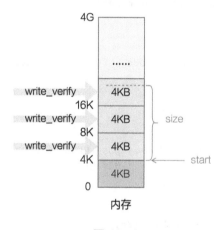

图 46-4

这些 write_verify将会对这些页进行写页面验证，如果页面存在但不可写，则执行un_wp_page 复制页面。

```
// memory.c
void write_verify(unsigned long address) {
    unsigned long page;
    if (!( (page = *((unsigned long *) ((address>>20) & 0xffc)) )&1))
        return;
    page &= 0xfffff000;
    page += ((address>>10) & 0xffc);
    if ((3 & *(unsigned long *) page) == 1)  /* non-writeable, present */
        un_wp_page((unsigned long *) page);
    return;
}
```

看，那个un_wp_page 的意思就是取消页面的写保护，就是写时复制的原理，在第30回已经讨论过了，这里就不做展开了。

执行读操作 file_read

下面终于开始进入读操作的正题了，页校验完之后，就可以真正调用**file_read**函数了：

```c
// read_write.c
int sys_read(unsigned int fd,char * buf,int count) {
    ...
    return file_read(inode,file,buf,count);
}

// file_dev.c
int file_read(struct m_inode * inode, struct file * filp, char * buf,
int count) {
    int left,chars,nr;
    struct buffer_head * bh;
    left = count;
    while (left) {
        if (nr = bmap(inode,(filp->f_pos)/BLOCK_SIZE)) {
            if (!(bh=bread(inode->i_dev,nr)))
                break;
        } else
            bh = NULL;
        nr = filp->f_pos % BLOCK_SIZE;
        chars = MIN( BLOCK_SIZE-nr , left );
        filp->f_pos += chars;
        left -= chars;
        if (bh) {
            char * p = nr + bh->b_data;
            while (chars-->0)
                put_fs_byte(*(p++),buf++);
            brelse(bh);
        } else {
            while (chars-->0)
                put_fs_byte(0,buf++);
        }
    }
    inode->i_atime = CURRENT_TIME;
    return (count-left)?(count-left):-ERROR;
}
```

从整体来看，这就是一个while循环，每次读入一个块的数据，直到入参所要求的大小全部读完为止。

如果把 while 去掉，简化后就是这样：

```
// file_dev.c
int file_read(struct m_inode * inode, struct file * filp, char * buf, int count) {
    ...
    int nr = bmap(inode,(filp->f_pos)/BLOCK_SIZE);
    struct buffer_head *bh=bread(inode->i_dev,nr);
    ...
    char * p = nr + bh->b_data;
    while (chars-->0)
        put_fs_byte(*(p++),bu++);
    ...
}
```

首先 bmap 获取全局数据块号，然后 bread 将数据块的数据复制到缓冲区，put_fs_byte 再一字节一字节地将缓冲区数据复制到用户指定的内存中。

下面来一个个讲这些函数。

bmap：获取全局的数据块号

先看第一个函数调用，bmap：

```
// file_dev.c
int file_read(struct m_inode * inode, struct file * filp, char * buf,
int count) {
    ...
    int nr = bmap(inode,(filp->f_pos)/BLOCK_SIZE);
    ...}

// inode.c
int bmap(struct m_inode * inode,int block) {
    return _bmap(inode,block,0);
}

static int _bmap(struct m_inode * inode,int block,int create) {
    ...
    if (block<0)
        ...
    if (block >= 7+512+512*512)
        ...
    if (block<7)
        // zone[0] 到 zone[6] 采用直接索引, 可以索引小于 7 的块号
        ...
```

```
if (block<512)
    // zone[7] 是一次间接索引，可以索引小于 512 的块号
    ...
    // zone[8] 是二次间接索引，可以索引大于 512 的块号
}
```

我们看到整个条件判断的结构是根据block来划分的。

block就是要读取的块号，之所以要划分，就是因为inode在记录文件所在块号时，采用了多级索引的方式，如图41-2所示。

zone[0] 到 zone[6] 采用直接索引，zone[7]是一次间接索引，zone[8]是二次间接索引。

刚开始读时块号肯定从0开始，所以先看 block<7 通过直接索引这种最简单的方式读的代码：

```c
// inode.c
static int _bmap(struct m_inode * inode,int block,int create) {
    ...
    if (block<7) {
        if (create && !inode->i_zone[block])
            if (inode->i_zone[block]=new_block(inode->i_dev)) {
                inode->i_ctime=CURRENT_TIME;
                inode->i_dirt=1;
            }
        return inode->i_zone[block];
    }
    ...
}
```

由于create=0，也就是并不需要创建一个新的数据块，所以里面的if分支也没了：

```c
// inode.c
static int _bmap(struct m_inode * inode,int block,int create) {
    ...
    if (block<7) {
        ...
        return inode->i_zone[block];
    }
    ...
}
```

可以看到，其实 bmap 返回的，就是要读入的块号，**从全局看在块设备的哪个逻辑块号下。**

也就是说，假如我想要读这个文件的第一个块号的数据，该函数返回的是你这个文件的第一个块在整个硬盘的哪个块中。

bread：将 bmap 获取的数据块号读入高速缓冲块

好了，拿到这个数据块号后，回到file_read函数接着看：

```
// file_dev.c
int file_read(struct m_inode * inode, struct file * filp, char * buf,
int count) {
    ...
    while (left) {
        if (nr = bmap(inode,(filp->f_pos)/BLOCK_SIZE)) {
            if (!(bh=bread(inode->i_dev,nr)))
        }
    }
}
```

nr 就是具体的数据块号，作为bread函数的一个参数，传入下一个函数bread。

bread这个函数的入参除了数据块号block（就是刚刚传入的nr）外，还有inode结构中的i_dev，表示设备号：

```
// buffer.c
struct buffer_head * bread(int dev,int block) {
    struct buffer_head * bh = getblk(dev,block);
    if (bh->b_uptodate)
        return bh;
    ll_rw_block(READ,bh);
    wait_on_buffer(bh);
    if (bh->b_uptodate)
        return bh;
    brelse(bh);
    return NULL;
}
```

这个bread函数就是根据一个设备号dev和一个数据块号block，将这个数据块的数据，从硬盘复制到缓冲区的。

关于缓冲区，已经在第19回讲过了。而 getblk函数，**就是根据设备号dev和数据块号block，申请到一个缓冲块。**

简单说就是，先根据hash结构快速查找这个dev和block是否有对应存在的缓冲块，如图46-5所示。

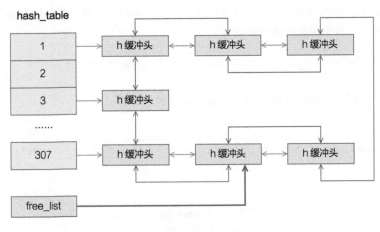

图 46-5

如果没有，就从之前建立好的双向链表结构的头指针 **free_list** 开始寻找，直到找到一个可用的缓冲块，如图46-6所示。

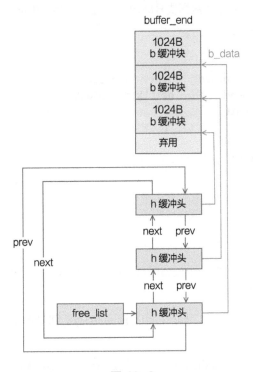

图 46-6

　　具体代码逻辑还包含当缓冲块正在被其他进程使用，或者缓冲块对应的数据已经被修改时的处理逻辑，关键流程已加上了注释：

```
// buffer.c
struct buffer_head * bread(int dev,int block) {
    struct buffer_head * bh = getblk(dev,block);
    ...
}

struct buffer_head * getblk(int dev,int block) {
    struct buffer_head * tmp, * bh;

repeat:
    // 先从 hash 结构中找
    if (bh = get_hash_table(dev,block))
        return bh;

    // 如果没有就从 free_list 开始找遍双向链表
    tmp = free_list;
    do {
        if (tmp->b_count)
            continue;
        if (!bh || BADNESS(tmp)<BADNESS(bh)) {
            bh = tmp;
            if (!BADNESS(tmp))
                break;
        }
    } while ((tmp = tmp->b_next_free) != free_list);

    // 如果还没找到，那就说明没有缓冲块可用了，就先阻塞住等一会儿
    if (!bh) {
        sleep_on(&buffer_wait);
        goto repeat;
    }

    // 到这里已经说明申请到了缓冲块，但有可能被其他进程上锁了
    // 如果上锁了的话，就先等等
    wait_on_buffer(bh);
    if (bh->b_count)
        goto repeat;

    // 到这里说明缓冲块已经申请到，且没有上锁
    // 但还得看 dirt 位，也就是有没有被修改
    // 如果被修改了，就重新从硬盘读入新数据
```

第46回

```
    while (bh->b_dirt) {
        sync_dev(bh->b_dev);
        wait_on_buffer(bh);
        if (bh->b_count)
            goto repeat;
    }
    if (find_buffer(dev,block))
        goto repeat;

    // 给刚刚获取到的缓冲头 bh 重新赋值
    // 并调整在双向链表和 hash 表中的位置
    bh->b_count=1;
    bh->b_dirt=0;
    bh->b_uptodate=0;
    remove_from_queues(bh);
    bh->b_dev=dev;
    bh->b_blocknr=block;
    insert_into_queues(bh);
    return bh;
}
```

总之，执行 getblk 之后，我们就在内存中**找到了一处缓冲块**，用来后续存储硬盘中指定数据块的数据。那接下来的一步，自然就是把硬盘中的数据复制到这里，没错，ll_rw_block就是干这件事的。

这个函数的细节特别复杂，也是我看了好久才看明白的地方，我会在下一回把这个函数详细展开讲解。在这一回，你就当它已经成功地把硬盘中的一个数据块的数据，一字节不差地复制到了刚刚申请好的缓冲区里。

接下来，就要通过put_fs_byte函数，一字节一字节地，将缓冲区里的数据，复制到用户指定的内存 buf 中去，当然，只会复制 count 字节：

```
// file_dev.c
int file_read(struct m_inode * inode, struct file * filp, char * buf,
int count) {
    ...
    int  nr = bmap(inode,(filp->f_pos)/BLOCK_SIZE);
    struct buffer_head *bh=bread(inode->i_dev,nr);
    ...
    char * p = nr + bh->b_data;
    while (chars-->0)
        put_fs_byte(*(p++),buf++);
    ...
}
```

put_fs_byte：将 bread 读入的缓冲块数据复制到用户指定的内存中

这个过程，仅仅是内存之间的复制，所以不必紧张：

```
// segment.h
extern _inline void
put_fs_byte (char val, char *addr) {
    __asm__ ("movb %0,%%fs:%1"::"r" (val),"m" (*addr));
}
```

这看起来有点儿难以理解，我改成较易看懂的样子：（参考赵炯编写的《Linux 内核完全注释 V1.9.5》）

```
// segment.h
extern _inline void
put_fs_byte (char val, char *addr) {
    _asm mov ebx,addr
    _asm mov al,val;
    _asm mov byte ptr fs:[ebx],al;
}
```

其实就是三个汇编指令的mov操作。

至此，我们就将数据从硬盘读入缓冲区，再从缓冲区读入用户内存了，一个read函数完美谢幕，如图46-7所示。

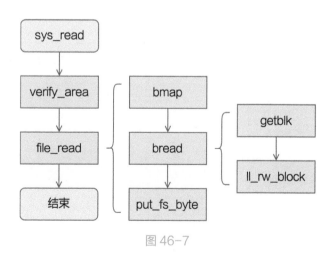

图46-7

第46回

整个过程首先通过verify_area对内存做了校验，需要写时复制的地方在这里提前进行了。

接下来，file_read函数做了读盘的全部操作，通过bmap获取到了硬盘全局维度的数据块号，然后 bread将数据块数据复制到缓冲区，put_fs_byte再将缓冲区数据复制到用户内存。

这一回的内容较多，大家好好消化一下。欲知后事如何，且听下回分解。

第 47 回
读取硬盘数据的细节

上一回讲述了读硬盘数据的全流程。其中ll_rw_block函数负责把硬盘中指定数据块中的数据，复制到getblk函数申请到的缓冲块里，上一回没有展开详细讲解。

所以这一回，就详细讲讲ll_rw_block是如何完成这一任务的。

```c
// buffer.c
struct buffer_head * bread(int dev,int block) {
    ...
    ll_rw_block(READ,bh);
    ...
}

void ll_rw_block (int rw, struct buffer_head *bh) {
    ...
    make_request(major, rw, bh);
}

struct request request[NR_REQUEST] = {};
static void make_request(int major,int rw, struct buffer_head * bh) {
    struct request *req;
    ...
    // 从 request 队列找到一个空位
    if (rw == READ)
        req = request+NR_REQUEST;
    else
        req = request+((NR_REQUEST*2)/3);
    while (--req >= request)
        if (req->dev<0)
```

```
            break;
        ...
    // 构造 request 结构
    req->dev = bh->b_dev;
    req->cmd = rw;
    req->errors=0;
    req->sector = bh->b_blocknr<<1;
    req->nr_sectors = 2;
    req->buffer = bh->b_data;
    req->waiting = NULL;
    req->bh = bh;
    req->next = NULL;
    add_request(major+blk_dev,req);
}


// ll_rw_blk.c
static void add_request (struct blk_dev_struct *dev, struct request *req) {
    struct request * tmp;
    req->next = NULL;
    cli();
    // 清空 dirt 位
    if (req->bh)
        req->bh->b_dirt = 0;
    // 当前请求项为空，那么立即执行当前请求项
    if (!(tmp = dev->current_request)) {
        dev->current_request = req;
        sti();
        (dev->request_fn)();
        return;
    }
    // 插入链表中
    for ( ; tmp->next ; tmp=tmp->next)
        if ((IN_ORDER(tmp,req) ||
            !IN_ORDER(tmp,tmp->next)) &&
            IN_ORDER(req,tmp->next))
            break;
    req->next=tmp->next;
    tmp->next=req;
    sti();
}
```

调用链很长，主线是从request数组中找到一个空位，然后作为链表项插入 request 链表中。没错， request是一个大小为32的数组，里面的各个request结构通过next 指针相连又形成链表，如图47-1所示。

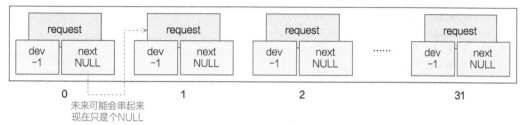

图 47-1

如果你熟悉第15回所讲的内容，就会明白这个说法。

request表示一个读盘的请求参数，具体结构如下：

```
// blk.h
struct request {
    int dev;          /* -1 if no request */
    int cmd;          /* READ or WRITE */
    int errors;
    unsigned long sector;
    unsigned long nr_sectors;
    char * buffer;
    struct task_struct * waiting;
    struct buffer_head * bh;
    struct request * next;
};
```

有了这些参数，底层函数拿到这个结构之后，就知道怎样访问硬盘了。

那是谁不断从这个request队列中取出request结构并对硬盘发起读请求操作的呢？这里Linux-0.11有个很巧妙的设计，我们来看看。

注意看add_request函数有如下分支：

```
// blk.h
struct blk_dev_struct {
    void (*request_fn)(void);
    struct request * current_request;
};

// ll_rw_blk.c
struct blk_dev_struct blk_dev[NR_BLK_DEV] = {
```

第
47
回

```
    { NULL, NULL },      /* no_dev */
    { NULL, NULL },      /* dev mem */
    { NULL, NULL },      /* dev fd */
    { NULL, NULL },      /* dev hd */
    { NULL, NULL },      /* dev ttyx */
    { NULL, NULL },      /* dev tty */
    { NULL, NULL }       /* dev lp */
};

static void make_request(int major,int rw, struct buffer_head * bh) {
    ...
    add_request(major+blk_dev,req);
}

static void add_request (struct blk_dev_struct *dev, struct request *req) {
    ...
    // 当前请求项为空，那么立即执行当前请求项
    if (!(tmp = dev->current_request)) {
        ...
        (dev->request_fn)();
        ...
    }
    ...
}
```

当设备的当前请求项为空，也就是第一次收到硬盘操作请求时，会立即执行该设备的request_fn函数，**这便是整个读盘循环的最初推手。**

当前设备的设备号是3，也就是硬盘，会从blk_dev数组中取索引下标为3的设备结构。

在第20回讲到硬盘初始化hd_init的时候，设备号为3的设备结构的request_fn 被赋值为**硬盘请求函数do_hd_request**了：

```
// hd.c
void hd_init(void) {
    blk_dev[3].request_fn = do_hd_request;
    ...
}
```

所以，刚刚的request_fn 背后的具体执行函数，就是这个do_hd_request：

```
#define CURRENT (blk_dev[MAJOR_NR].current_request)
// hd.c
```

```
void do_hd_request(void) {
    ...
    unsigned int dev = MINOR(CURRENT->dev);
    unsigned int block = CURRENT->sector;
    ...
    nsect = CURRENT->nr_sectors;
    ...
    if (CURRENT->cmd == WRITE) {
        hd_out(dev,nsect,sec,head,cyl,WIN_WRITE,&write_intr);
        ...
    } else if (CURRENT->cmd == READ) {
        hd_out(dev,nsect,sec,head,cyl,WIN_READ,&read_intr);
    } else
        panic("unknown hd-command");
}
```

我去掉了一大块根据起始扇区号计算对应硬盘的磁头 head、柱面 cyl、扇区号sec等信息的代码。

可以看到，最终会根据当前请求是写（WRITE）还是读（READ），在调用hd_out时传入不同的参数。

hd_out 就是读硬盘的最底层的函数：

```
// hd.c
static void hd_out(unsigned int drive,unsigned int nsect,unsigned
int sect,
        unsigned int head,unsigned int cyl,unsigned int cmd,
        void (*intr_addr)(void))
{
    ...
    do_hd = intr_addr;
    outb_p(hd_info[drive].ctl,HD_CMD);
    port=HD_DATA;
    outb_p(hd_info[drive].wpcom>>2,++port);
    outb_p(nsect,++port);
    outb_p(sect,++port);
    outb_p(cyl,++port);
    outb_p(cyl>>8,++port);
    outb_p(0xA0|(drive<<4)|head,++port);
    outb(cmd,++port);
}
```

可以看到，最底层的读盘请求，其实就是向一堆外设端口做读写操作。

这个函数实际上在第17回为了讲解与 CMOS 外设交互的方式时讲过了，简单说硬盘的端口表如表47-1所示。

表 47-1　硬盘的端口表

端口	读	写
0x1F0	数据寄存器	数据寄存器
0x1F1	错误寄存器	特征寄存器
0x1F2	扇区计数寄存器	扇区计数寄存器
0x1F3	扇区号寄存器或 LBA 块地址 0~7	扇区号或 LBA 块地址 0~7
0x1F4	磁道数低 8 位或 LBA 块地址 8~15	磁道数低 8 位或 LBA 块地址 8~15
0x1F5	磁道数高 8 位或 LBA 块地址 16~23	磁道数高 8 位或 LBA 块地址 16~23
0x1F6	驱动器 / 磁头或 LBA 块地址 24~27	驱动器 / 磁头或 LBA 块地址 24~27
0x1F7	命令寄存器或状态寄存器	命令寄存器

　　读硬盘就是向除了第一个之外的后几个端口写数据，告诉系统要读硬盘的哪个扇区，读多少。然后再从0x1F0端口一字节一字节地读数据。这就完成了一次硬盘读操作。

　　当然，从0x1F0端口读出硬盘数据的操作是在硬盘中断处理函数里进行的。

　　在硬盘初始化调用hd_init的时候，将hd_interrupt 设置为了硬盘中断处理函数，中断号是0x2E，代码如下：

```
// hd.c
void hd_init(void) {
    ...
    set_intr_gate(0x2E,&hd_interrupt);
    ...
}
```

　　所以，在硬盘读完数据后，发起 0x2E中断，便会进入hd_interrupt函数：

```
// system_call.s
_hd_interrupt:
    ...
    xchgl _do_hd,%edx
    ...
    call *%edx
    ...
    iret
```

　　这个函数主要是调用do_hd函数，do_hd函数是一个指针，就是高级语言里所谓的接口，进行读操作的时候，将会指向 read_intr这个具体实现。

```
// hd.c
void do_hd_request(void) {
    ...
    } else if (CURRENT->cmd == READ) {
        hd_out(dev,nsect,sec,head,cyl,WIN_READ,&read_intr);
    }
    ...
}

static void hd_out(..., void (*intr_addr)(void)) {
    ...
    do_hd = intr_addr;
    ...
}
```

看，一切都有千丝万缕的联系，是不是很精妙。

我们展开read_intr函数继续看：

```
// hd.c
#define port_read(port,buf,nr) \
__asm__("cld;rep;insw"::"d" (port),"D" (buf),"c" (nr):"cx","di")

static void read_intr(void) {
    ...
    // 从数据端口将数据读到内存
    port_read(HD_DATA,CURRENT->buffer,256);
    CURRENT->errors = 0;
    CURRENT->buffer += 512;
    CURRENT->sector++;
    // 还没有读完，则直接返回等待下次
    if (--CURRENT->nr_sectors) {
        do_hd = &read_intr;
        return;
    }
    // 所有扇区都读完了
    // 删除本次请求项
    end_request();
    // 再次触发硬盘操作
    do_hd_request();
}
```

这里使用了port_read 宏定义的函数，从端口 HD_DATA中读 256 次数据，每次读一个字，总共是512字节的数据。

如果没有读完发起读盘请求时所要求的字节数，那么直接返回，等待下次硬盘触发中断并执行到read_intr 即可。如果已经读完了，就调用end_request函数将请求项清除，然后再次调用do_hd_request函数循环往复。

重点就在于，如何结束本次请求的end_request函数。

```
// blk.h
#define CURRENT (blk_dev[MAJOR_NR].current_request)

extern inline void end_request(int uptodate) {
    DEVICE_OFF(CURRENT->dev);
    if (CURRENT->bh) {
        CURRENT->bh->b_uptodate = uptodate;
        unlock_buffer(CURRENT->bh);
    }
    ...
    wake_up(&CURRENT->waiting);
    wake_up(&wait_for_request);
    CURRENT->dev = -1;
    CURRENT = CURRENT->next;
}
```

其中包含两个**wake_up**函数。

第一个唤醒了该请求项所对应的进程**&CURRENT->waiting**，告诉这个进程我这个请求项的读盘操作处理完了，你继续执行吧。

另一个是唤醒了因为request队列满而没有将请求项插进来的进程**&wait_for_request**。

随后，将当前设备的当前请求项CURRENT，即request数组里的一个请求项 request的dev置空，并将当前请求项指向链表中的下一个请求项，如图47-2所示。

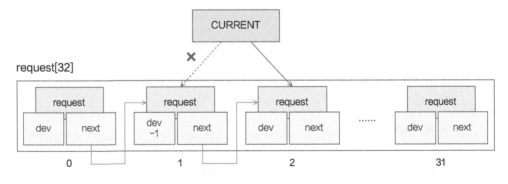

图 47-2

这样，do_hd_request函数处理的就是下一个请求项的内容了，直到将所有请求项都处理完毕。

整个流程就这样形成了闭环，**通过这样的机制，可以做到好似存在一个额外的进程，在不断处理 request 链表里的读写硬盘请求**，如图47-3所示。

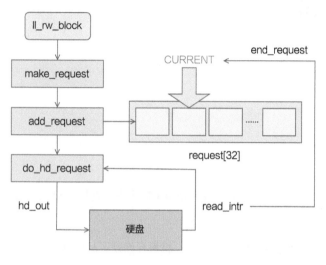

图 47-3

当设备的当前请求项为空时，也就是没有在执行的块设备请求项时，ll_rw_block 就会在执行到add_request函数时，直接执行do_hd_request函数发起读盘请求。如果已经有在执行的请求项了，就插入request 链表。

do_hd_request函数执行完毕后，硬盘发起读或写请求，执行完毕后会发起硬盘中断，进而调用read_intr中断处理函数。

read_intr 会改变当前请求项指针指向 request 链表的下一个请求项，并再次调用do_hd_request函数。

所以一旦调用do_hd_request函数，就会不断处理 request 链表中一个个硬盘请求项，这个循环就形成了，是不是很精妙！

通过上一回和这一回的讲解，读盘请求的全部细节终于讲解完毕了！

欲知后事如何，且听下回分解。

第 48 回

信号

通过第46回和第47回的讲解，我们知道了应用程序发起 read 最终读取到硬盘数据的全部细节。

再配合上第 42 回到第 45 回的内容，就解释清楚了从键盘输入，到shell程序最终解释执行你输入的命令的全过程。

继续往下讲解。如果在你的程序正在被shell程序执行时，你按下了键盘中的Ctrl+C组合键，你的程序就被迫终止，并再次返回到shell等待用户输入命令的状态。

```
[root@linux0.11] cat info.txt | wc -l
...（这里假设程序要执行很长时间，此时你按下 Ctrl+C 组合键）
^C
[root@linux0.11]
```

下面就来解释这个过程。

当你按下 Ctrl+C 组合键时，根据第42回所讲述的内容，键盘中断处理函数自然会走到处理字符的copy_to_cooked函数里。

```
#define INTMASK (1<<(SIGINT-1))
// kernel/chr_drv/tty_io.c
void copy_to_cooked (struct tty_struct *tty) {
    ...
    if (c == INTR_CHAR (tty)) {
        tty_intr (tty, INTMASK);
```

```
        continue;
    }
    ...
}
```

这个函数解释起来特别简单，就是当INTR_CHAR发现字符为中断字符时（其实就是Ctrl+C），就调用tty_intr给进程发送**信号**。

tty_intr函数很简单，就是给所有组号等于 tty 组号的进程发送信号：

```
// kernel/chr_drv/tty_io.c
void tty_intr (struct tty_struct *tty, int mask) {
    int i;
    ...
    for (i = 0; i < NR_TASKS; i++) {
        if (task[i] && task[i]->pgrp == tty->pgrp) {
            task[i]->signal |= mask;
        }
    }
}
```

而如何发送信号，在这段源码中也揭秘了，其实就是给进程task_struct结构中的signal的相应位置1而已。

发送什么信号呢？在宏定义中可知是SIGINT信号。SIGINT就是个数字，它是几呢？它的定义在signal.h这个头文件里：

```
// signal.h
#define SIGHUP   1      /* hangup */
#define SIGINT   2      /* interrupt */
#define SIGQUIT  3      /* quit */
#define SIGILL   4      /* illegal instruction (not reset when caught) */
#define SIGTRAP  5      /* trace trap (not reset when caught) */
#define SIGABRT  6      /* abort() */
#define SIGPOLL  7      /* pollable event ([XSR] generated, not
                           supported) */
#define SIGIOT   SIGABRT /* compatibility */
#define SIGEMT   7      /* EMT instruction */
#define SIGFPE   8      /* floating point exception */
#define SIGKILL  9      /* kill (cannot be caught or ignored) */
#define SIGBUS   10     /* bus error */
#define SIGSEGV  11     /* segmentation violation */
#define SIGSYS   12     /* bad argument to system call */
#define SIGPIPE  13     /* write on a pipe with no one to read it */
#define SIGALRM  14     /* alarm clock */
```

```
#define SIGTERM 15      /* software termination signal from kill */
#define SIGURG  16      /* urgent condition on IO channel */
#define SIGSTOP 17      /* sendable stop signal not from tty */
#define SIGTSTP 18      /* stop signal from tty */
#define SIGCONT 19      /* continue a stopped process */
#define SIGCHLD 20      /* to parent on child stop or exit */
#define SIGTTIN 21      /* to readers pgrp upon background tty read */
#define SIGTTOU 22      /* like TTIN for output if
                           (tp->t_local&LTOSTOP) */
#define SIGIO   23      /* input/output possible signal */
#define SIGXCPU 24      /* exceeded CPU time limit */
#define SIGXFSZ 25      /* exceeded file size limit */
#define SIGVTALRM 26    /* virtual time alarm */
#define SIGPROF 27      /* profiling time alarm */
#define SIGWINCH 28     /* window size changes */
#define SIGINFO 29      /* information request */
#define SIGUSR1 30      /* user defined signal 1 */
#define SIGUSR2 31      /* user defined signal 2 */
```

以上是所有Linux-0.11 支持的信号，有我们熟悉的按下Ctrl+C组合键时的信号SIGINT，有我们通常杀死进程时kill -9的信号SIGKILL，还有core dump 内存访问出错时经常遇到的信号SIGSEGV。

在现代 Linux 操作系统中，你输入kill -l便可知道你所在的系统所支持的信号，图48-1所示的是我在一台腾讯云主机上的结果：

```
[root@VM-24-11-centos ~]# kill -l
 1) SIGHUP       2) SIGINT       3) SIGQUIT      4) SIGILL       5) SIGTRAP
 6) SIGABRT      7) SIGBUS       8) SIGFPE       9) SIGKILL     10) SIGUSR1
11) SIGSEGV     12) SIGUSR2     13) SIGPIPE     14) SIGALRM     15) SIGTERM
16) SIGSTKFLT   17) SIGCHLD     18) SIGCONT     19) SIGSTOP     20) SIGTSTP
21) SIGTTIN     22) SIGTTOU     23) SIGURG      24) SIGXCPU     25) SIGXFSZ
26) SIGVTALRM   27) SIGPROF     28) SIGWINCH    29) SIGIO       30) SIGPWR
31) SIGSYS      34) SIGRTMIN    35) SIGRTMIN+1  36) SIGRTMIN+2  37) SIGRTMIN+3
38) SIGRTMIN+4  39) SIGRTMIN+5  40) SIGRTMIN+6  41) SIGRTMIN+7  42) SIGRTMIN+8
43) SIGRTMIN+9  44) SIGRTMIN+10 45) SIGRTMIN+11 46) SIGRTMIN+12 47) SIGRTMIN+13
48) SIGRTMIN+14 49) SIGRTMIN+15 50) SIGRTMAX-14 51) SIGRTMAX-13 52) SIGRTMAX-12
53) SIGRTMAX-11 54) SIGRTMAX-10 55) SIGRTMAX-9  56) SIGRTMAX-8  57) SIGRTMAX-7
58) SIGRTMAX-6  59) SIGRTMAX-5  60) SIGRTMAX-4  61) SIGRTMAX-3  62) SIGRTMAX-2
63) SIGRTMAX-1  64) SIGRTMAX
```

图 48-1

现在这个进程的task_struct结构中的signal就有了对应信号位的值，那么在下次时钟中断到来时，便会通过timer_interrupt这个时钟中断处理函数，通过一层层函数调用，直到最后调用到了do_signal函数。

```
// kernel/signal.c
void do_signal (long signr ...) {
```

```
    ...
    struct sigaction *sa = current->sigaction + signr - 1;
    sa_handler = (unsigned long) sa->sa_handler;
    // 如果信号处理函数为空，则直接退出
    if (!sa_handler) {
        ...
        do_exit (1 << (signr - 1));
        ...
    }
    // 否则就跳转到信号处理函数的地方运行
    *(&eip) = sa_handler;
    ...
}
```

时钟中断和进程调度的流程，可以看第24回了解详情，这里不再展开。

我们可以看到，进入do_signal函数后，如果当前信号signr对应的**信号处理函数sa_handler**为空时，就直接调用do_exit函数退出，也就是我们看到的按下Ctrl+C组合键之后退出的样子了。

但是，如果信号处理函数不为空，那么就通过将sa_handler赋值给eip寄存器，也就是指令寄存器的方式，**跳转到相应信号处理函数处运行**。

怎么验证这一点呢？很简单，信号处理函数注册在每个进程task_struct中的sigaction数组中。

```
// signal.h
struct sigaction {
    union __sigaction_u __sigaction_u;  /* signal handler */
    sigset_t sa_mask;                   /* signal mask to apply */
    int     sa_flags;                   /* see signal options below */
};

/* union for signal handlers */
union __sigaction_u {
    void    (*__sa_handler)(int);
    void    (*__sa_sigaction)(int, struct __siginfo *,
        void *);
};

// sched.h
struct task_struct {
    ...
    struct sigaction sigaction[32];
    ...
}
```

只需要在 sigaction 中的对应位置处填写上信号处理函数即可。那么如何注册这个信号处理函数呢？通过调用signal这个库函数即可。

我们可以写一个小程序：

```c
#include <stdio.h>
#include <signal.h>

void int_handler(int signal_num) {
    printf("receive %d\n", signal_num);
}

int main(int argc, char ** argv) {
    signal(SIGINT, int_handler);
    for(;;)
        pause();
    return 0;
}
```

这是一个死循环的main函数，只不过通过signal 注册了SIGINT的信号处理函数，里面做的事情仅仅是打印一下信号值。

编译并运行它，我们会发现在按下Ctrl+C组合键之后程序不再退出，而是输出了printf语句中的字符串，如图48-2所示。

```
[root@VM-24-11-centos ~]# gcc handleSignal.c
[root@VM-24-11-centos ~]# ./a.out
^Creceived 2
```

图 48-2

我们多次按 Ctrl+C组合键，这个程序仍然不会退出，会一直输出，如图48-3所示。

```
[root@VM-24-11-centos ~]# ./a.out
^Creceived 2
^Creceived 2
^Creceived 2
^Creceived 2
^Creceived 2
^Creceived 2
^Creceived 2
^Creceived 2
^Creceived 2
^Creceived 2
^Creceived 2
```

图 48-3

　　这就做到了**亲手捕获SIGINT这个信号**。但这个程序有点儿不友好，永远无法通过按 Ctrl+C组合键结束，我们优化一下代码，让第一次按下 Ctrl+C后的信号处理函数把SIGINT的处理函数重新置空。

```c
#include <stdio.h>
#include <signal.h>

void int_handler(int signal_num) {
    printf("receive %d\n", signal_num);
    signal(SIGINT, NULL);
}

int main(int argc, char ** argv) {
    signal(SIGINT, int_handler);
    for(;;)
        pause();
    return 0;
}
```

　　我们发现，这回第二次按下 Ctrl+C 组合键，程序就会退出了，如图48-4所示。这也间接证明了，当没有为SIGINT 注册信号处理函数时，程序接收到Ctrl+C的SIGINT信号时便会退出。

```
[root@VM-24-11-centos ~]# ./a.out
^Creceived 2
^C
[root@VM-24-11-centos ~]# 
```

图 48-4

　　至此，有关信号的内容，就讲明白了。

　　信号是进程间通信的一种方式，管道也是进程间通信的一种方式，所以通过第45回讲述的管道原理，与本回讲述的信号原理，你已经了解了进程间通信的两种方式了。

　　通过这种类似 "倒叙" 的讲述方法，希望你能明白，其实技术的本质并不复杂，只不过被抽象之后，由于你不了解下面的细节，就有一种云里雾里的感觉了。

　　欲知后事如何，且听下回分解。

第48回

第 49 回
番外篇——为什么
你学得比别人慢

就拿第48回举例，我当时从不知道信号的实现原理，到理解了它的原理，再到最终写成文章，只用了一个多小时的时间。

当然不是很深入理解的那种，但我觉得从不了解到了解并写成文章理顺这个过程所花的时间，应该算很短的了。

后来我复盘了一下，为什么我能在很短的时间完成这些事呢？

我理解并讲解信号原理的切入点是，为什么按下Ctrl + C组合键后程序就退出了。

我脑子里一定是先有了一个大概的判断，就是按下Ctrl + C组合键后，一定触发了某段程序，这个程序又给进程"发送"了一个叫信号的"东西"，然后又一定有另一段程序，对"信号"做出了反应，使得进程退出。

关于按下Ctrl + C组合键后怎么触发了某段程序这一点，我在写第42回时就已经搞清楚了，执行过程如图49-1所示。

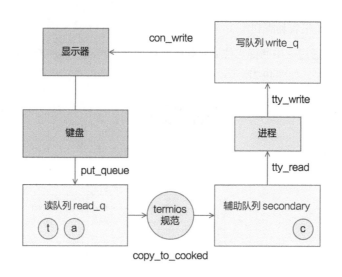

图 49-1

所以这块对我来说是没有任何障碍的。

我直接顺藤摸瓜找到了想看的代码，就是给进程"发送"了一个叫信号的这段代码。

```
// kernel/chr_drv/tty_io.c
void tty_intr (struct tty_struct *tty, int mask) {
    int i;
    ...
    for (i = 0; i < NR_TASKS; i++) {
        if (task[i] && task[i]->pgrp == tty->pgrp) {
            task[i]->signal |= mask;
        }
    }
}
```

这段代码中把进程的task_struct结构中signal的某一位进行了改变。

这同样也非常好理解，因为第44回就是通过修改 task_struct中的state字段来改变进程状态的，然后由另外一段程序通过读取这个状态来产生不同的行为。

此外，硬中断与软中断的触发，与信号的触发颇为类似，都是通过修改某一位的值，来达到似乎实时触发的效果。

所以这块对我来说依然没有额外的理解成本。

再往后，不同信号的处理方式是不同的，这也和不同中断的处理方式是不同的是一个道理。中断的处理是寻找中断处理函数，那么信号的处理也一定是寻找信号处理函数，这一点是不是很容易想到？

比如软中断通过软中断标志位确定是哪个软中断，再通过软中断向量表确定执行哪个软中断处理程序，如图49-2所示。

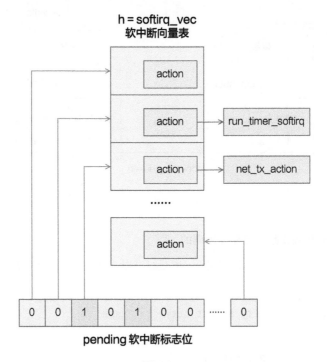

图 49-2

所以信号也一定是一样的，task_struct中的signal 就是信号的标志位，那么一定有另一个类似信号向量表的东西，存储着信号处理函数。

这块逻辑对我来说也是合理的猜测。

顺藤摸瓜，这个东西也存储在task_struct中，叫sigaction数组，同样，通过处理信号的代码也可以佐证这一点：

```c
// kernel/signal.c
void do_signal (long signr ...) {
    ...
    struct sigaction *sa = current->sigaction + signr - 1;
    sa_handler = (unsigned long) sa->sa_handler;
    // 如果信号处理函数为空，则直接退出
    if (!sa_handler) {
        ...
```

```
        do_exit (1 << (signr - 1));
        ...
    }
    // 否则就跳转到信号处理函数的地方运行
    *(&eip) = sa_handler;
    ...
}
```

可以看到，如果信号处理函数为空，那么就 do_exit 导致进程退出，如果不为空，就执行相应的处理函数。

所以按下 Ctrl + C 组合键导致退出，一定是信号处理函数为空导致的。

那么，按下 Ctrl + C组合键后触发的信号是什么，以及信号都有哪些种类，这些可以从第42回找到答案，其中提到了UNIX的termios 标准，通过cc_t字段的类型以及Linux-0.11 源码可知，参见图49-3。

Subscript Usage		
Canonical Mode	Non-Canonical Mode	Description
VEOF		EOF character.
VEOL		EOL character.
VERASE		ERASE character.
VINTR	VINTR	INTR character.
VKILL		KILL character.
	VMIN	MIN value.
VQUIT	VQUIT	QUIT character.
VSTART	VSTART	START character.
VSTOP	VSTOP	STOP character.
VSUSP	VSUSP	SUSP character.
	VTIME	TIME value.

图 49-3

Ctrl + C 表示 INTR字符，而这个字符会触发 SIGINT信号，参见图49-4。

Signal	Default Action	Description
SIGABRT	A	Process abort signal.
SIGALRM	T	Alarm clock.
SIGBUS	A	Access to an undefined portion of a memory object.
SIGCHLD	I	Child process terminated, stopped,
[XSI] ⓧ		or continued. ⊲
SIGCONT	C	Continue executing, if stopped.
SIGFPE	A	Erroneous arithmetic operation.
SIGHUP	T	Hangup.
SIGILL	A	Illegal instruction.
SIGINT	T	Terminal interrupt signal.
SIGKILL	T	Kill (cannot be caught or ignored).
SIGPIPE	T	Write on a pipe with no one to read it.
SIGQUIT	A	Terminal quit signal.
SIGSEGV	A	Invalid memory reference.
SIGSTOP	S	Stop executing (cannot be caught or ignored).
SIGTERM	T	Termination signal.

图 49-4

再通过这两张表格，我们还可以扩展得知其他字符模式及信号种类，这一块的知识体系就慢慢建立起来了。

还有很多其他细节，比如执行信号处理函数的方式，是通过给 eip 寄存器赋值：

```
// kernel/signal.c
void do_signal (long signr ...) {
    ...
    *(&eip) = sa_handler;
    ...
}
```

这和 execve 变换到一个新程序运行的方式是一样的，这在第35回解释 execve 原理的时候就讲过了。

再比如，信号和管道都属于进程间通信的一种方式，而管道的原理，我在第45回讲到了，这就相当于对和信号这个概念平级的一个概念有了提前的了解。

等等，等等，还有很多。

所以，我想说的是，为什么学习底层知识对上层知识有帮助，为什么基本功扎实了学习新东西的速度会变快。很多人不相信这个道理，总觉得我知道操作系统原理了，对我理解 Spring Boot 能有什么帮助。

这个问题确实不好解释，也没必要解释。你看我之所以理解信号的原理这么快，正是因为我已经对键盘输入、中断、管道、进程调度、execve等和信号看似没有太大关系的知识有所了解了。

这些周边知识，有的能直接帮助理解信号，比如键盘输入流程，我就不用因为要学信号而重新看一遍了。有的能间接帮助理解信号，比如软中断的流程和原理与信号有很大相似的部分，这就加速了我对信号的理解。

当然还有一个很重要的原因，是我通过不断翻看 Linux-0.11的源码，已经对其各个部分很熟悉了，所以能够快速定位到我想看的逻辑，并快速跳过我已经知道的代码，去了解未知的部分。

所以，为什么你学得比别人慢？我没有给出直接正面的回答，你心里有答案了吗？

这个道理，也影响了我的生活，我们总认为这个没用，那个没用，其实我们看到的很多都是没有直接作用的，但是，往往最终起关键作用的，正是那些参与间接帮助的事情。

对于这点，我现在深信不疑。

第 5 部分总结与回顾

好了，第5部分就全部结束了，还记得第5部分开头所说的内容吗？

新建一个非常简单的info.txt文件：

```
name:flash
age:28
language:java
```

在命令行输入一条十分简单的命令：

```
[root@linux0.11] cat info.txt | wc -l
3
```

这条命令的意思是读取刚刚的info.txt文件，输出它的行数。

第5部分就是抽丝剥茧般地解释这条命令，从你敲击键盘的那一刻开始，一直到它在屏幕上输出3这个数字为止的全部过程。

现在，整个流程是不是像过电影一样，在你的脑海里有非常深刻且详细的印象了呢？如果没有的话，我们再来整体回顾一下。

首先，当我们按下键盘按键时，通过触发键盘中断处理函数keyboard_interrupt，进而触发一系列连锁反应，最终在屏幕上显示出了我们按下的字符，这是**第42回**里的内容。

随后，shell程序通过read函数读取我们刚刚键入的字符串，这是**第43回**里的内容，里面还涉及了一些文件系统整体架构的内容。wake_up和sleep_on是进程的阻塞与唤醒机制的经典使用场景，借着读取键盘输入的流程，**第44回**展开讲解了这个机制的细节。

好了，我们已经成功将键盘的输入读到了shell程序的内存缓冲区，接下来就该解析并执行这条键盘输入的命令了。于是在**第45回**展开讲解了一条管道命令的执行原理。

通过巧妙地执行 fork + dump + close 操作，使得管道左边进程的标准输出指向了管道的写端，右边进程的标准输入指向了同一个管道的读端，之后，便是分别执行管道左边的程序以及管道右边的程序，执行一个程序的具体过程，是在第35回和第36回讲解的。

当然，这里还有一个细节，在之前讲 shell程序执行总体流程的时候简化了，就是读取硬盘数据的具体细节，于是我们在第46回详细展开讲解了这个过程。

这个过程相当复杂，我们把它拆成了verify_area：对buf 区域的内存做校验，bmap：获取全局的数据块号，bread：将bmap获取的数据块号读入高速缓冲块，put_fs_byte：将bread读入的缓冲块数据复制到用户指定的内存中四大步骤进行讲解。

在这个过程中，还有一个细节的过程，即读取硬盘数据更为底层的函数ll_rw_block。在第47回又把这个函数展开讲解了，让我们看到了真正与硬盘硬件设备端口交互的最底层的读函数hd_out。

至此，执行一条命令的全部细节就已经讲清楚了。最后，我们如果在执行命令的过程中按下Ctrl+C组合键，程序就会被迫终止。

这就涉及了信号的知识，第48回又对这部分进行了展开讲解，让大家了解到原来Linux 有如此多种类的信号：

```
[root@VM-24-11-centos ~]# kill -l
 1) SIGHUP       2) SIGINT       3) SIGQUIT      4) SIGILL       5) SIGTRAP
 6) SIGABRT      7) SIGBUS       8) SIGFPE       9) SIGKILL     10) SIGUSR1
11) SIGSEGV     12) SIGUSR2     13) SIGPIPE     14) SIGALRM     15) SIGTERM
16) SIGSTKFLT   17) SIGCHLD     18) SIGCONT     19) SIGSTOP     20) SIGTSTP
21) SIGTTIN     22) SIGTTOU     23) SIGURG      24) SIGXCPU     25) SIGXFSZ
26) SIGVTALRM   27) SIGPROF     28) SIGWINCH    29) SIGIO       30) SIGPWR
31) SIGSYS      34) SIGRTMIN    35) SIGRTMIN+1  36) SIGRTMIN+2  37) SIGRTMIN+3
38) SIGRTMIN+4  39) SIGRTMIN+5  40) SIGRTMIN+6  41) SIGRTMIN+7  42) SIGRTMIN+8
43) SIGRTMIN+9  44) SIGRTMIN+10 45) SIGRTMIN+11 46) SIGRTMIN+12 47) SIGRTMIN+13
48) SIGRTMIN+14 49) SIGRTMIN+15 50) SIGRTMAX-14 51) SIGRTMAX-13 52) SIGRTMAX-12
53) SIGRTMAX-11 54) SIGRTMAX-10 55) SIGRTMAX-9  56) SIGRTMAX-8  57) SIGRTMAX-7
58) SIGRTMAX-6  59) SIGRTMAX-5  60) SIGRTMAX-4  61) SIGRTMAX-3  62) SIGRTMAX-2
63) SIGRTMAX-1  64) SIGRTMAX
```

好了，到这里，一条命令从键盘输入，到shell程序读取，到执行这条命令，最后到终止这个进程，形成了一个完美的闭环。那么此时，你脑海中是否有像过电影般的清晰认识呢？

这本"小说"到这里就结束啦，既然是小说，如果你还没看过瘾，就从头开始你的"二刷"之旅吧！希望你从此爱上阅读源码，也希望你通过此书打开一个全新的世界，祝你好运！